GPSのための
実用プログラミング

坂井丈泰 著

```
if (psr1[prn-1]>0.0) {
  r        =psr1[prn-1]-sol[3]
  satclk   =satellite_clock(pr
  r        =psr1[prn-1]-sol[3]
  satclk   =satellite_clock(pr
  satpos   =satellite_position
```

東京電機大学出版局

本書の全部または一部を無断で複写複製（コピー）することは，著作権法上での例外を除き，禁じられています．小局は，著者から複写に係る権利の管理につき委託を受けていますので，本書からの複写を希望される場合は，必ず小局（03-5280-3422）宛ご連絡ください．

はじめに

　GPS（Global Positioning System：全地球測位システム）については，いまさら説明するまでもないでしょう．もともとは米軍が開発した航法システムですが，今では民生用途にもたいへん広く応用されています．カーナビゲーションやレジャー用途をはじめとして，携帯電話や迷子探索，自動車の盗難防止など，いまや一家に1セットくらいのGPS受信機が浸透していそうな状況です．
　測位システムの名のとおり，基本的には位置（経緯度と高度）を測定するのがGPSの役割です．地球上のどのような場所にいたとしても，GPS衛星が放送している電波を受信できる限り，現在位置をかなり正確に知ることができます．船舶や航空機のための電波による航法システムは第二次世界大戦中から研究開発が続けられてきましたが，その集大成ともいえるのがGPSです．GPSのように，小型の受信機一つで世界中どこでも使え，しかも正確な航法システムなど，ほかにはないのです．
　ところで，GPSはいったいどのような仕組みで位置を測定しているのでしょうか．基本的には，高度2万kmを飛行するGPS衛星が放送している電波を受信して，GPS衛星から受信機までの距離を測定することで受信機の位置を計算します．GPS衛星からの距離がわかれば，GPS衛星を中心とした球面上のどこかにいることがわかります．いくつかのGPS衛星を使えば，球面の交点として受信機の位置が計算できるという寸法です．原理的にはこうした仕組みで，GPS受信機はいつでも，どこでも現在位置を表示してくれます．
　言葉でいうのは簡単ですが，受信機が実際に位置を求めるまでには実にさまざまな紆余曲折があります．まずはGPS衛星の位置が正確にわからないといけません．これはGPS衛星自身が軌道情報として放送しているパラメータから計算すればよいのですが，GPS衛星を出発した電波が受信機に到着するまでにもGPS衛

星は（50〜200 m くらい）移動していますから，受信機の時計が指している時刻の位置を計算したのではもう遅いのです．

また，同じ時間に地球も自転していますから，受信機の位置自体が何十メートルも移動しています．受信機自身は動いていないつもりでも，地面と一緒に毎秒数百メートルの速度で移動しているのです．この速度は赤道上でもっとも速く，北極点や南極点ではゼロになります．受信機の位置を知りたいから GPS を使うのに，受信機の位置がわからないと GPS 衛星の位置が正確に計算できないのです．いったいどうしたらよいのでしょうか．

さらに，GPS 衛星が放送している電波は，地球の大気圏を通過するときに微妙に速度が遅くなります．GPS 受信機は，電波の速度が光速であることを利用して GPS 衛星との間の距離を測定するのですから，電波の速度が遅くなっては困ります．単に距離を測るだけではなく，こうしたさまざまな補正計算をしないと，受信機位置を正しく求めることはできないのです．

本書では，GPS 受信機が現在位置を計算するまでの過程を，なるべく詳しく追ってみようと思います．詳しく見ていくことで，GPS の計算結果に含まれる位置誤差の由来や性質もおわかりいただけるでしょう．後半では，測位精度を改善する手法や測位誤差の補正についても，具体的な処理手順を含めて説明するように努めました．

現実には，GPS の測位計算を人手で実行するのはとても無理な話で，コンピュータに実行させることになります．このためにはどうしても計算機プログラムが必要になりますから，本書では具体的なプログラム例を示すことにしました．GPS 受信機の仕事をただ説明されるだけではおもしろくないかもしれませんが，プログラムと見比べながらであれば，多少なりとも読み進めやすいかと思います．また，文章による説明で足りない部分は，実際のプログラムをご覧になって補っていただけますと幸いです．

プログラミング言語としては，広く普及しているなどの理由から C 言語を対象とさせていただきました．ただし，計算機プログラミングそのものは本書の目的ではありませんので，C 言語に関する解説は他書に譲ります．本書のプログラム例については読者諸兄による利用を特に妨げませんので，後掲「本書掲載のプログラムについて」を参照のうえ，ご自身の責任において自由にご利用いただいて

かまいません．

　本書の刊行にあたりまして，常日頃より御指導をいただいております独立行政法人電子航法研究所の役職員各位に御礼を申し上げます．ここに記しまして，感謝の意とさせていただきます．

　2006年12月

著者

本書掲載のプログラムについて

　本書に掲載したプログラム例は，本文の説明を補い，またGPS受信機の動作について，より具体的かつ実用的に説明することを目的としたものです．したがって，できるだけ理解しやすく，またプログラミングに関する前提知識が少なくてすむことを優先して記述してあります．必ずしもプログラムとして適切な書き方でない部分もありますし，特に高速に実行できる工夫もされていないことにご留意ください．本書のプログラム例については参考程度にとどめるか，あるいは利用する場合には適宜必要な修正をされることをお勧めします．

　本書に掲載したプログラム例の著作権は，著者にあります．読者による利用（電子的利用を含む）については特に妨げませんが，利用の際には，修正の有無にかかわらず本書を出典として明示してください．また，ご利用はすべて利用する読者ご自身の責任によるものとし，本書のプログラム例の利用によって生じるいかなる結果についても，著者および出版者は何らの責任も負いません．

　本書に掲載したプログラム例は，東京電機大学出版局のウェブページからダウンロードすることもできます．次のURLからアクセスしてください．

　　東京電機大学出版局ウェブページ　　http://www.tdupress.jp/
　　　　［メインメニュー］→［ダウンロード］
　　　　　　→［GPSのための実用プログラミング］

　なお，プログラムの誤りに気付かれた場合は，出版局までお知らせいただけますと幸いです（info@tdupress.jp）．

目次

第1章 GPSの概要　1
- 1.1 測位・航法とGPS ………………………………… 1
- 1.2 GPS衛星 ………………………………………… 5
- 1.3 測距信号の仕様 ………………………………… 10
- 1.4 GPSの性能 ……………………………………… 17

第2章 測位の基本　19
- 2.1 時刻の表現 ……………………………………… 19
- 2.2 座標の表現 ……………………………………… 26
- 2.3 座標変換 ………………………………………… 28
- 2.4 GPSで使う諸定数 ……………………………… 37
- 2.5 測位計算（第1段階） …………………………… 39

第3章 航法メッセージ　50
- 3.1 航法メッセージ ………………………………… 50
- 3.2 RINEX航法ファイル …………………………… 61
- 3.3 衛星クロック補正 ……………………………… 77
- 3.4 衛星位置の計算 ………………………………… 78
- 3.5 測位計算（第2段階） …………………………… 82

第4章 擬似距離による測位　92
- 4.1 擬似距離の性質 ………………………………… 92
- 4.2 受信機クロックの性質 ………………………… 95
- 4.3 相対論的補正 …………………………………… 102

	4.4	電離層遅延補正	110
	4.5	対流圏遅延補正	115
	4.6	測位計算（第3段階）...	118
	4.7	測位精度と DOP	129

第5章　RINEX ファイルの処理　139

	5.1	RINEX ファイルとは	139
	5.2	RINEX 観測データファイル	141
	5.3	測位計算（実用段階）：単独測位プログラム "POS1"	153

第6章　測位のバリエーション　166

	6.1	衛星の選択	166
	6.2	重み付きの計算	172
	6.3	高さ一定の場合（二次元測位）...............................	176
	6.4	移動方向が一定の場合（一次元測位）......................	179
	6.5	ここまでのまとめ：測位計算プログラム "POS2"	181

第7章　ディファレンシャル GPS　188

	7.1	測位誤差の性質	188
	7.2	ディファレンシャル補正	198
	7.3	補正情報の生成	200
	7.4	ディファレンシャル GPS の測位計算	210
	7.5	統計処理プログラム	220

付録A　観測データの入手　227

	A.1	国土地理院 GEONET	227
	A.2	IGS	229
	A.3	IGS サイト mtka	230

付録 B　週番号表　232

付録 C　GPS 衛星一覧　237

付録 D　テキストファイルの処理　240

付録 E　逆行列の計算　242

付録 F　ENU 座標系による計算　245

参考文献　247

索引　257

コラム

- ❏ 2000 年問題と 2038 年問題 25
- ❏ 時刻と位置の切れない縁 36
- ❏ 有効桁数 79
- ❏ 衛星クロックの性質 108
- ❏ DOP の幾何学 136
- ❏ 受信機クロックと測位誤差 177
- ❏ GPS アンテナの指向性 197

第1章

GPSの概要

　GPS（Global Positioning System：全地球測位システム）は，全世界のどこにいても自分の位置を知ることができるシステムです．もともとは船舶や航空機の航法のために開発されましたが，いまやさまざまな分野で広く利用されています．

　本書の目的は，GPS受信機が位置を計算する仕組みを解き明かすことです．人工衛星を用いた航法システムであるGPSは，無線工学，受信機技術，宇宙技術，地球物理学，測地学といった多くの分野の応用による総合的技術です．GPSの仕組みを知るために，まずはGPSというシステムの全体像をまとめておくことにしましょう．

1.1　測位・航法とGPS

　航空機や船舶の航行において，時々刻々の現在位置を知り，目的地（や経由地）までの針路を定める作業やその方法論を，航法（navigation）といいます．そして，航法のうちで現在位置を知る部分のことを，特に測位（positioning）といいます[1]．

---

[1] 「定位」（determination）といった言葉が使われる場合もあります．

測位は文字どおり位置を測定することを意味し，時代ごとの技術水準を反映して，さまざまな方法が利用されてきました．このため，単に航法といえば測位を意味する場合もあります．

航法（測位）の始まりは，山や地上の目標物を視認することによる地文航法や，夜空の星々を利用する天文航法でした．船舶に搭載される六分儀（sextant）は，星の仰角を精密に測定するための道具です．中国の四大発明の一つとされるコンパス（compass）は地球の持つ地磁気を利用して南北を知る道具で，羅針盤とも呼ばれて古くから利用されています．航法にはこうした原始的ともいえる方法が長く利用されましたが，第二次世界大戦における無線通信技術の発達により，電子的手段による航法技術が主流となります．電子航法（electronic navigation）の登場です．

電波は直進する性質がありますから，ビーコン（beacon）電波を送信する送信局を地上に設置しておけば，利用者はこのビーコン電波の到来する方向を測定することでビーコン局の方向を知ることができます．現在では，航空用にも船舶用にも多数のビーコン局が整備され，利用されています．たとえば，航空用にはVOR（VHF Omni-directional Radiobeacon）と呼ばれるビーコン局が設置されており，これらを結ぶ直線として航空路が形成されています．無線信号を利用する航法手段を，特に無線航法（radio navigation）といいます．

電波は直進しますから，水平線より遠くには届きません．したがって，広い範囲をカバーするためには多数のビーコン局が必要となりますが，陸地のない大洋上にはビーコン局を置くこともできません．そこで考えられたのが，人工衛星の利用です．高度数千〜数万kmを周回する人工衛星から電波を発射すれば広い範囲の地域を一気にカバーすることができますし，陸上・洋上の区別は関係ありません（図1-1）．

人工衛星を使用する航法のことを，衛星航法と呼びます．初めて実用化された衛星航法システムは，米海軍によるNNSS（Navy Navigation Satellite System）でした（1964年）．トランシット（transit）とも呼ばれるNNSSは軍用システムでしたが，1967年から民間にも開放されています．衛星から送信される無線信号のドップラ効果を測定して位置を算出する方式で，高速の移動体では使えないという制約があったため，主に船舶の測位に利用されました．なお，衛星航法では電

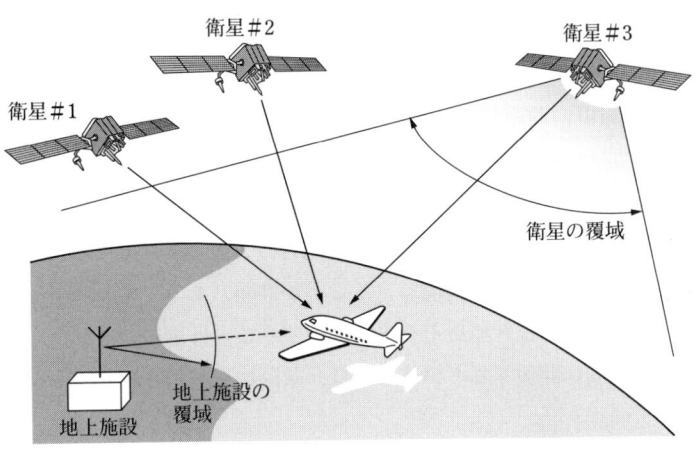

地上無線施設の覆域が数100 km程度に限られるのに対して，人工衛星は広大な面積をカバーすることができます．陸上・洋上を問わず，どこでも利用できる航法システムを構築できます．

図 1-1　人工衛星による航法

波の到来方向ではなく伝搬時間（距離）あるいはドップラ周波数を測定しますので，放送される信号は**測距信号**（ranging signal）と呼ばれます．

　NNSSでの経験を踏まえて，航空機やロケットでも使える衛星航法システムとして開発されたのが，GPSです．GPSの開発は1973年に開始され，1978年2月には最初のプロトタイプ衛星（ブロックI）が打ち上げられました．現在も利用されている実用型の衛星（ブロックII）が打ち上げられ始めたのは，1989年のことです．実は，GPSの機能や構成はこのころからほとんど変わっていません．1993年12月にはIOC（Initial Operational Capability：初期運用），1995年4月にFOC（Full Operational Capability：完全運用）がそれぞれ宣言され，それ以来安定した運用が続けられています．

　開発の経緯からも明らかですが，元来GPSは軍用システムです．しかしながら，民生用途においても運輸分野を中心として衛星航法システムには広範な需要がありますし，GPSと同様のシステムを別途構築するのはたいへんな費用を要することですから，GPSは公式に軍民共用システム（dual use system）とされています．IOC宣言と前後して，1993年に国防長官から運輸長官に対して書簡が発せ

られ，民生利用を妨げない旨が保証されました．また，GPSに関する公式発表のたびに民生利用の推進がうたわれています．

ただし，民間用の測距信号は軍用信号に比べて精度が落とされていました．GPSの開発が開始された時点で実用されていたNNSSはすでに民間用途に開放されており，米軍はGPSについても軍民共用システムとする考えでした．ところが，GPSの開発が進展するにつれて，当初期待していたよりもはるかに良好な数十メートル程度の測位性能を実現できることが判明したのです．安全保障上の理由により，この高い測位性能をそのまま開放することは適当ではないと米軍は判断しました．民間に開放するということは，敵国にも利用されることを意味するからです．

このため，GPSの民間用信号については，故意に精度を劣化させる措置が導入されました．これがSA（Selective Availability：選択利用性）と呼ばれる操作であって，当初は500 m程度の誤差を与える方針であったのが，民間側の強い要望で100 mに抑えられたとのことです．SAが開始されたのは，1990年3月25日のことでした．

当然のことながらSAは利用者にはたいへん不評でしたが，1996年には，クリントン大統領のPDD（Presidential Decision Directive：大統領政策指令）により10年以内にSAを解除するとの方針が示されました．実際にはこれより早く，2000年5月2日に大統領声明が出され，SAは解除されました．これは，SAの影響を除いて高い精度を得られるディファレンシャルGPS技術が発展し，もはやSAの意味が薄れたとの判断によるものと思われます．今後ともSAは再実施しないとの方針が明らかにされています．2001年10月に発行されたGPSの性能標準[14]では，SAの解除を反映した測位精度が規定されています．

SAのような措置があったとしても，GPSは在来の無線航法システムと比べて精度が良く，また受信機も小型・軽量にでき面倒な操作も不要であるなど，たいへん魅力的な測位手段です．このため，船舶の航法はほぼ全面的にGPSに移行していますし，カーナビなど従来は電子航法を利用していなかった分野にもGPSが進出しています．また最近は携帯電話にもGPS受信機が搭載され，現在位置を地図上に表示して市街地でのナビゲーションを実現しているのも周知のとおりです．

1.2　GPS衛星

　GPS衛星は，図1-2のような姿をしています．これは2007年に打上げが開始される予定のブロックIIF型衛星のイメージ図ですが，ブロックII以降の衛星はおおむねこのような形状となっています．左右に広がっているのは太陽電池パネルで，衛星が必要とする電力を供給します．中央の本体の下側（地球側）に多数突き出ている棒状のものが送信アンテナ（ヘリカルアンテナ）で，ここから測位用の無線信号を放送します．右側の少し離れたところにあるやや長めの棒状のアンテナは通信用です．

　このようなGPS衛星が合計で24～30機程度（時期によって異なる），図1-3のように常に地球のまわりを周回しながら測距信号を放送しています．あとで詳しく述べますが，GPS衛星は気象衛星のような静止衛星ではなく，刻々と位置を変える周回衛星です．したがって，ある時点で上空にあった衛星でも時間が経過すると地平線の下に隠れてしまい，代わりに他の衛星が昇ってくる，といったことが起こります．

　GPSが使用する電波は直進性の強いマイクロ波です．したがって，地平線の下に隠れている衛星からの電波は届きません．利用できるのは，地平線よりも上に

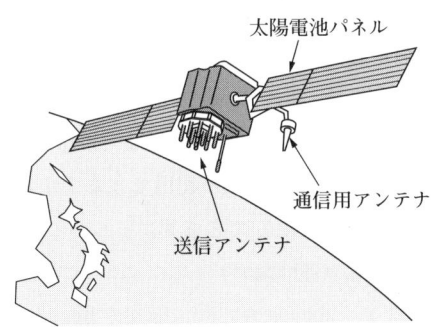

ブロックIIF型衛星のイメージです．中央の本体の下側（地球側）に多数突き出ている棒状のものが送信アンテナで，ここから測位用の無線信号を放送します．

図1-2　GPS衛星の外観

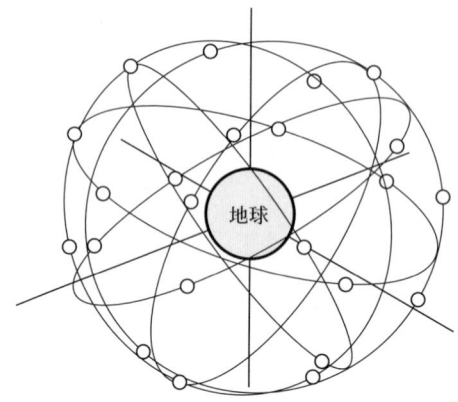

この図は地球の外側から見た GPS 衛星の様子で，中央の球が地球，周囲の小さな丸印が GPS 衛星を表しています．合計で 24〜28 機程度（図では 24 機）の GPS 衛星が，高度約 20000 km の軌道を常に周回しています．

図 1-3　GPS 衛星の軌道の様子

見えていて[2]，ユーザの周囲の障害物などで電波が遮られていない衛星です．

　GPS により測位を行うためには複数（最低 3〜4 機）の衛星からの電波を受信することが必要ですが，周囲の条件によって常時 8 機程度の衛星を利用できるのが普通です．たとえば，ある時刻における GPS 衛星の見え方を図に表したのが図 1-4 です．この図の中心は天頂で，外側の円が地平線を表しており，図の上下左右はそれぞれ北，南，西，東に対応します．図中の数字が衛星の ID 番号で，21 番衛星が北西の空の仰角 30 度あたり，5 番衛星は天頂付近に見えていることがわかります．このときは合計で 9 機の衛星が利用できますから，GPS 受信機は十分に余裕をもって測位を実行することができます．

　GPS 衛星の見える方向を 1 日にわたってプロットすると，東京ではたとえば図 1-5 のようになります．北の空の方向に衛星が現れない円状の範囲があり，仰角 60 度以下には衛星が現れていないことがわかります．この円状の範囲は緯度が高くなるにつれて天頂のほうに移動し，逆に低緯度地方では地平線のほうに沈

---

[2]. 見える（visible）といっても，本当に肉眼で見えるわけではありません．衛星が送信する電波を受信できるという意味です．

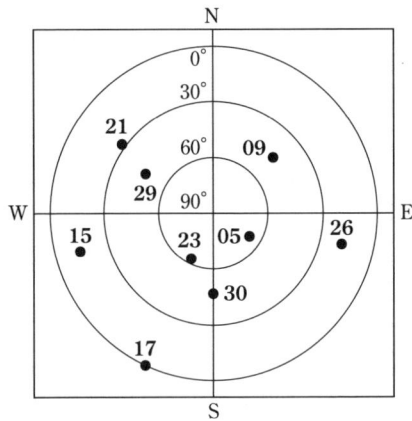

図の中心は天頂で，外側の円が地平線を表しており，図の上下左右はそれぞれ北，南，西，東の方角に対応します．図中の数字が衛星の ID 番号で，21 番衛星が北西の空の仰角 30 度あたり，5 番衛星は天頂付近に見えています．この場合は合計で 9 機の衛星が利用できます．

図 1-4 地上からの GPS 衛星の見え方の例（2000 年 12 月 3 日，調布市）

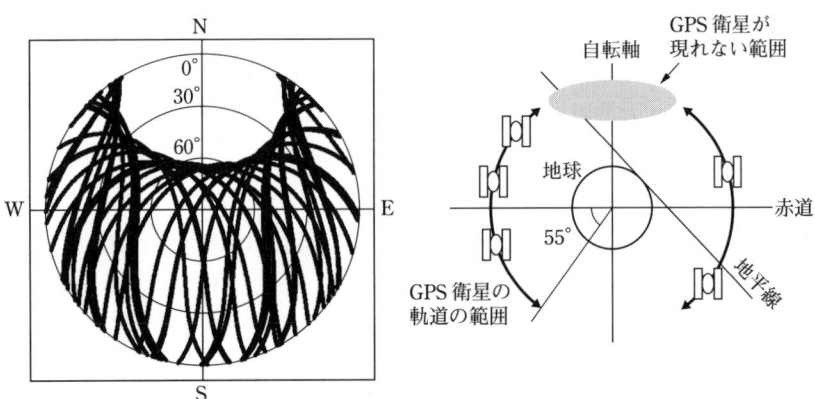

GPS 衛星は北極上空を通過しないことから，北の空に見える GPS 衛星は少なくなります．左の図は GPS 衛星の見える方向を 1 日にわたってプロットしたもので，東京周辺では北の空の仰角 60 度以下には衛星が現れていません．右の図は地球を赤道方向から見たイメージで，北の空に GPS 衛星が現れない理由がわかります．

図 1-5 GPS 衛星が現れる範囲（2000 年 12 月 3 日，調布市）

み込みます．南半球では，逆に南の空にこのような穴ができます．

　GPS衛星の軌道は赤道面から55度だけ傾いていますので，北極や南極の上空は通過しません．右の図のように東京にとっての地平線を考えると，北の空には衛星が届かない様子がわかります．高緯度地方では天頂方向に衛星が見えないことになりますが，低〜中仰角には衛星が見えますので，測位ができなくなるわけではありません．

　ところで，高い測位精度を得るためには，仰角の低い衛星を利用しないほうがよいことが知られています．これは，仰角が低い衛星から送信される電波は，誤差の一因となる大気圏を斜めに通るため通過距離が長く，さらに地上付近の建物などの影響も受けやすいことによります．このため，中級以上の受信機では一定の仰角に満たない衛星を使用しないように設定することができるのが一般的です．この値を仰角マスク（またはマスク角など）と呼び，たとえば5〜15度程度に設定します（詳しくは，6.1節を参照してください）．図1-4の例では，仰角マスクを5度に設定すると17番衛星が，15度にするとさらに15番が使用されなくなります．仰角マスクは大きくしたほうが測位精度は向上しますが，一方で利用可能な衛星の数が減少してしまい，逆に精度が下がることもありますので注意が必要です．できるだけ多くの衛星を使用したい航法用途では仰角マスクを5度，測位精度を上げたい測量用では15度またはそれ以上に設定することが多いようです．

　さて，もっとも初期のGPS衛星は1978年2月に打上げられましたが，これはブロックIシリーズと呼ばれ，合計で11機が製造されました（うち1機は打上げに失敗）．現在も利用されている実用型のブロックIIシリーズは1989年2月から打上げが開始され，1990年11月からは若干の改良が施されてブロックIIAと呼ばれています．1997年にはさらに改良されたブロックIIRシリーズの打上げが開始されましたが，放送する測距信号の内容・構成には特に変更はありませんから，ユーザにとっては衛星の違いを意識することなく使えます．ブロックIIRの"R"は，replenishment（補充）の意味です．

　GPS衛星が放送する測距信号の周波数は二つあり，それぞれ**L1**(1575.42 MHz)および**L2**(1227.6 MHz)といいます．L1周波数では**C/Aコード**(Coarse/Acquisition code)という民間用の測距信号が放送されており，これによる測位機能を**標準測位サービス**(SPS：Standard Positioning Service)といいます．標準測位サービス

の内容や性能については性能標準 "GPS SPS Performance Standard"[14] で規定されており，一般に公開されています．

一方の L2 周波数では **P コード**（Precision code）[3] という信号が放送されており，**精密測位サービス**（PPS：Precise Positioning Service）が提供されます．P コードは軍用信号でありメッセージの内容は暗号化されていますが，P コードの信号形式自体は公開されていますので，民生用受信機でも P コードで距離を測定することはできます．測量用の高価な GPS 受信機は，この P コードを用いて L1 と L2 の 2 周波数の測定を行うことで測位精度を高めているのです．P コードは L1 周波数でも放送されていますから，ブロック II/IIA/IIR 衛星が放送する信号は表 1-1 のとおりとなります．

ブロック IIR 衛星までは GPS の民生用信号は L1 周波数のみとされてきましたが，1999 年 1 月に第二民間周波数の導入が発表されました．これは軍用信号を放送している L2 周波数に民間用信号を追加するもので，2005 年 9 月に打上げが開始されたブロック IIR-M 衛星から実際に L2C コードが追加されました．第二民間周波数信号の追加により民生用受信機の性能向上が期待されますが，現実には前述のとおり民生用であっても P コードを受信・利用している受信機がありますし，

表 1-1　GPS 衛星が放送する測距信号

周波数	L1 1575.42 MHz			L2 1227.6 MHz		L5 1176.45 MHz	打上げ
信号	C/A コード	P コード	L1C コード	L2C コード	P コード	L5 コード	
用途	民間	軍用	民間	民間	軍用	民間	
ブロック II/IIA	○	○	—	—	○	—	1989〜
ブロック IIR	○	○	—	—	○	—	1997〜
ブロック IIR-M	○	○	—	○	○	—	2005〜
ブロック IIF	○	○	—	○	○	○	(2008〜)
ブロック III	○	○	○	○	○	○	(2013〜)

---

[3]. P/Y コードともいいます．

L2 周波数は航空航法用に国際的に保護された帯域[4]ではないことから航空機の航法用途には使用できない難点があります．

このため，さらに第三民間周波数の追加が決定されています．L5（1176.45 MHz）[5]がそれで，2008 年に打上げ開始予定のブロック IIF 衛星から利用可能となる予定です（"F" は follow-on）[7]．L5 周波数は航空航法用途に利用可能な周波数帯であるうえ，既存の 2 周波数に加えられる新しい第三の周波数であることから，受信機の大きな性能向上が期待できます [11]．

一方で，次世代の GPS 衛星として，GPS ブロック III 衛星の開発がすでに開始されています．この衛星では L1 周波数にさらに新しい民間用信号が追加される計画とされており，このための L1C 信号の仕様がまとめられているところです [12]．SA 解除や第二民間周波数の追加に始まる GPS の一連の機能向上は GPS 近代化計画（GPS modernization）と総称され，米軍が中心となって着々と進められています [7]．

1.3　測距信号の仕様

GPS 衛星は地球に向けてまんべんなく測距信号を放送していますが，放送される信号の詳細は「**インターフェース仕様**」（IS：Interface Specification）[10][11][12]という文書により定められています[6]．GPS 衛星とユーザ受信機の間のインターフェースですから，つまり測距信号に関する規定というわけです．インターフェース仕様に定められている主要な内容は，次のとおりです．

(1) 測距信号の形式
(2) 航法メッセージの内容と使用法（軌道およびクロック）
(3) GPS 時刻や座標系の定義
(4) 物理定数の定義

[4.] ARNS（Aeronautical Radio Navigation Service）バンドと呼ばれます．
[5.] L3，L4 波は航法以外の用途に使用されています．
[6.] 従来は「インターフェース管理文書」（ICD：Interface Control Document）が用いられてきましたが，最近改訂されました．

ここでは，GPS の測距信号について整理しておきましょう．GPS の送信信号を詳しく書き表すと，次式のようになっています．

$$s_t(t) = D(t)\, p(t) \sin 2\pi f_C t \tag{1.1}$$

$s_t(t)$ が送信波，$D(t)$ は 3.1 節で説明する**航法メッセージ**（navigation message）です．航法メッセージは 50 bps，つまり毎秒 50 ビットのデータ信号です．

$p(t)$ は拡散符号で，その変化する速度は $f_p = 1.023$〔Mcps〕（chip per second），つまり毎秒約百万チップの符号列になります．$\sin 2\pi f_C t$ は搬送波の瞬時値を意味していますが，GPS の搬送波周波数は $f_C = 1575.42$〔MHz〕です（L1 周波数）．$D(t)$，$p(t)$ はそれぞれ $+1$ か -1 のどちらかの値をとるので，これらにより搬送波の符号が変えられて送信信号 $s_t(t)$ を形成します．

このように，周波数の低い信号により搬送波に対して演算操作を行うことを変調（modulation）といいます．特にこの場合は，正弦波の符号を正負のどちらかにする二つの操作しかありませんので，BPSK（Binary Phase Shift Keying：2 値位相変調）といいます[7]．式 (1.1) は，搬送波 $\sin 2\pi f_C t$ がデータ信号 $D(t)$ および拡散符号 $p(t)$ の双方で変調されていることを示しています．

GPS は，拡散符号 $p(t)$ をうまく選ぶことにより，高い精度で距離を測定できるように設計されています．$p(t)$ は前述のとおり $f_p = 1.023$〔Mcps〕，つまり毎秒約百万回の速度で変化しますが，系列の全長は $N = 1023$ で，1023 チップごとに同じパターンが繰り返されます．繰返しの周期は $T_s = N/f_p = 1$〔ms〕となり，この時間 T_s をコード周期といいます．

$p(t)$ の変化の仕方はあらかじめ決まっていますが，一見するとランダムで雑音のようなパターンです．このため，時間をずらして自分自身同士をかけ合わせると期待値が常にゼロとなります（平均的にゼロとなります）．つまり，τ の値によらず $p(t)\,p(t-\tau)$ の期待値が $E[p(t)\,p(t-\tau)] = 0$ となります（$E[x]$ は x の期待値を表す記号です）．$\tau = 0$ の場合は時間がずれていませんから $p(t)\,p(t-\tau) = \{p(t)\}^2 = 1$ です．

このような系列 $p(t)$ は擬似雑音符号（pseudo-noise code）あるいは **PN コー**

---

[7] 位相（phase）という言葉が使われているのは，正弦波の場合は符号を反転することが位相を 180 度移すのと同じ意味を持つからです．

ドと呼ばれ，前節の C/A コードや P コードというのは PN コードの種類のことです．C/A コードではチップ速度 $f_p = 1.023$〔Mcps〕に対して搬送波周波数は $f_c = 1575.42$〔MHz〕ですから，これらの比である拡散係数は $k = 1540$ となります．PN コードにはたくさんの種類がありますが，そのうちの一つにはたとえば図 1-6 のような系列があります．

PN コードで距離を測定するには，自己相関 $p(t)\,p(t-\tau)$ の性質を利用します．コード周期 T_s にわたり，積分してみましょう．

$$R(\tau) = \frac{1}{T_s}\int_0^{T_s} p(t-t_D-x)\,p(t-\tau-x)\,dx$$

$$= \begin{cases} 1, & t_D = \tau \\ \left|\dfrac{t_D-\tau}{T_p}\right|, & |t_D-\tau| < T_p \\ 0, & |t_D-\tau| \geq T_p \end{cases} \tag{1.2}$$

t_D は測距信号が受信機に到着するまでの遅れ時間，$T_p = 1/f_p$ は拡散符号の 1 チップ分の時間です．期待値を表す記号はありませんから，この関係はタイミングにかかわらず常に成り立ちます．この式は相関関数と呼ばれますが，この場合は特に $p(t)$ 同士をかけ合わせていることから，自己相関関数（auto-correlation function）といいます．なお，PN コードは周期 T_s で同じ系列が繰り返されますから，$p(t) = p(t+nT_s)$ です（n は整数）．

τ を横軸にとって $R(\tau)$ をグラフにしてみましょう（簡単のため $t_D = 0$ とします）．図 1-7 がその様子です（図 1-6 の PN コードを例としました）．$\tau = 0$ で三角形状のピークを示し，$\tau \neq 0$ では小さな値となります．つまり，受信機側の PN

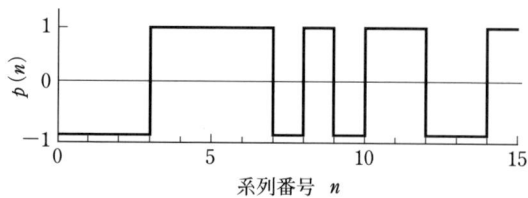

PN コードの特徴は，その名のとおりまるで雑音のように見えることです．これは系列長 $N = 15$ の場合の例ですが，GPS では $N = 1023$ が用いられます．

図 1-6　PN コードの例（$N = 15$）

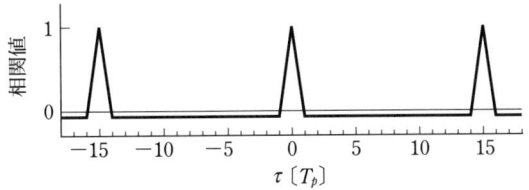

PN コードの自己相関関数の例です．$\tau = 0$ でピークを示し，$\tau \neq 0$ では小さな値となります．GPS 受信機は，この性質を利用して $\tau = 0$ のタイミングを追尾し，距離を測定します．

図 1-7　自己相関関数の例（$N = 15$）

コードのタイミングが送信側と完全に一致すると，相関関数 $R(t)$ がピークになります．ピークからずれると三角形状に相関値が下がり，1 チップ分（T_p）以上ずれると最小値となります．GPS 受信機はこの性質を利用して送受信機間のタイミングのずれ（このずれが t_D になります）を検出し，常に相関値がピークとなるように受信機の PN コードの発生タイミングを調整しています．送信側とタイミングが一致すれば時間差 t_D が求まりますから，送受信機間の距離を測定できることになります．

異なる PN コード同士のかけ合わせは，雑音同士をかけ合わせているようなものですから，タイミングによらず期待値はゼロとなります．つまり，

$$E\left[p_1(t)\, p_2(t - \tau)\right] = 0 \tag{1.3}$$

です．$p_1(t)$ と $p_2(t)$ はそれぞれ異なる PN コードを表します．このことを利用すると，別々の送信機が同じ周波数で同時に通信を行うことができます．通常は，同一周波数で複数の送信機が信号を送信すると混信してしまってどちらの信号も受信できなくなりますが，送信機がそれぞれ別々の PN コードで変調をかけていれば，異なる PN コードは他の PN コードに影響しませんから同時に通信しても差し支えないことになるのです．このとき受信機は，信号を受信したい送信機に対応する PN コードを使って信号を探索・復調すれば，他の送信機の影響を受けずに希望の送信機のみの信号を取り出すことができます（図 1-8）．つまり，PN コードがテレビのチャンネルの役割をするわけです．こうして同一周波数で PN コードを変えて複数のチャンネルを構成する方式を，**符号分割多重**（CDMA：Code

14　第1章　GPSの概要

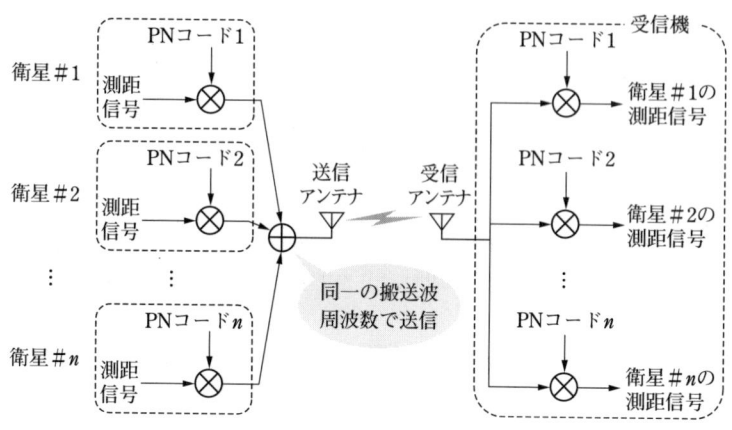

GPSは，符号分割多重（CDMA）方式により，すべての衛星が同一の搬送波周波数で信号を送信しています．PNコードの違いがテレビのチャンネルの役割を果たし，それぞれの衛星の信号を区別することができます．

図1-8　符号分割多重方式

Division Multiple Access）といいます．GPSは，すべての衛星が同一の周波数で信号を送信していますが，符号分割多重方式によりそれぞれの衛星の信号を区別しているのです．

　拡散符号による変調波で送受信する方式は，スペクトル拡散（SS：Spread Spectrum）通信と呼ばれます[15]．スペクトル拡散通信方式は移動通信に適していることから携帯電話（CDMA方式のもの）でも利用されていますし，無線LANの多くも採用しています．GPSの場合は，同一周波数を複数の送信機が共用でき，受信タイミングの正確な測定ができることから，スペクトル拡散通信によっています．

　図1-9は，GPSが実際に使用しているPNコード（C/Aコード）の例です．(a)はPRN1衛星およびPRN2衛星がそれぞれ使用しているPNコードで，最初の100チップを表示してあります．(b)はPRN1コードの自己相関およびPRN1コードとPRN2コードとの間の相互相関です．自己相関関数は$\tau=0$でピークを示しますが，異なるコード間での相互相関はピークを持たず，常にほぼゼロになります．このような相関特性を利用することで，目的の衛星の信号だけを追尾す

1.3 測距信号の仕様　15

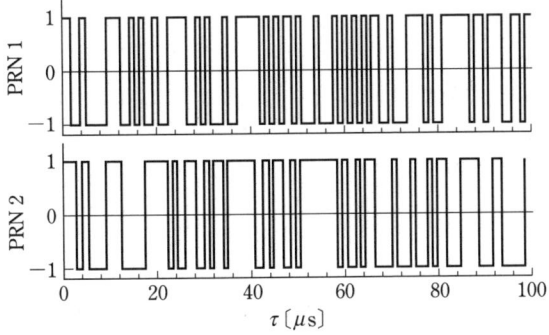

(a) PN コードの例（PRN1 衛星と PRN2 衛星）

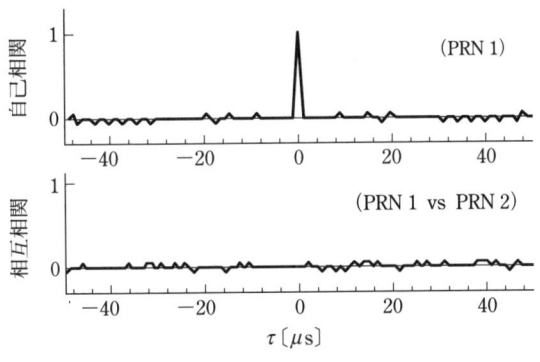

(b) 自己相関と相互相関

GPS で実際に使用されている PN コードの例です（PRN1 衛星および PRN2 衛星のコード）。自己相関関数は $\tau = 0$ でピークを示しますが，異なるコード間での相互相関はピークを持たず，常にほぼゼロになります。

図 1-9　実際の PN コード

ることができます．

　インターフェース仕様で定められている PN コードは，37 種類あります．それぞれには 1〜37 の番号が付けられていて，これが GPS 衛星を区別する **PRN 番号** (pseudorandom number) として使われます．ただし，このうち 33〜37 は試験用などとされていて，実際に使えるのは PRN 32 までの 32 衛星となっています．

　GPS 衛星には，PRN 番号のほかに **SVN**（Space-Vehicle Number）という番号も

付けられています．これは一つひとつの衛星を区別する番号で，同じ番号が異なる衛星に割り当てられることはありません．SVN 番号はプロトタイプのブロック I シリーズから順番に付けられていますが，必ずしも打上げ順にはなっていません．今までに打ち上げられた GPS 衛星の SVN 番号と PRN 番号の対応関係は，付録 C を参照してください．航法メッセージに含まれているのは PRN 番号のみですから，GPS 受信機は SVN 番号を知る必要はありません．

航法メッセージをはじめとする GPS 受信機内部の情報の流れは，図 1-10 のように表すことができます．測距信号には，距離の測定と航法メッセージの伝達という二つの機能があります．測距信号を用いて測定された距離（擬似距離といいます．4.1 節を参照）は，航法メッセージから計算された補正値を適用した後に測位計算に用いられます．一方，GPS 衛星の位置（座標）も航法メッセージから求められますので，これらを合わせるとユーザ位置を計算できることになります．

ところで，意外に思われるかもしれませんが，実はインターフェース仕様には

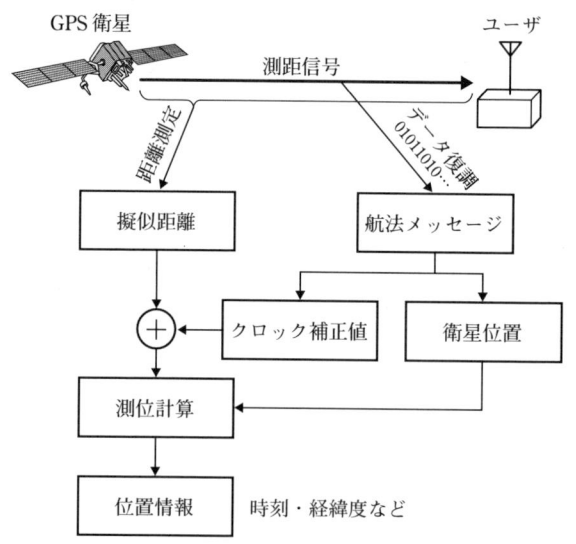

GPS で位置を求めるまでに必要な情報の流れです．測距信号は，距離の測定と航法メッセージの伝達という二つの機能を持っています．

図 1-10　位置計算までの情報の流れ

GPS で位置を求める方法は記載されていません．規定されているのは測距信号の形式と航法メッセージの内容だけで，実際にどのようなハードウェアで距離を測定するかは自由ですし，得られた距離情報から位置を計算する手順もはっきりと決められているわけではないのです．

1.4　GPS の性能

GPS の標準測位サービスを利用して得られる性能については，米軍による規定があります．「GPS 標準測位サービス性能標準」（GPS SPS Performance Standard）[14] がそれで，米沿岸警備隊のウェブページから入手できます．測位精度に関する規定は表 1-2 のとおりで，水平・垂直方向の別に 95% 値で記載されています．つまり，測位誤差は 95% の確率でこれらの規定値より小さいということです．

表 1-2 によれば，GPS の測位精度は平均的には水平方向で 13 m 程度が期待できますが，衛星の配置によっては 36 m 程度まで劣化する可能性があります．また垂直方向については 77 m 程度まで悪化することもあり，いずれも 95% 値であることには注意が必要でしょう．

ところで，前節の最後に触れたように，インターフェース仕様では GPS 受信機の内部アルゴリズムまでは規定されていません．しかし，処理方式が異なれば当然のことながら測位精度が変わってきますし，1.2 節（p.8）で触れた仰角マスクの設定によっても大きく影響されます．このため，性能標準では典型的な GPS 受信機で得られる性能が規定されています（性能標準 [14]，2.2 節）．「典型的」とは，all-in-view 方式，すなわち視界にある GPS 衛星をすべて利用する方式で，仰角マスクは 5 度とされています．

表 1-2　GPS の測位精度に関する規定

	全世界平均	最悪地域
水平方向（95%）	13 m	36 m
垂直方向（95%）	22 m	77 m

出典：GPS SPS Performance Standard [14]

図 1-11 は，市販の GPS 受信機の例です．これはハンディタイプの安価な受信機で，携帯電話のように手に持って使用するものですが，液晶ディスプレイに地図も表示できます．この受信機のスイッチを入れれば，それだけで地球上のどこにいるかが測定できるのです．小さいものでは切手サイズの GPS 受信機も市販されていますし，GPS 内蔵の腕時計もあります．

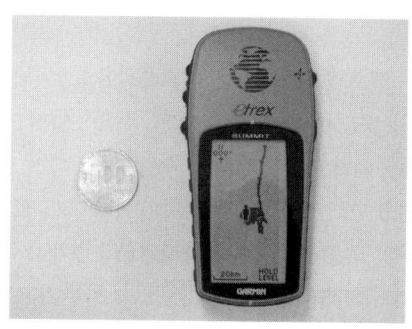

市販されている GPS 受信機の一例です（GARMIN 社製 eTrex Summit）．手のひらに乗る大きさでありながら，液晶ディスプレイに地図も表示できます．左側にあるのは大きさを比較するための 500 円硬貨です．

図 1-11　GPS 受信機

第2章

測位の基本

　GPSは，受信機と衛星との間の距離の測定をもとにして位置を求めるシステムです．距離は電波の伝搬時間として測定しますから，正確な時刻を知ることは測位の第一歩です．また，地球は自転をしていますし，GPS衛星もたいへんな速度で軌道上を周回していますから，時刻と位置は常に互いに依存し合う関係にあります．GPS受信機が測定するのは距離ですから，位置を得るには何らかの計算をしなければなりません．

　まずは，GPSで位置を測定するための下準備をすることにしましょう．この章の目的は，時刻と位置の表現方法をまとめるとともに，距離情報から位置を求める基本的なメカニズムを知ることです．

2.1　時刻の表現

　GPSは，受信機と衛星との間の距離の測定をもとにして位置を求めるシステムです．距離の測定には電波を使いますが，基本的には時間差を測ることになりますから，時刻を正確に知ることがたいへん重要です．電波の伝搬速度は光速と同

じでたいへん速いため，わずかな時刻のずれでも大きな距離誤差を生じてしまいます．また，GPS 衛星は秒速 3 km 以上の速度で軌道上を周回しています．時刻が少し経過しただけでも GPS 衛星はその位置を大きく変えますから，やはり時刻の管理は GPS にとって重要です．

時刻や時間は近代まで地球の自転を基準に定められていましたが，現在は**原子時計**（atomic clock）[1]により管理されています．これは地球の自転速度には微妙なふらつきがあることがわかってきたため，現代の最高水準の原子時計は 10^{-15} 程度の時刻（あるいは周波数）精度を実現しています．

原子時計の動作原理は他書に譲りますが，基本的には原子の状態変化に伴い吸収あるいは放射される光の振動数が一定であることを利用します．原子時計に適する原子としてはセシウム（Cesium）やルビジウム（Rubisium）がありますが，一般にはセシウムのほうが安定しており，$10^{-12} \sim 10^{-14}$ の安定度の時計を構成できます．最近はさらに安定度の良好な水素メーザも実用されるようになってきました．なお，現在の国際単位系では，1 秒の長さをセシウム原子の特定の状態遷移に対応する光の振動数に基づいて定義しています．

GPS 衛星にはセシウムおよびルビジウム原子時計が搭載されており，正確なタイミングで測距信号を放送しています[2]．一方，地上の GPS 制御局にも高精度な原子時計があり，これらの原子時計を基準として **GPS 時刻**（GPS time）が定義されています．GPS 衛星の制御や軌道決定，航法メッセージの作成など，GPS に関するすべての時刻の基準は，このGPS 時刻です．閏秒のない GPS 時刻は**協定世界時**（UTC：Universal Time Coordinate）よりその分だけ進んでいますが，閏秒を除けば 1 μs 以内の差で UTC と一致するように維持されています（インターフェース仕様 [10]，3.3.4 節）．

さて，GPS 衛星のクロック補正値や軌道情報が含まれている航法メッセージでは，すべての時刻は 1 週間を単位として管理されています．週の始まりは毎週日曜日の 0 時（土曜日の 24 時）で，時刻はそれからの経過時間で表されま

---

[1]. 原子周波数標準ともいいます．時間の逆数が周波数ですから，時間と周波数は物理的には同じものです．

[2]. 搭載されている原子時計のうちいずれか 1 台を使用して測距信号を生成します．複数台が用意されているのは信頼性を確保するためです．

す．たとえば，水曜日（日曜日から数えると3日目）の午前9時23分17秒は，$3 \times 24 \times 3600 + 9 \times 3600 + 23 \times 60 + 17 = 292997$〔秒〕となります．週番号はゼロから数え，第0週は1980年1月6日に始まる週とされています（週番号と日付の対応は付録Bを参照）．航法メッセージには週番号も書いてありますが，このための領域が10ビットしかないため，第1023週の次は第0週に戻ってしまいます．こうした問題は1999年8月に実際に発生し，GPSの2000年問題として報道もされました．

ところで，C言語で使いやすい実数型変数はfloat型（32ビット実数，有効桁数7桁程度）あるいはdouble型（64ビット実数，有効桁数15桁程度）です．これらの有効桁数を検討しておきましょう．1週間は604800秒ですから，有効桁数が7桁程度のfloat型では0.1秒の桁までしか取り扱えません．後述するように(p.98) 受信機クロックにはミリ秒単位の変動がありますので，少なくとも10^{-3}秒までは表現したいところです．double型なら有効桁数が15桁程度ありますので，大丈夫でしょう．

時刻を表すには，週番号と週の初めからの経過時間をセットにする必要があります．このために，構造体wtimeを定義しておくことにします．構造体wtimeは，メンバとしてweekとsecを含んでいて，それぞれint型およびdouble型の変数として使えます．

リスト2.1：構造体wtimeの定義

```
0001: /* 時刻を表す構造体 */
0002: typedef struct {
0003:     int      week;      /* 週番号 */
0004:     double   sec;       /* 週初めからの経過時間 [s] */
0005: } wtime;
```

typedef宣言は新しく定義する構造体に名前を付けるもので，このようにしておくとwtimeを新しい型としてプログラム中で使うことができるようになります．たとえば次のように書くことで，週番号1350（2005年11月20日〜26日），週初めから100秒という時刻を表すことができます．

リスト 2.2：構造体 wtime の使い方

```
wtime    wt;

wt.week =1350;          /* 05/11/20～26 の週 */
wt.sec  =100.0;         /* 日曜日の 00:01:40 */
```

さて，wtime だけではまだ使いにくいですから，普通の日時との対応ができるようにしましょう．まずは構造体 wtime の内容を日時に変換する関数 wtime_to_date() を用意します．

リスト 2.3：週番号・秒から日時への変換

```
0001: #include <time.h>
0002:
0003: /* 1 週間の秒数 */
0004: #define SECONDS_WEEK      (3600L*24L*7L)
0005:
0006: /*------------------------------------------------------------
0007:  * 時刻の変換
0008:  *----------------------------------------------------------*/
0009: /* カレンダ値の開始年 */
0010: #define TIME_T_BASE_YEAR     1970
0011:
0012: /* 1980 年 1 月 6 日 00:00:00 のカレンダ値 */
0013: #define TIME_T_ORIGIN        315964800L
0014:
0015: /*------------------------------------------------------------
0016:  * wtime_to_date() - 週番号・秒から日時への変換
0017:  *------------------------------------------------------------
0018:  *   struct tm wtime_to_date(wt);  日時への変換結果
0019:  *   wtime wt;  週番号・秒
0020:  *----------------------------------------------------------*/
0021: struct tm wtime_to_date(wtime wt)
0022: {
0023:     time_t  t;
0024:
0025:     /* 基準日からの経過時間を加えて，カレンダ値を得る */
0026:     t   =(long)wt.week*SECONDS_WEEK+TIME_T_ORIGIN
0027:         +(long)((wt.sec>0.0)?wt.sec+0.5:wt.sec-0.5);
```

```
0028:
0029:       return *gmtime(&t);
0030: }
```

C言語の標準ライブラリでは，時刻の表現に time_t 型（具体的には long 型の整数）で表されるカレンダ値（1970年1月1日 00:00:00 からの経過秒数）を使います．カレンダ値を日時情報に変換する関数として gmtime() が用意されていますから，関数 wtime_to_date() はこれを利用して構造体 wtime の内容を日時に変換することにします．

構造体 wtime は時刻を週番号と経過秒数で表していますから，26〜27行目のように簡単にカレンダ値に換算できます．時刻の秒未満については，四捨五入することにしました．起点となる第0週のカレンダ値は記号定数 TIME_T_ORIGIN として定義してあり，315964800 です．記号定数 SECONDS_WEEK は，1週間の秒数を表します．

カレンダ値を gmtime() 関数に渡すと，日時への変換結果は struct tm 型の構造体にセットされます．return 文で "*" が付いているのは関数 gmtime() がポインタを返すからで，ポインタで指し示される内容を取り出したうえで関数 wtime_to_date() の結果として返します．

C言語の標準ライブラリに含まれている struct tm 構造体は，ヘッダファイル time.h でリスト 2.4 のように定義されています．月はなぜか0から始まりますので，注意してください．

リスト 2.4：struct tm 構造体の内容

```
struct tm {
    int     tm_sec;     /* 秒 (0〜59) */
    int     tm_min;     /* 分 (0〜59) */
    int     tm_hour;    /* 時 (0〜23) */
    int     tm_mday;    /* 日 (1〜31) */
    int     tm_mon;     /* 月 (0〜11) */
    int     tm_year;    /* 1900年からの年数 */
    int     tm_wday;    /* 日曜日からの日数 (0〜6) */
    int     tm_yday;    /* 1月1日からの日数 (0〜365) */
    int     tm_isdst;   /* 夏時間用のフラグ */
};
```

wtime 構造体で与えた日時を表示してみましょう (リスト 2.5). 実行結果が正しく得られていることを確認してください.

リスト 2.5: 日時の表示

```
wtime     wt;
struct tm     tmbuf;

wt.week =1350;      /* 05/11/20～26 の週 */
wt.sec  =100.0;     /* 日曜日の 00:01:40 */

tmbuf   =wtime_to_date(wt);
printf("%4.4d/%2.2d/%2.2d %2.2d:%2.2d:%2.2d\n",
    tmbuf.tm_year+1900,tmbuf.tm_mon+1,tmbuf.tm_mday,
    tmbuf.tm_hour,tmbuf.tm_min,tmbuf.tm_sec);
```

リスト 2.5 の実行結果

```
2005/11/20 00:01:40
```

逆に,日時を構造体 wtime に変換する関数も用意しましょう (リスト 2.6). 関数 date_to_wtime() は,関数 wtime_to_date() とは逆に,与えられた日時から週番号と経過時間を求めて wtime 構造体にセットする働きをします. struct tm 構造体の日時をカレンダ値に変換するライブラリ関数としては mktime() があるのですが,この関数は地方時しか扱えないため夏時間の取扱いで問題を生じます. そこで,UTC 版として関数 mktime2() を用意し (リスト 3.8 (p.85) を参照してください), これにより日時をカレンダ値に変換することとしました. 得られたカレンダ値と TIME_ORIGIN の差が第 0 週からの経過秒数ですから, あとはこれを週番号に直して wtime 構造体にセットします.

リスト 2.6: 日時から週番号・秒への変換

```
0001: /*-------------------------------------------------------------
0002:  * date_to_wtime() - 日時から週番号・秒への変換
0003:  *-------------------------------------------------------------
0004:  *  wtime date_to_wtime(tmbuf); 週番号・秒への変換結果
0005:  *     struct tm tmbuf; 日時を指定
0006:  *-------------------------------------------------------------*/
```

```
0007: wtime date_to_wtime(struct tm tmbuf)
0008: {
0009:     time_t  t;
0010:     wtime   wt;
0011:
0012:     /* 指定された時刻のカレンダ値 */
0013:     t   =mktime2(&tmbuf);
0014:
0015:     /* 1 週間の秒数で割った商と余り */
0016:     wt.week =(t-TIME_T_ORIGIN)/SECONDS_WEEK;
0017:     wt.sec  =(t-TIME_T_ORIGIN)%SECONDS_WEEK;
0018:
0019:     return wt;
0020: }
```

> **2000 年問題と 2038 年問題**
>
> 　GPS では週を単位として時刻が管理されています．航法メッセージの週番号は 10 ビットしかなく 20 年程度でオーバフローすることとなりますが，たまたまこの問題が 1999 年 8 月に発生したため，GPS の 2000 年問題として取り扱われたのは 2.1 節 (p.21) で紹介したとおりです．
>
> 　いわゆる西暦 2000 年問題 (Y2K problem) は，西暦の年号を下 2 桁で表すことが多いことから，コンピュータに "00" と入力すると誤って 1900 年と解釈されるという問題です．"99" を入力終了や省略の合図とすることもあり，1999 年頃からこうした問題が表面化していたのも承知のとおりです．
>
> 　GPS の測定データを扱うための標準フォーマットである RINEX ファイルでも，3.2 節 (p.64) のとおり年号を 2 桁で表しています．2000 年問題があり得ることになりますが，最初から 00～79 は 2000～2079 年に対応することと決められていますので，仕様どおりに使っていれば 2079 年までは大丈夫でしょう．
>
> 　もっと早くやってくる問題には，実は 2038 年問題があります．C 言語の標準ライブラリでは時刻の表現に `time_t` 型のカレンダ値を使いますが，この実体は `long` 型の 32 ビット整数です．カレンダ値の意味は 1970 年 1 月 1 日 00:00:00（UTC）を起点とした経過秒数ですが，`long` 型整数の上限は 2147483647 ですから，この最大値を超える時刻を表すことはできません．2038 年初頭には最大値に達してしまいますが，まだ余裕があるともいえそうです．

2.2　座標の表現

GPS 衛星の位置を計算する際に使う航法メッセージは，**ECEF**（Earth-Centered Earth-Fixed：地球中心・地球固定）**直交座標系**に基づいて表現されています．これが GPS の位置計算に普通に使われる座標系で，原点が地球重心とされ，衛星の軌道までも統一的に扱える点が計算上たいへん都合のよい座標系です（図 2-1）．

　　座標原点　　地球重心とします．
　　X 軸　　　グリニジ子午線と赤道面の交わる点の方向とします．
　　Y 軸　　　X 軸，Z 軸と右手直交系[3]をなすようにとります．結果的には，東経 90 度における子午線と赤道面の交わる点の方向となります．
　　Z 軸　　　地軸の北極方向とします．

日本付近では，東経 130～150 度程度，北緯 30～50 度程度となりますので，常に $x_{ECEF} < 0$, $y_{ECEF} > 0$, $z_{ECEF} > 0$ となります．たとえば，東京都調布市の電子航法研究所（東経 139.56 度，北緯 35.68 度）の位置を ECEF 直交座標で表示す

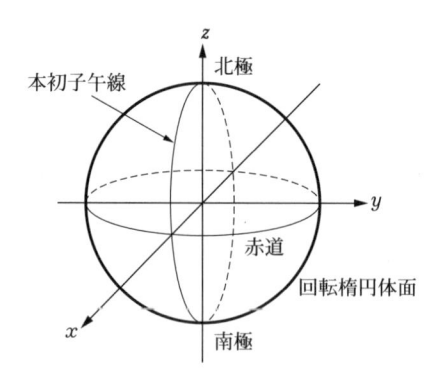

GPS の位置計算に普通に使われる座標系です．X 軸はグリニジ子午線と赤道面の交わる点の方向，Z 軸は地軸の北極方向です．

図 2-1　ECEF 直交座標系

---

[3] 右手の親指が X 軸，人差指が Y 軸，中指が Z 軸に対応します．

ると，

$$x_{ECEF} = -3947763.354$$
$$y_{ECEF} = 3364399.155$$
$$z_{ECEF} = 3699430.076$$

となります．ECEF 座標系では座標軸は地球上に張り付けられており，地球の自転とともに回転しますので，地球上の一地点の座標値は時間が経過しても変わりません．

直交座標系による座標値を表す構造体 posxyz を定義しましょう．

リスト 2.7：構造体 posxyz の定義

```
0001: /* 直交座標を表す構造体 */
0002: typedef struct {
0003:     double  x;            /* X 座標 [m] */
0004:     double  y;            /* Y 座標 [m] */
0005:     double  z;            /* Z 座標 [m] */
0006: } posxyz;
0007: #define SQ(x)             ((x)*(x))
0008: #define DIST(a,b)         sqrt(SQ(a.x-b.x)+SQ(a.y-b.y)+SQ(a.z-b.z))
```

ECEF 直交座標により GPS 衛星の位置を表現する場合，軌道半径が 20000 km (2×10^7 m) 以上ありますので，有効桁数を十分に確保する必要があります．ミリメートルまで表現するには 11 桁以上が必要ですから，時刻の表現 (p.21 を参照) と同様に double 型を用いることになります．2 地点間の距離を求めるマクロ DIST(a,b) も用意しておきました．

なお，GPS が採用している座標系は WGS-84 と呼ばれることがあります．WGS (World Geodetic System) とは測地系の名称であって，座標原点や地球の形状パラメータを定めているものです．WGS-84 の座標原点は地球重心ですから，その座標値は ECEF 直交座標として表すことができます．また，GPS で求められる受信機位置は，WGS-84 に従うことになります．

ITRF (International Terrestrial Reference Frame：国際地球基準座標系，最新版は ITRF2000) も同様な測地系の一つで，実用上は WGS-84 と大きな違いはありません．日本では長く日本測地系 (Tokyo datum) が採用されてきましたが，2002

年4月の測量法改正により，現在は**世界測地系**（具体的には ITRF）が用いられることとなっています．

2.3 座標変換

地球上の地点や GPS 衛星の位置を一律に取り扱うには ECEF 直交座標が便利ですが，私たちが理解できるのは経緯度ですし，またユーザ位置を中心に考えたほうがよい場合もあります．こうした場合に適切な座標系を使うため，座標系の変換ができるように準備をしておくことにします．

2.3.1 経緯度との変換

前節の例（p.27）のように直交座標値で位置を表現しても，直感的にはわかりにくいことでしょう．地球上の位置を表すには，普通は経緯度（測地座標，あるいは地理座標ともいいます）を用います．

ECEF 直交座標による座標値 (x, y, z) を経緯度による表現 (B, L, h) に変換するには，次の近似式が知られています（[2][6] など）．

$$
\begin{aligned}
\text{緯度〔rad〕} \quad & B = \tan^{-1} \frac{z + e'^2 b \sin^3 t}{\sqrt{x^2 + y^2} - e^2 a \cos^3 t} \\
\text{経度〔rad〕} \quad & L = \tan^{-1} \frac{y}{x} \\
\text{楕円体高〔m〕} \quad & h = \frac{\sqrt{x^2 + y^2}}{\cos B} - n
\end{aligned}
\tag{2.1}
$$

ここで地球は，長半径 a〔m〕，扁平率 f の回転楕円体とします．式中のパラメータは次のとおりです．

$$
\begin{aligned}
& b = a(1 - f) && \text{(短半径)} \\
& e^2 = \frac{a^2 - b^2}{a^2}, \quad e'^2 = \frac{a^2 - b^2}{b^2} && \text{(離心率)} \\
& n = \frac{a}{\sqrt{1 - e^2 \sin^2 B}} && \text{(卯酉線曲率半径)} \\
& t = \tan^{-1} \left(\frac{z}{\sqrt{x^2 + y^2}} \cdot \frac{a}{b} \right)
\end{aligned}
$$

近似の精度は，実用上問題のない程度です．

逆に，経緯度から直交座標系に変換するには，次式を用います．

$$\begin{aligned} x &= (n+h)\cos B \cos L \\ y &= (n+h)\cos B \sin L \\ z &= \{(1-e^2)n+h\}\sin B \end{aligned} \quad (2.2)$$

さて，これらをプログラムにしてみましょう．まずは経緯度を表す構造体 posblh を定義しておきます．経緯度はラジアン単位，高さは楕円体高（回転楕円体面からの距離）で表します．

リスト 2.8：構造体 posblh の定義

```
0001: /* 経緯度を表す構造体 */
0002: typedef struct {
0003:     double  lat;        /* 緯度 [rad] */
0004:     double  lon;        /* 経度 [rad] */
0005:     double  hgt;        /* 高度（楕円体高）[m] */
0006: } posblh;
```

直交座標から経緯度への変換は，式(2.1)をそのままプログラムにするだけです（リスト 2.9）．途中で使われているいくつかの変数は，同じ計算を何度もしなくてすむようにするためのものです．関数 xyz_to_blh() に ECEF 直交座標値を入力すると，その座標値が経緯度に変換されて構造体 posblh として返されます．WGS-84 では地球長半径 R_e と扁平率 f_e が定められていますので，これらについてはリスト 2.15 の定数を使います．

リスト 2.9：直交座標から経緯度への変換

```
0001: /*-----------------------------------------------------------
0002:  * xyz_to_blh() - 直交座標から経緯度への変換
0003:  *-----------------------------------------------------------
0004:  *  posblh xyz_to_blh(pos);  経緯度
0005:  *     posxyz pos;           直交座標値
0006:  *----------------------------------------------------------*/
0007: posblh xyz_to_blh(posxyz pos)
0008: {
0009:     double  a,b,e,f,n,h,p,t,sint,cost;
```

```
0010:     posblh blh={0.0,0.0,-Re};
0011:
0012:     /* 原点の場合 */
0013:     if (pos.x==0.0 && pos.y==0.0 && pos.z==0.0) return blh;
0014:
0015:     /* 楕円体のパラメータ */
0016:     f    =Fe;                   /* 扁平率 */
0017:     a    =Re;                   /* 長半径 */
0018:     b    =a*(1.0-f);            /* 短半径 */
0019:     e    =sqrt(f*(2.0-f));      /* 離心率 */
0020:
0021:     /* 座標変換のためのパラメータ */
0022:     h    =a*a-b*b;
0023:     p    =sqrt(pos.x*pos.x+pos.y*pos.y);
0024:     t    =atan2(pos.z*a,p*b);
0025:     sint=sin(t);
0026:     cost=cos(t);
0027:
0028:     /* 経緯度への変換 */
0029:     blh.lat =atan2(pos.z+h/b*sint*sint*sint,p-h/a*cost*cost*cost);
0030:     n       =a/sqrt(1.0-e*e*sin(blh.lat)*sin(blh.lat));
0031:     blh.lon =atan2(pos.y,pos.x);
0032:     blh.hgt =(p/cos(blh.lat))-n;
0033:
0034:     return blh;
0035:}
```

逆に，経緯度から直交座標を得る関数 blh_to_xyz() も，次のように準備しておきます．関数 xyz_to_blh() のちょうど反対の働きをします．

リスト2.10：経緯度から直交座標への変換

```
0001: /*------------------------------------------------------------
0002:  * blh_to_xyz() - 経緯度から直交座標への変換
0003:  *------------------------------------------------------------
0004:  *   posxyz blh_to_xyz(blh); 直交座標値
0005:  *     posblh blh; 経緯度
0006:  *------------------------------------------------------------*/
0007: posxyz blh_to_xyz(posblh blh)
```

```
0008: {
0009:     double  a,b,e,f,n;
0010:     posxyz  pos;
0011:
0012:     /* 楕円体のパラメータ */
0013:     f   =Fe;                    /* 扁平率 */
0014:     a   =Re;                    /* 長半径 */
0015:     b   =a*(1.0-f);             /* 短半径 */
0016:     e   =sqrt(f*(2.0-f));       /* 離心率 */
0017:
0018:     /* 直交座標系への変換 */
0019:     n       =a/sqrt(1.0-e*e*sin(blh.lat)*sin(blh.lat));
0020:     pos.x   =(n+blh.hgt)*cos(blh.lat)*cos(blh.lon);
0021:     pos.y   =(n+blh.hgt)*cos(blh.lat)*sin(blh.lon);
0022:     pos.z   =(n*(1.0-e*e)+blh.hgt)*sin(blh.lat);
0023:
0024:     return pos;
0025: }
```

2.3.2 ENU 座標系

直交座標と経緯度はいずれも地球上の位置を表すために用いられますが，一方では特定の地点を原点として狭い範囲を取り扱いたい場合があります．こうした座標系は局地座標系と呼ばれることもありますが，そのうちでも GPS 受信機にとって便利なのは **ENU**（East-North-Up）**座標系**でしょう．ENU 座標は，受信機位置から見た GPS 衛星の方向を表すのに有用です．

ENU 座標系では，任意の地点を原点として，東方向（east），北方向（north），上方向（up）の各成分により位置を表します．ENU 座標を表す構造体 posenu を次のように定義することにしましょう．各成分の単位は，いずれもメートルです．

リスト 2.11：構造体 posenu の定義

```
0001: /* ENU 座標を表す構造体 */
0002: typedef struct {
0003:     double  e;              /* East 成分 [m] */
0004:     double  n;              /* North 成分 [m] */
```

```
0005:     double  u;              /* Up 成分 [m] */
0006: } posenu;
```

直交座標値を表すベクトル $\vec{x}_{ECEF}$ を ENU 座標系による表現 $\vec{x}_{ENU}$ に変換するには，次の式を使います．

$$\vec{x}_{ENU} = R_3(B, L) \left[\vec{x}_{ECEF} - \vec{x}_{0, ECEF}\right] \tag{2.3}$$

$\vec{x}_{0,ECEF}$ は ENU 座標系の原点とする基準点（ECEF 座標系で表現します）ですから，括弧の内側では基準点に対する相対位置を求めています（座標軸は ECEF 座標系に平行なままです）．R_3 は座標系の回転を表す行列で，座標値を表すベクトルに左からかけることで，ECEF 座標系に平行な座標軸で表現されたベクトルを ENU 座標系に変換します．

$$R_3(B, L) = \begin{bmatrix} -\sin L & \cos L & 0 \\ -\cos L \sin B & -\sin L \sin B & \cos B \\ \cos L \cos B & \sin L \cos B & \sin B \end{bmatrix} \tag{2.4}$$

B は基準点の緯度，L は同じく経度です．これらは $\vec{x}_{0,ECEF}$ と対応させてください．

式(2.3)をプログラムにすると，直交座標を ENU 座標に変換する関数 xyz_to_enu() がつくれます．ENU 座標に変換する直交座標 pos と基準とする原点の位置 base を与えてこの関数を呼び出すと，変換結果の ENU 座標値が返されます．

リスト 2.12：直交座標から ENU 座標への変換

```
0001: /*------------------------------------------------------------
0002:  * xyz_to_enu() - 直交座標から ENU 座標への変換
0003:  *
0004:  * posenu xyz_to_enu(pos,base); ENU 座標値
0005:  *    posxyz pos;   直交座標値
0006:  *    posxyz base;  基準位置
0007:  *------------------------------------------------------------*/
0008: posenu xyz_to_enu(posxyz pos,posxyz base)
0009: {
0010:     double  s1,c1,s2,c2;
0011:     posblh  blh;
```

```
0012:     posenu   enu;
0013:
0014:     /* 基準位置からの相対位置 */
0015:     pos.x   -=base.x;
0016:     pos.y   -=base.y;
0017:     pos.z   -=base.z;
0018:
0019:     /* 基準位置の経緯度 */
0020:     blh =xyz_to_blh(base);
0021:     s1  =sin(blh.lon);
0022:     c1  =cos(blh.lon);
0023:     s2  =sin(blh.lat);
0024:     c2  =cos(blh.lat);
0025:
0026:     /* 相対位置を回転させて ENU 座標に変換する */
0027:     enu.e   =-pos.x*s1+pos.y*c1;
0028:     enu.n   =-pos.x*c1*s2-pos.y*s1*s2+pos.z*c2;
0029:     enu.u   =pos.x*c1*c2+pos.y*s1*c2+pos.z*s2;
0030:
0031:     return enu;
0032: }
```

また，逆に ENU 座標値が与えられた場合に ECEF 座標値に戻す関数として，enu_to_xyz() も用意しておきましょう．

$$\vec{x}_{ECEF} = R_3^{-1}(B,L)\vec{x}_{ENU} + \vec{x}_{0,ECEF} \tag{2.5}$$

式 (2.3) とはまったく逆の操作になります．$R_3^{-1}(B,L)$ は $R_3(B,L)$ の逆の働きをする行列で，ENU 座標値を回転させて ECEF 座標系と平行な座標軸による表現に変換します．ちょうど逆の働きをすることから，これら二つの行列は互いに逆行列の関係にあります．

$$R_3^{-1}(B,L) = \begin{bmatrix} -\sin L & -\cos L \sin B & \cos L \cos B \\ \cos L & -\sin L \sin B & \sin L \cos B \\ 0 & \cos B & \sin B \end{bmatrix} \tag{2.6}$$

関数 enu_to_xyz() の動作は関数 xyz_to_enu() とちょうど逆ですから，ENU 座標値を ECEF 座標系の相対位置に変換して，基準位置に加えることになります．

2.3.3 仰角と方位角

GPS 受信機は GPS 衛星の仰角や方位角をパラメータとして使うことがありますので，これらを求める関数を作成しておきましょう．GPS 衛星の ECEF 座標値を ENU 座標系に変換すれば，仰角や方位角は簡単に求められます．

リスト 2.13：ENU 座標から直交座標への変換

```
0001: /*------------------------------------------------------------
0002:  * enu_to_xyz() - ENU 座標から直交座標への変換
0003:  *------------------------------------------------------------
0004:  *  posxyz enu_to_xyz(enu,base);  直交座標値
0005:  *    posenu enu;   ENU 座標値
0006:  *    posxyz base;  基準位置
0007:  *------------------------------------------------------------*/
0008: posxyz enu_to_xyz(posenu enu,posxyz base)
0009: {
0010:     double  s1,c1,s2,c2;
0011:     posblh  blh;
0012:     posxyz  pos;
0013:
0014:     /* 基準位置の経緯度 */
0015:     blh =xyz_to_blh(base);
0016:     s1  =sin(blh.lon);
0017:     c1  =cos(blh.lon);
0018:     s2  =sin(blh.lat);
0019:     c2  =cos(blh.lat);
0020:
0021:     /* ENU 座標を回転させて相対位置に変換する */
0022:     pos.x   =-enu.e*s1-enu.n*c1*s2+enu.u*c1*c2;
0023:     pos.y   =enu.e*c1-enu.n*s1*s2+enu.u*s1*c2;
0024:     pos.z   =enu.n*c2+enu.u*s2;
0025:
0026:     /* 基準位置に加える */
0027:     pos.x   +=base.x;
0028:     pos.y   +=base.y;
0029:     pos.z   +=base.z;
0030:
```

```
0031:        return pos;
0032: }
```

次の関数 elevation() と azimuth() は，衛星位置 sat とユーザ位置 usr を与えると，ユーザ位置から見た衛星の仰角および方位角をそれぞれラジアン単位で返します．なお，方位角とは，北方向を基準として時計回りに測った角度をいいます．三角関数（sin, cos, tan）は X 軸を基準として反時計回りに角度を測りますので，対応関係に注意してください．

リスト 2.14：仰角・方位角を求める

```
0001: /*-----------------------------------------------------------------
0002:  * elevation() - 仰角を求める
0003:  *-----------------------------------------------------------------
0004:  *   double elevation(sat,usr); 仰角 [rad]
0005:  *     posxyz sat; 衛星の位置
0006:  *     posxyz usr; ユーザ位置
0007:  *-----------------------------------------------------------------*/
0008: double elevation(posxyz sat,posxyz usr)
0009: {
0010:     posenu  enu;
0011:
0012:     /* ENU 座標に変換して仰角を求める */
0013:     enu =xyz_to_enu(sat,usr);
0014:     return atan2(enu.u,sqrt(enu.e*enu.e+enu.n*enu.n));
0015: }
0016:
0017: /*-----------------------------------------------------------------
0018:  * azimuth() - 方位角を求める
0019:  *-----------------------------------------------------------------
0020:  *   double azimuth(sat,usr); 方位角 [rad]
0021:  *     posxyz sat; 衛星の位置
0022:  *     posxyz usr; ユーザ位置
0023:  *-----------------------------------------------------------------*/
0024: double azimuth(posxyz sat,posxyz usr)
0025: {
0026:     posenu  enu;
```

時刻と位置の切れない縁

　もっとも原始的な時計の一つに，日時計があります．小学生でも知っているとおり，太陽は毎日東から昇って西に沈み，その間は一定の速度で進むことを利用して時刻を表示するものです．太陽が真南に来ることを南中といい，これが正午という時刻に対応し，それより前を午前，後を午後といいます．

　江戸時代は時刻を干支で表現していました．1 日は 24 時間ですからこれを 12 等分して，子の刻が午前 0 時，午の刻はすなわち正午となります．丑の刻は午前 2 時ですが，これに 30 分ごとの「時」を加えて数えましたから，「草木も眠る丑三時」は午前 3:30 頃のことです．「時刻」という言葉の由来はこれでわかりますね（江戸時代は不定時法を採用していましたので，干支が必ずしも正確に 2 時間単位にはなりません）．

　時刻と同様に，方位も干支で表現しました．北，東，南，西の順に，子，卯，午，酉の方向ということになります．南北を結ぶ線が子午線で，東西を結ぶ線は卯酉線といいます．

　さて，同じころ，西洋は大航海時代です．帆船時代には GPS はもちろんありませんが，安全で効率的な航海のためには航法は不可欠です．羅針盤（コンパス）があれば方位は知ることができますが，それだけでは位置はわかりません．港から出発してまた同じ港に戻るだけなら方位だけでも十分ですが，遠く離れた新大陸を目指すには心もとないことでしょう．

　古来より，船の速力は航海中における重要な情報でした．丸太（log）を船首から海中に投げ込み，船尾に到達するまでの時間を測って船の速力としたそうです．その記録を毎日つけたことから，定期的につける日誌のことを今でもログと呼ぶのです．余談ですが，速度の単位であるノット（knot）は，速力測定用のブイを海中に投げ込み，一定時間に繰り出すロープの結び目（knot）の数から速力を求めたことに由来します．

　船の速力がわかれば，それに時間を乗じて移動距離を計算できます．方位はコンパスにより知ることができますから，出発地さえわかっていれば現在位置が得られるという寸法です．こうした航法手段のことを推測航法（dead reckoning）といい，現在でも慣性航法装置が原理的には似た方法で航法を行います（慣性航法装置は，速度と方位の代わりに加速度と角速度を測定します）．時間と位置が直接関連してきました．

　地球が丸いことはギリシア時代から知られており，緯度（latitude）も測定されていました．緯度を知るにはたとえば北極星の仰角を測ればよく，六分儀（sextant）はそのための道具です．これに対して経度（longitude）の測定は難しく，大航海時代の最大の課題でした．経度を知るためには，結局のところ時計が必要です．それも，日時計のように地方時を表示するものではなく，経過時間を絶対的に測定できるものでなくてはなりません．ある地点で太陽の南中時刻に時計を合わせておけば，経度を測定したい地点にその時計を持っていくことで，太陽の南中時刻の時間差を測定することができます．これが経度差というわけです．

> **時刻と位置の切れない縁（つづき）**
>
> 　地球の自転速度は1時間に15度ですから，0.1度の経度差（10 km 程度に相当）を測定するためには時計の誤差を24秒以内に抑えなくてはなりません．帆船による何か月もの航海で10秒や20秒といった時刻精度を保つことは，機械式時計の時代にはたいへん難しいことでした．クック船長が正確な海図を作成できたのは，当時最新鋭のクロノメータ（chronometer, 航海用の機械式精密時計）を携行できたからといわれます．

```
0027: 
0028:     /* ENU 座標に変換して方位角を求める */
0029:     enu =xyz_to_enu(sat,usr);
0030:     return atan2(enu.e,enu.n);
0031: }
```

2.4　GPSで使う諸定数

　GPS 信号の使い方を規定しているインターフェース仕様 [10] では，受信機内部での計算に使うべきいくつかの定数が定められています．航法メッセージはこれらの定数値を前提として生成・放送されていますので，規定と異なる値は使うべきではありません．こうした定数類は，プログラムの最初のほうでまとめて記号定数として定義しておくことにします．

リスト 2.15：共通に使う定数類の定義

```
0001: /*---------------------------------------------------------
0002:  * 定数・構造体の定義
0003:  *--------------------------------------------------------*/
0004: /* 論理型 */
0005: typedef int bool;
0006: #define TRUE    1
0007: #define FALSE   0
0008: 
0009: /* WGS-84 定数 */
0010: #define PI      3.1415926535898      /* 円周率 (IS-GPS-200) */
```

```
0011: #define C           2.99792458e8            /* 光速 [m/s] */
0012: #define MUe         3.986005e14             /* 地球重力定数 [m^3/s^2] */
0013: #define dOMEGAe     7.2921151467e-5         /* 地球自転角速度 [rad/s] */
0014: #define Re          6378137.0               /* 地球半径 [m] */
0015: #define Fe          (1.0/298.257223563)     /* 地球の扁平率 */
0016:
0017: /* 角度の変換 */
0018: #define rad_to_deg(rad)     ((rad)/PI*180.0)
0019: #define deg_to_rad(deg)     ((deg)/180.0*PI)
0020: #define rad_to_sc(rad)      ((rad)/PI)
0021: #define sc_to_rad(sc)       ((sc)*PI)
0022:
0023: /* 取り扱える行列の大きさ */
0024: #define MAX_N       16      /* 観測衛星数の上限 */
0025: #define MAX_M       4       /* 未知数の最大数 */
0026: #define MAX_PRN     32      /* 衛星番号の上限 */
0027:
0028: /* 時間 */
0029: #define SECONDS_DAY     (3600L*24L)
0030: #define SECONDS_WEEK    (3600L*24L*7L)
```

地球の形状を表すパラメータは，WGS-84 で定められている値と同じです．ほかにも円周率や光速も決められていることに注意してください．

角度については，ラジアンと度の変換を行うマクロを定義しておきました．マクロ rad_to_deg(rad) はラジアンから度，deg_to_rad(deg) は度からラジアンへの変換を行います．また，航法メッセージでは半円 (semi-circle, p.58 を参照) という単位で角度が表現されていますので，これらの変換のためのマクロも用意してあります．

記号定数 TRUE は，if 文などの条件式が真となるような値です．逆に，FALSE では条件式が偽となります（else 文が実行されます）．また，論理値を表す数値型として bool 型を定義してあり，2 値の論理を表すのに使用します．

2.5　測位計算（第1段階）

さて，準備が整ったところで，GPS 受信機の位置を求める計算をしてみることにしましょう．衛星の位置は既知として，衛星と受信機との間の距離が測定できたときに受信機位置を求めることを考えます．

衛星と受信機の間の距離 r_i は，受信機位置を (x, y, z)，衛星 i の位置を (x_i, y_i, z_i) とすると，

$$r_i = \sqrt{(x_i - x)^2 + (y_i - y)^2 + (z_i - z)^2} \tag{2.7}$$

となります（単位はすべてメートル）．N 機の衛星についてこうした距離が得られていれば，各衛星と受信機の距離と位置の関係は連立方程式

$$\begin{cases} r_1 = \sqrt{(x_1 - x)^2 + (y_1 - y)^2 + (z_1 - z)^2} \\ r_2 = \sqrt{(x_2 - x)^2 + (y_2 - y)^2 + (z_2 - z)^2} \\ \quad\vdots \\ r_N = \sqrt{(x_N - x)^2 + (y_N - y)^2 + (z_N - z)^2} \end{cases} \tag{2.8}$$

により表されます．これを x, y, z について解けば，受信機位置が求められます．三次元の位置を決めるためには未知数は三つですから，この連立方程式を解くためには最低三つの衛星からの距離が必要となります．

さて，式 (2.8) は非線形の連立方程式ですから，通常は初期値のまわりで線形化を行い，逐次近似法により解を得ます．この手順を示すことにしましょう．以下，変数の右肩の数字は逐次近似の回数を表します．

【手順 1】 x, y, z について，適当な初期値 x^0, y^0, z^0 を用意します．

【手順 2】 x^0, y^0, z^0 としたときに距離として測定されるべき値を計算します．

$$\begin{cases} r_1^0 = \sqrt{(x_1 - x^0)^2 + (y_1 - y^0)^2 + (z_1 - z^0)^2} \\ r_2^0 = \sqrt{(x_2 - x^0)^2 + (y_2 - y^0)^2 + (z_2 - z^0)^2} \\ \quad\vdots \\ r_N^0 = \sqrt{(x_N - x^0)^2 + (y_N - y^0)^2 + (z_N - z^0)^2} \end{cases} \tag{2.9}$$

【手順 3】 実際に測定された距離 r_i に対して，残差 $\Delta r_i = r_i - r_i^0$ を求めます．

【手順4】 x^0, y^0, z^0 をこの残差に相当する分だけ修正すれば，正しい解が得られそうです．このためには，r_i の x, y, z による偏微分

$$\frac{\partial r_i}{\partial x} = -(x_i - x)/r_i$$
$$\frac{\partial r_i}{\partial y} = -(y_i - y)/r_i \qquad (2.10)$$
$$\frac{\partial r_i}{\partial z} = -(z_i - z)/r_i$$

を用います．x^0, y^0, z^0 の変化量を Δx, Δy, Δz と書くと，

$$\begin{cases} \Delta r_1 = \dfrac{\partial r_1}{\partial x}\Delta x + \dfrac{\partial r_1}{\partial y}\Delta y + \dfrac{\partial r_1}{\partial z}\Delta z \\ \Delta r_2 = \dfrac{\partial r_2}{\partial x}\Delta x + \dfrac{\partial r_2}{\partial y}\Delta y + \dfrac{\partial r_2}{\partial z}\Delta z \\ \qquad\qquad\qquad \vdots \\ \Delta r_N = \dfrac{\partial r_N}{\partial x}\Delta x + \dfrac{\partial r_N}{\partial y}\Delta y + \dfrac{\partial r_N}{\partial z}\Delta z \end{cases} \qquad (2.11)$$

という連立方程式が得られます．Δr_i はわかっていますから，この連立方程式を Δx, Δy, Δz について解けばよいわけです．

【手順5】 得られた Δx, Δy, Δz により，初期値を更新します．

$$\begin{aligned} x^1 &= x^0 + \Delta x \\ y^1 &= y^0 + \Delta y \\ z^1 &= z^0 + \Delta z \end{aligned} \qquad (2.12)$$

【手順6】 初期値を x^1, y^1, z^1 に更新して，手順2に戻ります．以上の手順を，Δx, Δy, Δz が十分に小さくなるまで繰り返します．

このような手順で解を求めることができます．通常は数回程度の繰返しで正しい解に収束し，初期値を簡単に $x^0 = y^0 = z^0 = 0$ から始めたとしても5回程度で十分です．

上に述べた解法でもっとも手間がかかるのは，手順4の部分の連立方程式を解くことです．まず，取扱いを簡単にするために，方程式を行列により表現します．ベクトル $\Delta \vec{x} = [\Delta x\,\Delta y\,\Delta z]^\mathrm{T}$，$\Delta \vec{r} = [\Delta r_1\,\Delta r_2\,\cdots\,\Delta r_N]^\mathrm{T}$ を利用すると（添え字"T"は転置行列を表します），手順4の方程式は

$$G\,\Delta \vec{x} = \Delta \vec{r} \qquad (2.13)$$

と簡単に書くことができます．G は**計画行列**（design matrix，デザイン行列）あるいは**観測行列**（observation matrix）などと呼ばれ，その内容は

$$G = \begin{bmatrix} \frac{\partial r_1}{\partial x} & \frac{\partial r_1}{\partial y} & \frac{\partial r_1}{\partial z} \\ \frac{\partial r_2}{\partial x} & \frac{\partial r_2}{\partial y} & \frac{\partial r_2}{\partial z} \\ \vdots & \vdots & \vdots \\ \frac{\partial r_N}{\partial x} & \frac{\partial r_N}{\partial y} & \frac{\partial r_N}{\partial z} \end{bmatrix} = \begin{bmatrix} \frac{-(x_1-x)}{r_1} & \frac{-(y_1-y)}{r_1} & \frac{-(z_1-z)}{r_1} \\ \frac{-(x_2-x)}{r_2} & \frac{-(y_2-y)}{r_2} & \frac{-(z_2-z)}{r_2} \\ \vdots & \vdots & \vdots \\ \frac{-(x_N-x)}{r_N} & \frac{-(y_N-y)}{r_N} & \frac{-(z_N-z)}{r_N} \end{bmatrix} \tag{2.14}$$

です．方程式 (2.13) の解は，式が三つ（G が 3×3 の正方行列の場合）であれば G の逆行列を求めることで簡単に得られます．

$$\Delta \vec{x} = G^{-1} \Delta \vec{r} \tag{2.15}$$

式が四つ以上ある（G が 4 行以上ある），すなわち未知数よりも方程式のほうが多い場合は最小二乗法により解を得るのが一般的で，

$$\Delta \vec{x} = (G^{\mathrm{T}} G)^{-1} G^{\mathrm{T}} \Delta \vec{r} \tag{2.16}$$

として更新量を求めます．最小二乗法を利用するような状況は数学的には「**過決定**」（over-determined）と呼ばれることがありますが，簡単にいえば未知数より方程式の数が多い状態のことです．なお，正方行列の基本的な性質の一つに $(AB)^{-1} = B^{-1} A^{-1}$ があります．G が正方行列の場合には $(G^{\mathrm{T}} G)^{-1} G^{\mathrm{T}} = G^{-1}$ となりますから，式 (2.15) と式 (2.16) を切り替える必要はなく，常に式 (2.16) を利用してかまいません．

さて，以上の手順をプログラムにしてみましょう．

まずは，逆行列を求める関数を用意します．次の関数 inverse_matrix() は，与えられた行列の逆行列を求めます．二次元配列 a[MAX_M][MAX_M] として行列を渡すと，関数から戻ったときにはその逆行列で a[MAX_M][MAX_M] の内容が置き換えられています．変数 m には，逆行列を求める行列の大きさを指定します（ただし MAX_M 以内）．逆行列を得る方法についてはやや数学的知識を必要としますので，付録 E に要約してあります．

リスト 2.16: 逆行列の計算

```
0001: /*------------------------------------------------------------
0002:  * inverse_matrix() - 逆行列を計算する
0003:  *------------------------------------------------------------
0004:  *   void inverse_matrix(a,n);
0005:  *     double a[][];  元の行列 (逆行列で上書きされる)
0006:  *     int    m;       行列の次元 (1～MAX_M)
0007:  *------------------------------------------------------------
0008:  *   与えられた行列の逆行列を求める．結果により，元の行列が
0009:  * 上書きされる．
0010:  *------------------------------------------------------------*/
0011: static void inverse_matrix(double a[MAX_M][MAX_M],int m)
0012: {
0013:     int     i,j,k;
0014:     double  b[MAX_M][MAX_M+MAX_M];
0015:
0016:     /* 操作用の行列をつくる */
0017:     for(i=0;i<m;i++) {
0018:         for(j=0;j<m;j++) {
0019:             b[i][j]=a[i][j];
0020:             if (i==j) b[i][j+m]=1.0; else b[i][j+m]=0.0;
0021:         }
0022:     }
0023:
0024:     /* ガウスの消去法 */
0025:     for(i=0;i<m;i++) {
0026:         /* 第 i 行を b[i][i] で正規化する */
0027:         if (fabs(b[i][i])<=1E-10) {
0028:             fprintf(stderr,"Cannot inverse matrix.\n");
0029:             exit(2);
0030:         }
0031:         for(j=m+m-1;j>=i;j--) {
0032:             b[i][j]/=b[i][i];
0033:         }
0034:
0035:         /* 他の行の第 i 列を消去する */
0036:         for(k=0;k<m;k++) if (k!=i) {
0037:             for(j=m+m-1;j>=i;j--) {
0038:                 b[k][j]-=b[k][i]*b[i][j];
```

```
0039:            }
0040:         }
0041:      }
0042:
0043:      /* 元の行列を逆行列で上書きする */
0044:      for(i=0;i<m;i++) {
0045:         for(j=0;j<m;j++) {
0046:            a[i][j]=b[i][j+m];
0047:         }
0048:      }
0049: }
```

C言語では大きさが可変の二次元配列はつくれません．このため，行列を格納する二次元配列 a[MAX_M][MAX_M] は常に最大サイズとなっていて，必要な部分だけを使うようにしています．二次元配列の大きさは変えることができませんから，異なる大きさの配列を関数 inverse_matrix() に渡すことは避け，必ず "double a[MAX_M][MAX_M];" のように宣言してください（もちろん変数名は任意です）．

関数 inverse_matrix() を利用すると，最小二乗法により連立方程式の解を求める関数 compute_solution() をリスト 2.17 のように書けます．行列 G とベクトル $\Delta \vec{r}$ を与えて関数 compute_solution() を呼び出すと，式 (2.16) により連立方程式を解いた結果がベクトル $\Delta \vec{x}$ として返されます．関数を呼び出す際には，方程式の数を n に，また未知数の数を m にセットしてください．なお，二次元配列 G[MAX_N][MAX_M] については，逆行列を求める関数 inverse_matrix() の変数 a と同様の理由から，必ず "double G[MAX_N][MAX_M];" のように宣言します．

関数 compute_solution() は，基本的には式 (2.16) の計算に必要な逆行列を求め，さらに必要な乗算を実行して方程式の解とするものです．なお，この過程で DOP の計算（4.7.3 項を参照）で必要となる共分散行列 $C = (G^{T}G)^{-1}$ が同時に求められるように工夫してあります．配列 wgt[MAX_N] は，あとで必要となる「重み」を最小二乗法の計算に組み込むときに使います（6.2 節，p.174）．当面は特に意味はありませんので，NULL をセットして呼び出します．

リスト 2.17：最小二乗法の計算

```
0001: /*------------------------------------------------------------
0002:  * compute_solution() - 最小二乗法で方程式を解く
0003:  *------------------------------------------------------------
0004:  *   void compute_solution(G,dr,wgt,dx,cov,n,m);
0005:  *     double G[][];      デザイン行列 (n × m)
0006:  *     double dr[];       方程式の右辺 (n 次)
0007:  *     double wgt[];      重み係数 (n 次)/NULL:重みなし
0008:  *     double dx[];       方程式の解で上書きされる (m 次)
0009:  *     double cov[][];    共分散行列で上書きされる (m × m)
0010:  *     int    n;          方程式の数
0011:  *     int    m;          未知数の数
0012:  *------------------------------------------------------------
0013:  *   与えられた方程式を最小二乗法により解く．重みが不要な場合
0014:  * は wgt=NULL として呼び出す．
0015:  *------------------------------------------------------------*/
0016: void compute_solution(double G[MAX_N][MAX_M],double dr[MAX_N],
0017:     double wgt[MAX_N],double dx[MAX_M],double cov[MAX_M][MAX_M],
0018:     int n,int m)
0019: {
0020:     int    i,j,k;
0021:     double w,a[MAX_M][MAX_N];
0022:
0023:     /* GtG を求める */
0024:     for(i=0;i<m;i++) {
0025:         for(j=0;j<m;j++) {
0026:             cov[i][j]=0.0;
0027:             for(k=0;k<n;k++) {
0028:                 if (wgt==NULL) w=1.0; else w=wgt[k];
0029:                 cov[i][j]+=G[k][i]*G[k][j]*w;
0030:             }
0031:         }
0032:     }
0033:
0034:     /* 逆行列を求める（これが共分散行列 C となる） */
0035:     inverse_matrix(cov,m);
0036:
0037:     /* Gt をかける */
0038:     for(i=0;i<m;i++) {
```

```
0039:         for(j=0;j<n;j++) {
0040:             a[i][j]=0.0;
0041:             for(k=0;k<m;k++) {
0042:                 if (wgt==NULL) w=1.0; else w=wgt[j];
0043:                 a[i][j]+=cov[i][k]*G[j][k]*w;
0044:             }
0045:         }
0046:     }
0047:
0048:     /* dr をかけると解になる */
0049:     for(i=0;i<m;i++) {
0050:         dx[i]=0.0;
0051:         for(k=0;k<n;k++) {
0052:             dx[i]+=a[i][k]*dr[k];
0053:         }
0054:     }
0055: }
```

 ここまでに紹介した関数群の使い方を確認する意味も含めて，実際の測位計算を実行してみましょう．衛星の位置と受信機からの距離は，表2-1の値を使います[4]．観測データは，IGSサイトmtka（付録AのA.3節を参照）の2005年11月14日00:00:00の測定値からつくってあります．

 関数compute_solution()を使って受信機位置を求めるために，リスト2.18の

表2-1 衛星の位置と受信機からの距離

衛星	X座標（m）	Y座標（m）	Z座標（m）	受信機からの距離（m）
PRN 05	−13897607.6294	−10930188.6233	19676689.6804	23634878.5219
PRN 14	−17800899.1998	15689920.8120	11943543.3888	20292688.3557
PRN 16	−1510958.2282	26280096.7818	−3117646.1949	24032055.0372
PRN 22	−12210758.3517	20413597.0201	−11649499.5474	24383229.3740
PRN 25	−170032.6981	17261822.6784	20555984.4061	22170992.8178

---

4. 5.3節で作成する測位計算プログラムを使ってあらかじめ計算したものです．

プログラムを用意しました．180 行目までは，ここまでで説明したリストを並べてある部分です．衛星の位置や距離は，185〜200 行目に直接記入してあります．

C コンパイラをお持ちの方は，コンパイル・実行してみてください．たとえば，UNIX（Linux）コンピュータなら次のようにすればよいでしょう．

リスト 2.18 のコンパイル・実行例

```
% cc -o test1 test1.c -lm
% ./test1
LOOP 1: X=-3473846.703, Y=3016608.978, Z=3614780.626
LOOP 2: X=-3945625.233, Y=3360321.410, Z=3695171.789
LOOP 3: X=-3947761.805, Y=3364400.962, Z=3699431.962
LOOP 4: X=-3947762.486, Y=3364401.302, Z=3699431.992
LOOP 5: X=-3947762.486, Y=3364401.302, Z=3699431.992
LOOP 6: X=-3947762.486, Y=3364401.302, Z=3699431.992
LOOP 7: X=-3947762.486, Y=3364401.302, Z=3699431.992
LOOP 8: X=-3947762.486, Y=3364401.302, Z=3699431.992
%
```

実行結果からは，数回程度の繰返しで収束している様子がわかります．IGS mtka の位置は，A.3 節のとおり $X = -3947762.7496$, $Y = 3364399.8789$, $Z = 3699428.5111$ ですから，数メートル以内の精度で位置が求められていることになります（単独測位モードでは典型的な測位誤差です）．

次章では，リスト 2.18 では 187〜193 行目に直接記載した衛星位置を自動的に計算できるよう，航法メッセージの処理について考えることにしましょう．

リスト 2.18：測位計算（第 1 段階）── test1.c

```
0001: /*--------------------------------------------------------------
0002:  * TEST1.c - Practice for Position Computation.
0003:  *--------------------------------------------------------------*/
0004: 
0005: #include <ctype.h>
0006: #include <stdio.h>
0007: #include <stdlib.h>
0008: #include <string.h>
0009: #include <math.h>
0010: #include <time.h>
```

2.5 測位計算（第1段階）   47

```
0011:
0012～0041:   （リスト 2.15：共通に使う定数類の定義）
0042:
0043: /* 時刻を表す構造体 */
0044: typedef struct {
0045:     int     week;         /* 週番号 */
0046:     double  sec;          /* 週初めからの経過時間 [s] */
0047: } wtime;
0048:
0049: /* 直交座標を表す構造体 */
0050: typedef struct {
0051:     double  x;            /* X 座標 [m] */
0052:     double  y;            /* Y 座標 [m] */
0053:     double  z;            /* Z 座標 [m] */
0054: } posxyz;
0055: #define SQ(x)          ((x)*(x))
0056: #define DIST(a,b)      sqrt(SQ(a.x-b.x)+SQ(a.y-b.y)+SQ(a.z-b.z))
0057:
0058: /* 経緯度を表す構造体 */
0059: typedef struct {
0060:     double  lat;          /* 緯度 [rad] */
0061:     double  lon;          /* 経度 [rad] */
0062:     double  hgt;          /* 高度（楕円体高）[m] */
0063: } posblh;
0064:
0065: /* ENU 座標を表す構造体 */
0066: typedef struct {
0067:     double  e;            /* East 成分 [m] */
0068:     double  n;            /* North 成分 [m] */
0069:     double  u;            /* Up 成分 [m] */
0070: } posenu;
0071:
0072: /*-------------------------------------------------------------
0073:  * 測位計算
0074:  *------------------------------------------------------------*/
0075:
0076～0124:   （リスト 2.16：inverse_matrix() 関数）
0125:
0126～0180:   （リスト 2.17：compute_solution() 関数）
```

```
0181:
0182: /*------------------------------------------------------------
0183:  * main() - メイン
0184:  *-----------------------------------------------------------*/
0185: #define LOOP    8
0186: #define SATS    5
0187: static posxyz position[SATS]={
0188:     {-13897607.6294,-10930188.6233,19676689.6804},  /* PRN 05 */
0189:     {-17800899.1998,15689920.8120,11943543.3888},   /* PRN 14 */
0190:     {-1510958.2282,26280096.7818,-3117646.1949},    /* PRN 16 */
0191:     {-12210758.3517,20413597.0201,-11649499.5474},  /* PRN 22 */
0192:     {-170032.6981,17261822.6784,20555984.4061},     /* PRN 25 */
0193: };
0194: static double range[SATS]={
0195:     23634878.5219,  /* PRN 05 */
0196:     20292688.3557,  /* PRN 14 */
0197:     24032055.0372,  /* PRN 16 */
0198:     24383229.3740,  /* PRN 22 */
0199:     22170992.8178,  /* PRN 25 */
0200: };
0201:
0202: void main(int argc,char **argv)
0203: {
0204:     int     i,n,loop;
0205:     double  r,G[MAX_N][MAX_M],dr[MAX_N],dx[MAX_M];
0206:     double  sol[MAX_M],cov[MAX_M][MAX_M];
0207:     posxyz  satpos;
0208:
0209:     /* 解を初期化 */
0210:     for(i=0;i<MAX_M;i++) sol[i]=0.0;
0211:
0212:     /* 解を求めるループ */
0213:     for(loop=0;loop<LOOP;loop++) {
0214:         n=SATS;
0215:         for(i=0;i<n;i++) {
0216:             satpos =position[i];
0217:
0218:             /* デザイン行列をつくる */
0219:             r      =sqrt((satpos.x-sol[0])*(satpos.x-sol[0])
```

2.5 測位計算（第 1 段階）　　49

```
0220:                         +(satpos.y-sol[1])*(satpos.y-sol[1])
0221:                         +(satpos.z-sol[2])*(satpos.z-sol[2]));
0222:            G[i][0] =(sol[0]-satpos.x)/r;
0223:            G[i][1] =(sol[1]-satpos.y)/r;
0224:            G[i][2] =(sol[2]-satpos.z)/r;
0225:
0226:            /* 擬似距離の修正量 */
0227:            dr[i]   =range[i]-r;
0228:        }
0229:
0230:        /* 方程式を解く */
0231:        compute_solution(G,dr,NULL,dx,cov,n,3);
0232:
0233:        /* 初期値に加える */
0234:        for(i=0;i<3;i++) {
0235:            sol[i]+=dx[i];
0236:        }
0237:
0238:        /* 途中経過を出力する */
0239:        printf("LOOP %d: X=%.4f, Y=%.4f, Z=%.4f\n",
0240:            loop+1,sol[0],sol[1],sol[2]);
0241:    }
0242:
0243:    exit(0);
0244: }
```

第3章

航法メッセージ

　GPS受信機が現在位置を計算するためには，それぞれのGPS衛星の位置が既知でなければなりません．このために利用するのが，航法メッセージです．GPS衛星は測距信号に乗せて航法メッセージを放送しており，これには衛星の軌道情報をはじめ，測位に必要なさまざまな情報が含まれています．

　この章では，航法メッセージの内容について詳しく説明することにしましょう．

3.1　航法メッセージ

　ユーザが測位計算を実行するには，GPS衛星の位置がわかっていなければなりません．このためには，後述する軌道パラメータが各GPS衛星について得られればよいことになりますが，たくさんのパラメータを測位の都度受信機にセットするのは手間のかかる作業です．そこで，GPS衛星は測距信号に航法メッセージというデータを乗せて，自分の軌道情報を放送しています．航法メッセージのデータ速度は50 bpsで，1秒間に50ビットのデータが送信されています．

　航法メッセージの1サイクルはフレームという単位で呼ばれ，図3-1のような

```
                    300ビット＝6秒
                ┌──────────────┐
                │  サブフレーム#1  │
                ├──────────────┤
                │  サブフレーム#2  │      順番に
                ├──────────────┤      送信
  5個のサブフレーム  │  サブフレーム#3  │       ↓
  で1フレーム    ├──────────────┤
  (1500ビット＝30秒) │  サブフレーム#4  │   ページ
                ├──────────────┤   1〜25
                │  サブフレーム#5  │   ページ
                └──────────────┘   1〜25
```

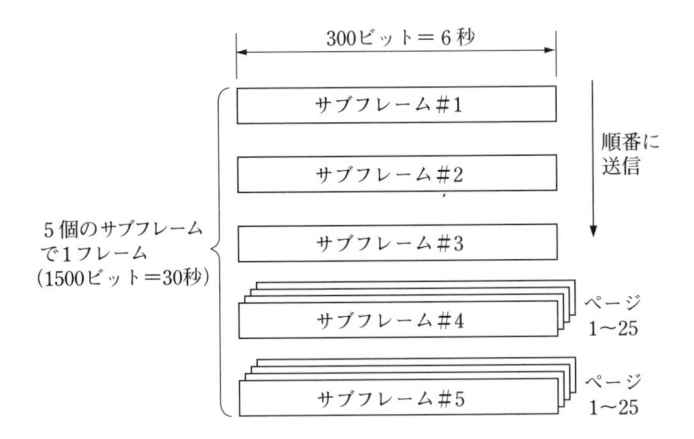

GPS の航法メッセージは，1500 ビットのフレームを単位として送信されます．フレームは 5 組のサブフレームから構成され，それぞれが 300 ビットのサイズを持ちます．1 フレームのデータを送信するには 30 秒かかります．

図 3-1 航法メッセージのフォーマット（フレーム構成）

構造をしています．1 フレームは 1500 ビットですから，これを送信するには 30 秒の時間がかかります．フレームは 5 組のサブフレームから構成され，それぞれが 300 ビットのサイズを持ちます．サブフレーム 1 から順番に送信し，サブフレーム 5 を送信し終わると再びサブフレーム 1 に戻ります．

サブフレームの内部は，図 3-2 のようにワードという単位に分割されています．1 ワードは 30 ビットですので，1 サブフレームは 10 ワードに対応します．各ワードは 24 ビットのデータ部とパリティチェック（ビット誤りを検出するためのものです）用の 6 ビットから構成されます．サブフレームの先頭には TLM (telemetry) ワード，続けて HOW (handover) ワードが送信されます．これらは航法メッセージを受信処理するうえで同期をとるために使用され，特に HOW ワードには GPS 信号の時刻情報が含まれています．

2.1 節で述べたとおり，GPS における時刻は 1 週間を単位として管理されています．週初めからの経過時間を 1.5 秒単位で表した時刻情報を TOW（Time Of Week）カウントといいますが，HOW ワードにはこの TOW カウントの 1/4（つまり 6 秒単位の時刻情報）が書き込まれており，受信機が現在時刻を知る手がかりとなります．なお，19 ビットの TOW カウントに 10 ビットの週番号を付けた Z

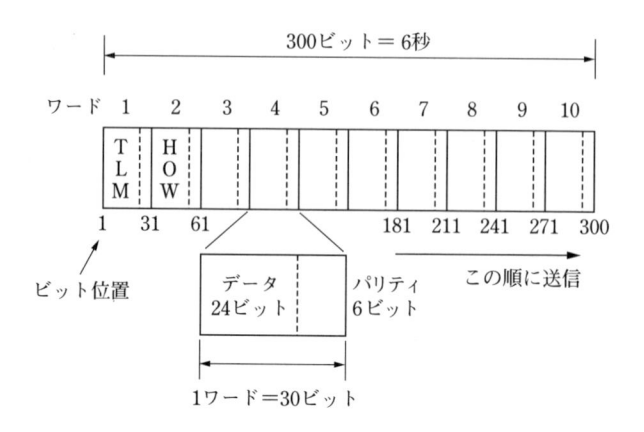

```
       300ビット＝6秒
ワード 1   2   3  4  5  6  7  8  9  10
      ┌─┬─┬─┬─┬─┬─┬─┬─┬─┬─┐
      │T│H│ │ │ │ │ │ │ │ │
      │L│O│ │ │ │ │ │ │ │ │
      │M│W│ │ │ │ │ │ │ │ │
      └─┴─┴─┴─┴─┴─┴─┴─┴─┴─┘
      1  31 61          181 211 241 271 300
```

図3-2 航法メッセージのフォーマット（サブフレーム構成）

サブフレームは10ワードから構成されます．1ワードは30ビットからなり，各ワードの最後の6ビットはパリティチェックに使用されます．

データ 24ビット, パリティ 6ビット, 1ワード＝30ビット, この順に送信, ビット位置

カウントは，GPSでもっとも大きな時刻情報です．

さて，5組のサブフレームには，航法メッセージが次のように分割されたうえで収容されています．

　　　サブフレーム1　　各衛星の状態とクロック補正係数
　　　サブフレーム2　　各衛星の軌道情報（エフェメリス）──1
　　　サブフレーム3　　各衛星の軌道情報（エフェメリス）──2
　　　サブフレーム4　　電離層遅延補正係数，UTC関係，アルマナック
　　　サブフレーム5　　全衛星の軌道情報（アルマナック）

サブフレーム1〜3は各衛星に固有の情報を含んでおり，毎回同じ内容が繰返し送信されます．これに対して，サブフレーム4および5は全衛星が同じ内容を送信しています．送信される内容は軌道上のすべてのGPS衛星の概略の軌道情報（アルマナック）や電離層補正情報ですが，これらはデータ量が多いためさらにページ単位に分割されてサブフレームに収容されます．つまり，サブフレーム4および5により送信されるデータはそれぞれページ1〜25に分割されており，フレームごとに異なるページの内容が順番に送られてきます．すべてのページの内容を送信するには25フレームを必要としますから，航法メッセージの全情報を得るに

は12分30秒の時間がかかります.

それでは,サブフレームの内容について詳しく見ていくことにしましょう.なお,前述のとおり,航法メッセージの詳細な規定はインターフェース仕様として公開されています [10].

3.1.1 航法メッセージ——各衛星の状態とクロック補正係数

航法メッセージのサブフレーム1には,表3-1のとおりメッセージを送信している衛星自身の状態を表す数値やクロック補正係数が収められています.表中の「ワード」はサブフレーム先頭からのワード番号,「ビット位置」はサブフレーム先頭から数えたビット位置で,このビット位置から「ビット数」分のビット列によりそれぞれのデータが2進数で表されます.ビットの並び順は,先に送信されるほうが上位ビットです.「スケール」は航法メッセージとして格納されている数値(小数点の位置は最下位ビットの右です)から本来の数値に変換するための係数を表し,スケールがnのとき,メッセージ中の値に2^nを乗じると本来の数値になります.スケールの数値に添え字 "*" が付いているデータは正負いずれかの値

表3-1 航法メッセージ(サブフレーム1)

ワード	ビット位置	ビット数	内容		スケール	単位
1	1	22	TLM	テレメトリワード		
2	31	22	HOW	ハンドオーバワード		
3	61	10	WN	週番号	0	
	73	4	URA	測距精度		
	77	6	SV_{health}	衛星健康状態	0	
	83	2 MSB	$IODC$	クロック情報番号		
7	197	8	T_{GD}	群遅延	-31^*	s
8	211	8 LSB	$IODC$	クロック情報番号	0	
	219	16	t_{oc}	エポック時刻(クロック)	4	s
9	241	8	a_{f2}	クロック補正係数	-55^*	s/s^2
	249	16	a_{f1}	クロック補正係数	-43^*	s/s
10	271	22	a_{f0}	クロック補正係数	-31^*	s

をとり得るため，2の補数により表現されています．"*"が付いていないものは正の値のみです．

たとえば，ビット位置241からの8ビットに"01001101"というビット列が収められていたものとしましょう．この部分に格納されているデータはクロック補正係数 a_{f2} で，スケールは 2^{-55} です．ビット列を10進数に変換すると77ですから，本来の数値は $a_{f2} = 77 \times 2^{-55} = 2.13718 \times 10^{-15}$ [s/s^2] と計算できます．

さて，メッセージの内容を見てみましょう．SV_{health} は衛星の状態を表すコードで，0以外の場合は何らかの異常があることを示していますのでその衛星を使用してはいけません．URA はその衛星により擬似距離を測定した場合の測距精度の目安で，15の場合はやはり何らかの異常があることを意味します．群遅延パラメータ T_{GD} は L1 信号の（L2 信号に対する）群遅延を表しており，測距信号はこの時間だけ遅れて届いています．つまりユーザが測定した擬似距離は T_{GD} に相当する長さだけ長くなっていますので，これを補正するのに利用します．

その他のパラメータは，衛星に搭載されているクロックの補正に使用されます．GPS衛星には原子時計が搭載されており正確なタイミングで測距信号を送信していますが，ごく小さな誤差は避けられません．このため，クロックの誤差を制御局で推定したうえで航法メッセージの一部として放送し，ユーザ側で補正ができるようになっているのです．

t_{oc} はこの補正の基準となる時刻で，ユーザが測距信号を受信した時刻はこの t_{oc} との時間差をもとに補正されます．このような，時間的に変化するパラメータの計算の基準となる時刻をエポック（epoch）時刻といいます．クロックの補正は二次式で行われますので，a_{f0}, a_{f1}, a_{f2} の三つのパラメータが用意されています．先の群遅延パラメータ T_{GD} も考慮に入れると，測距信号の送信時刻 t^T は次のように補正することになります[1]．

$$t^t = t^T - b \tag{3.1}$$

$$b = a_{f0} + a_{f1}(t^t - t_{oc}) + a_{f2}(t^t - t_{oc})^2 - T_{GD} \tag{3.2}$$

つまり，衛星に搭載されているクロックが指している時刻 t^T は b だけ進んでお

---

[1] 実際にはさらに相対論的効果の補正なども必要です．式 (4.7) を参照してください．

り，正しい GPS 時刻では t^t と表されることになります（4.1 節の擬似距離の説明も参考にしてください）．

$IODC$（Issue Of Data, Clock）は，以上のクロック補正情報のバージョン番号です．クロック補正情報が更新されると $IODC$ が変化しますので，ユーザは補正情報の内容を比較しなくても更新の有無を知ることができます．

3.1.2　航法メッセージ —— 軌道情報（エフェメリス）

サブフレーム 2 および 3 には，各衛星の軌道情報が格納されています．その内容は表 3-2，表 3-3 のとおりで，エフェメリス（ephemeris）情報，あるいは放送軌道暦（broadcast ephemeris）などと呼ばれます．GPS 衛星の軌道は基本的に**軌道の 6 要素**と呼ばれるパラメータにより表現されています．

人工衛星の軌道は，一般に楕円で表されます．簡単のために円軌道の場合を図

表 3-2　航法メッセージ（サブフレーム 2）

ワード	ビット位置	ビット数	内容		スケール	単位
1	1	22	TLM	テレメトリワード		
2	31	22	HOW	ハンドオーバワード		
3	61	8	$IODE$	軌道情報番号	8	
	69	16	C_{rs}	軌道補正係数	-5^*	m
4	91	16	Δn		-43^*	sc/s
	107	8 MSB	M_0	平均近点角	-31^*	sc
5	121	24 LSB				
6	151	16	C_{uc}	軌道補正係数	-29^*	rad
	167	8 MSB	e	離心率	-33	
7	181	24 LSB				
8	211	16	C_{us}	軌道補正係数	-29^*	rad
	227	8 MSB	$\sqrt{A}$	軌道半径	-19	$m^{1/2}$
9	241	24 LSB				
10	271	16	t_{oe}	エポック時刻（軌道）	4	s
	287	1	FIT	フィット間隔		

表 3-3 航法メッセージ（サブフレーム 3）

ワード	ビット位置	ビット数	内容		スケール	単位
1	1	22	TLM	テレメトリワード		
2	31	22	HOW	ハンドオーバワード		
3	61	16	C_{ic}	軌道補正係数	-29^*	rad
4	77	8 MSB	Ω_0	昇交点赤経	-31^*	sc
	91	24 LSB				
5	121	16	C_{is}	軌道補正係数	-29^*	rad
6	137	8 MSB	i_0	軌道傾斜角	-31^*	sc
	151	24 LSB				
7	181	16	C_{rc}	軌道補正係数	-5^*	m
8	197	8 MSB	ω	近地点引数	-31^*	sc
	211	24 LSB				
9	241	24	$\dot{\Omega}$	Ω_0 の変化率	-43^*	sc/s
10	279	14	$\dot{i}$	i_0 の変化率	-43^*	sc/s

示すると図 3-3 (a) のようになっていて，この図の原点は地球の重心に，x-y 平面は地球の赤道面に対応します．南半球から北半球に向かって赤道面を横切る点を昇交点（ascending node），逆に北半球から南半球に横切る点を降交点（descending node）といい，また軌道上で地球にもっとも近い点を近地点（perigee），逆にもっとも遠い点を遠地点（apogee）といいます．宇宙空間内で地球と軌道面の位置関係を表すには，次の三つのパラメータが用いられます．

- **昇交点赤経**（right ascension of the ascending node：Ω）—— 原点と昇交点を結ぶ直線（の昇交点の側）と，基準となる X 軸との間の角度です．
- **軌道傾斜角**（inclination angle：i）—— 軌道面の，赤道面に対する傾斜の角度です．静止衛星では 0 度，GPS では約 55 度になります．
- **近地点引数**（argument of perigee：ω）—— 原点から見た近地点の方向を示すパラメータで，昇交点を基準とした角度で表します．

これらのパラメータにより軌道面が定まりますので，次に軌道面内での軌道の形状を表す必要があります．人工衛星の軌道は楕円軌道ですから，図 3-3 (b) で

(a) 軌道面の配置

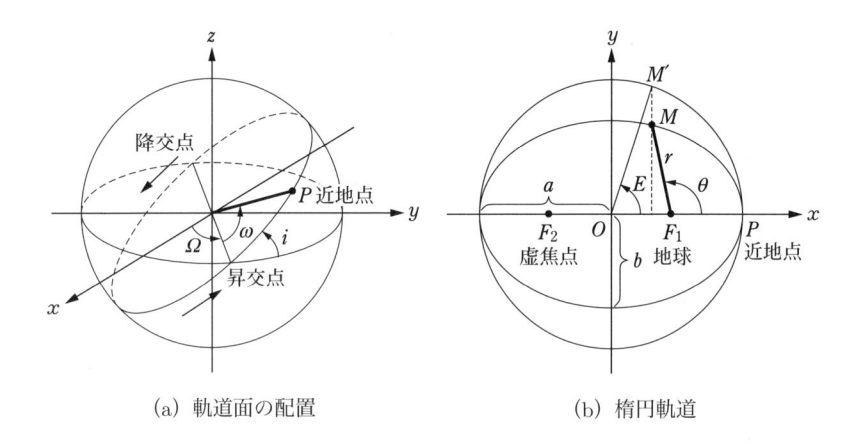

(b) 楕円軌道

人工衛星の軌道は一般に楕円で表され，軌道の6要素により記述されます．昇交点赤経 (Ω)，軌道傾斜角 (i)，近地点引数 (ω) の3パラメータにより軌道面が，また軌道長半径 (a) と離心率 (e) で楕円の形状が決まります．ある特定の時刻における衛星の位置を真近点角 (θ) として与えれば，人工衛星の軌道を完全に記述できます．

図 3-3 人工衛星の軌道

説明します．楕円には二つの焦点がありますが，このうち F_1 を地球の重心とします．人工衛星の位置を M としますと，この位置は次の三つのパラメータで一意に決めることができます．

- 軌道長半径（semi major axis：a）——— 楕円の長径です．短径 b とは $b = a\sqrt{1-e^2}$ の関係にあります．
- 離心率（eccentricity：e）——— 楕円の偏平さを表し，小さいほど真円に近くなります．$0 \leq e < 1$ で，$e = 0$ は円，$e = 1$ は放物線を表します．
- 真近点角（true anomaly：θ）——— 近地点を基準として，焦点まわりに測った角度です．

軌道長半径と離心率により楕円の形状が定まります．さらにある特定のエポック時刻における衛星の位置を真近点角により与えると初期値が定まりますので，以後の衛星の運動は完全に決定されることになります．

以上の六つのパラメータが軌道の6要素で，人工衛星の軌道を記述する際によく用いられます．GPSの航法メッセージでは，これらのパラメータだけでなくさ

らに精度を上げるための補正パラメータが追加されています．クロック補正情報の $IODC$ と同様に，軌道情報には $IODE$（Issue Of Data, Ephemeris）というバージョン番号が付けられています．

なお，航法メッセージ中の角度の単位は一般的な度やラジアンではなく，半円（SC：Semi-Circle）が用いられています．したがって，三角関数の計算にあたっては定義域が $-1 \sim +1$ となることに注意してください．つまり，たとえば半円を単位とした角度 a〔sc〕のサイン $\sin a$ を求めるには，計算機上では sin(a*PI) と記述する必要があります．PI は円周率で，GPS の計算においては 3.1415926535898 を使います（リスト 2.15（p.37）を参照）．

3.1.3　航法メッセージ——軌道情報（アルマナック）

サブフレーム 1〜3 が航法メッセージを送信している衛星自身の情報しか含まないのに対して，サブフレーム 4 および 5 には全衛星に関係した情報が収められており，どの衛星も同じ情報を放送しています．これらの情報はデータ量が多いためページ単位に分割されているのは前述のとおりで，どちらのサブフレームも 1〜25 のいずれかのページが順番に送信されます．

GPS 受信機は，電源を入れるとまず衛星からの信号を探し始めます．これは，電源が入った直後は，どんな衛星が上空にあり，どんなタイミングで信号を送信しているかがわからないためです．このときめくらめっぽうに探すと時間がかかりますが，GPS 衛星の位置がだいたいでもわかっていると，より早く信号を検出することができます．また，受信機が測位動作を開始したあとも，GPS 衛星は静止衛星ではありませんから常に移動をしています．水平線に沈んでしまった衛星からの信号が受信できなくなる代わりに，昇ってくる衛星の信号を探して捕捉する必要があります．このときにも，これから現れる衛星の概略の位置がわかっていると効率良く探すことができます．

こうした必要のため，航法メッセージにはすべての衛星の概略の軌道情報が含まれています．これはアルマナック情報と呼ばれ，サブフレーム 4 のページ 2〜5 および 7〜10，サブフレーム 5 のページ 1〜24 に収められています．合計 32 ページで，32 機の衛星に対応します．アルマナック情報の内容は表 3-4 のとおりで，クロック補正情報およびエフェメリス情報の一部から構成されています．同じパ

表3-4 航法メッセージ（アルマナック）

ワード	ビット位置	ビット数	内容		スケール	単位
1	1	22	TLM	テレメトリワード		
2	31	22	HOW	ハンドオーバワード		
3	63	6	SV ID	衛星番号		
	69	16	e	離心率	-21	
4	91	8	t_{oa}	エポック時刻（アルマナック）	12	s
	99	16	δi	軌道傾斜角	-19^*	sc
5	121	16	$\dot{\Omega}$	Ω_0 の変化率	-38^*	sc/s
	137	8	SV_{health}	衛星健康状態	0	
6	151	24	$\sqrt{A}$	軌道半径	-11	$m^{1/2}$
7	181	24	Ω_0	昇交点赤経	-23^*	sc
8	211	24	ω	近地点引数	-23^*	sc
9	241	24	M_0	平均近点角	-23^*	sc
10	271	8 MSB	a_{f0}	クロック補正係数		
	279	11	a_{f1}	クロック補正係数	-38^*	s/s
	290	3 LSB	a_{f0}	クロック補正係数	-20^*	s

ラメータでもエフェメリス情報に比べてビット数が減らされており，衛星の捕捉に最低限必要な情報に抑えられています．アルマナック情報のエポック時刻は t_{oa} で規定されます．

　最近の受信機はアルマナック情報を不揮発性メモリに保存するものが一般的で，一度電源が切られても保存してあるアルマナック情報を利用して衛星からの信号を捕捉します．アルマナック情報はエフェメリス情報に比べて精度が低い代わりに古い情報でも利用することができ，数週間以上前のものでも十分に役に立つといわれます．

3.1.4　航法メッセージ——電離層遅延補正係数

　高度 100 km 以上に分布する電離層には，GPS が使用するマイクロ波帯の電波の伝搬速度を遅くさせる働きがあります．このため受信機が受信する信号は

電離層がない場合と比べて遅れて到着します．この遅れを電離層（伝搬）遅延 (ionospheric (propagation) delay) と呼び，あらかじめ決められたモデル式により遅延量を推定して補正を行います．

電離層遅延補正のための情報は，すべての衛星が共通の内容を放送しており，サブフレーム 4 のページ 18 に乗せられています（表 3-5）．$\alpha_0 \sim \alpha_3$，$\beta_0 \sim \beta_3$ の計 8 個の電離層遅延補正係数により，全世界の電離層遅延を補正します．これらの係数の具体的な使い方については，4.4 節を参照してください．

表3-5 航法メッセージ（サブフレーム 4, ページ 18）

ワード	ビット位置	ビット数	内	容	スケール	単位
1	1	22	TLM	テレメトリワード		
2	31	22	HOW	ハンドオーバワード		
3	63	6	SV ID	ページ ID = 56		
	69	8	α_0	電離層補正係数	-30^*	s
	77	8	α_1	電離層補正係数	-27^*	s/sc
4	91	8	α_2	電離層補正係数	-24^*	s/sc^2
	99	8	α_3	電離層補正係数	-24^*	s/sc^3
	107	8	β_0	電離層補正係数	11^*	s
5	121	8	β_1	電離層補正係数	14^*	s/sc
	129	8	β_2	電離層補正係数	16^*	s/sc^2
	137	8	β_3	電離層補正係数	16^*	s/sc^3
6	151	24	A_1	UTC パラメータ	-50^*	s/s
7	181	24 MSB	A_0	UTC パラメータ	-30^*	s
8	211	8 LSB				
	219	8	t_{ot}	エポック時刻（UTC）	12	s
	227	8	WN_t		0	weeks
9	241	8	Δt_{LS}	現在の閏秒	0	s
	249	8	WN_{LSF}	閏秒の更新週	0	weeks
	257	8	DN	閏秒の更新日	0	days
10	271	8	Δt_{LSF}	更新後の閏秒	0	s

3.2 RINEX 航法ファイル

航法メッセージのフォーマットは表 3-1 〜 表 3-5 のとおりですが，これだけを眺めていてもなかなか実感がわかないものと思いますので，実物を見てみることにしましょう．

GPS 受信機が受信・解読した航法メッセージの例を，図 3-4 に示します．これは IGS サイト mtka（付録 A の A.3 節を参照）が 2005 年 11 月 14 日に受信した航法メッセージが記録されているファイル（ファイル名 "mtka3180.05n"）で，**RINEX 航法ファイル**（navigation file）というファイル形式が用いられています．RINEX というのは GPS 受信機の観測データを保存する共通フォーマットで，5.1 節でも説明します．

```
     2              NAVIGATION DATA                     RINEX VERSION / TYPE
GBSS             ENRI, Japan          11/14/2005 00:23  PGM / RUN BY / DATE
    .1211D-07  -.7451D-08  -.1192D-06   .5960D-07       ION ALPHA           <1>
    .9830D+05  -.8192D+05  -.1966D+06   .4588D+06       ION BETA            <2>
  -.186264514923D-08 -.710542735760D-14     147456         1349 DELTA-UTC: A0,A1,T,W
    13                                                  LEAP SECONDS
                                                        END OF HEADER       <3>
 1 05 11 13 23 59 44.0  .188574194908D-04  .216004991671D-11  .000000000000D+00
    .120000000000D+03 -.460937500000D+02  .350193158379D-08 -.254907515384D+01<4>
   -.241771340370D-05  .616821763106D-02  .125635415316D-04  .515367348480D+04
    .863840000000D+05  .111758708954D-07 -.337265793388D+00 -.109896063805D-06
    .986197434373D+00  .152250000000D+03 -.173378061371D+01 -.731816197368D-08
    .129291099779D-09  .000000000000D+00  .134900000000D+04  .000000000000D+00
    .000000000000D+00  .000000000000D+00 -.325962901115D-08  .632000000000D+03
    .861600000000D+05  .000000000000D+00  .000000000000D+00  .000000000000D+00
 1 05 11 14  1 59 44.0  .188727863133D-04  .216004991671D-11  .000000000000D+00<5>
    .121000000000D+03 -.562812500000D+02  .359336396375D-08 -.149862007419D+01
   -.301934778690D-05  .616777467076D-02  .120885670185D-04  .515367678261D+04
    .935840000000D+05  .614672899246D-07 -.337318313610D+00  .141561031342D-06
    .986197021836D+00  .161625000000D+03 -.173406269943D+01 -.754102839982D-08
    .500020827875D-11  .000000000000D+00  .134900000000D+04  .000000000000D+00
    .000000000000D+00  .000000000000D+00 -.325962901115D-08  .121000000000D+03
    .864000000000D+05  .000000000000D+00  .000000000000D+00  .000000000000D+00
 5 05 11 14  2  0  0.0  .297561753541D-03  .480895323562D-10  .000000000000D+00
    .149000000000D+03 -.433125000000D+02  .539522473277D-08  .197572680804D+01
   -.229291617870D-5   .674977840390D-02  .560097396374D-05  .515370109367D+04
    .936000000000D+05 -.521540641785D-07  .164205687460D+01 -.152736902237D-06
    .936759226776D+00  .258312500000D+03  .102871394456D+01 -.854428447517D-08
   -.339299847486D-09  .000000000000D+00  .134900000000D+04  .000000000000D+00
    .000000000000D+00  .000000000000D+00 -.419095158577D-08  .405000000000D+03
    .864000000000D+05  .000000000000D+00  .000000000000D+00  .000000000000D+00
 6 05 11 14  2  0  0.0  .840973574668D-03 -.409272615798D-11  .000000000000D+00
    .100000000000D+00  .491250000000D+02  .482162941165D-08 -.304710420266D+01
    .230967998505D-05  .608021335211D-02  .127833336592D-04  .515367532730D+04
```

<1> 電離層遅延補正係数（$\alpha_1 \sim \alpha_4$）
<2> 電離層遅延補正係数（$\beta_1 \sim \beta_4$）
<3> ヘッダ部の終了
<4> PRN01 衛星のエフェメリス（$t_{oc}=23:59:44$）
<5> PRN01 衛星のエフェメリス（$t_{oc}=01:59:44$）

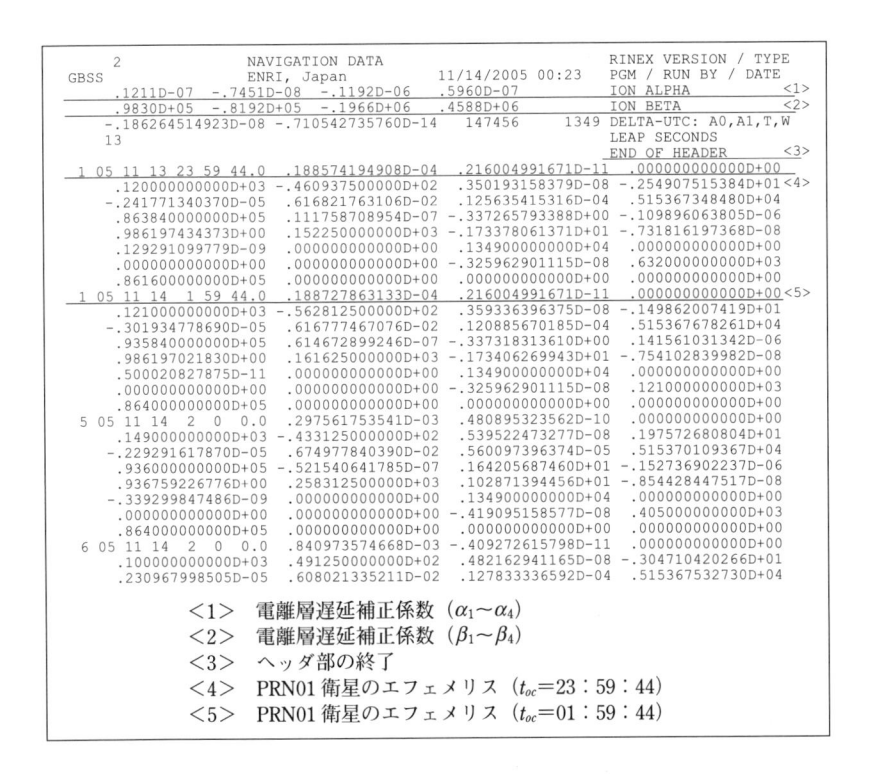

図 3-4 RINEX 航法ファイルの例（mtka3180.05n）

最初の2行にはファイルフォーマットや作成機関名など，<1><2> の部分には電離層遅延補正係数が書かれています．<3> まででヘッダ部は終わり，引き続くデータ部には各衛星が放送した航法メッセージが記載されています．

RINEX 航法ファイルのフォーマットを，表 3-6 と表 3-7 にまとめました．5.1 節でも説明しますが，RINEX ファイルはテキスト形式ですから，テキストエディタ（Windows の "メモ帳" や UNIX の "vi" など）で内容を読むことができます．各行は 80 桁以内で，ヘッダ部では 60 桁目からレコード内容を表すラベルが付けられています．ラベルの内容によって，表 3-6 の「形式」のとおりに情報が記載されます．たとえば，RINEX␣VERSION␣/␣TYPE レコードでは，最初にバージョン番号が "%9.2f" 形式（9桁の実数で，そのうち小数点以下が 2 桁）[2]で書いてあり，それに続いて 11 個の空白文字があり，最後には "%c" つまり 1 文字でファイル種別（航法ファイルなので "N"）が記入されています．バージョン番号は実数で書けますが，図 3-4 の例では整数部分しか書いてありません．また，ファイル種別を表す "N" のあとに，読みやすいよう "AVIGATION␣DATA" が付け加えられています．なお，"␣" は空白文字（文字コード 0x20）を表します．

60 桁目にあるラベルが ION␣ALPHA あるいは ION␣BETA なら，2 個の空白文字の

表 3-6 RINEX 航法ファイル（ヘッダ部）のフォーマット

ラベル	形式	内容
RINEX␣VERSION␣/␣TYPE	%9.2f	バージョン番号
	11×"␣"	空白文字
	%c	ファイル種別（'N'）
ION␣ALPHA	2×"␣"	空白文字
	4×%12.4E	電離層補正係数
ION␣BETA	2×"␣"	空白文字
	4×%12.4E	電離層補正係数
END␣OF␣HEADER		ヘッダ部の終わり

---

[2] printf() や scanf() で用いられている書式制御文字列と同じ表現です．以下の説明でも同様です．

表 3-7　RINEX 航法ファイル（データ部）のフォーマット

行	形式	記号	内　容	単位
1	%2d	PRN	PRN 番号	
	%3.2d	年 ⎫	エポック時刻（クロック）	年
	%3d	月 ⎪		月
	%3d	日 ⎬ t_{oc}		日
	%3d	時 ⎪		時
	%3d	分 ⎪		分
	%5.1f	秒 ⎭		秒
	%19.12E	a_{f0}	クロック補正係数	s
	%19.12E	a_{f1}	クロック補正係数	s/s
	%19.12E	a_{f2}	クロック補正係数	s/s^2
2	%22.12E	$IODE$	軌道情報番号	
	%19.12E	C_{rs}	軌道補正係数	m
	%19.12E	Δn		rad/s
	%19.12E	M_0	平均近点角	rad
3	%22.12E	C_{uc}	軌道補正係数	rad
	%19.12E	e	離心率	
	%19.12E	C_{us}	軌道補正係数	rad
	%19.12E	$\sqrt{A}$	軌道半径	m$^{1/2}$
4	%22.12E	t_{oe}	エポック時刻（軌道）	s
	%19.12E	C_{ic}	軌道補正係数	rad
	%19.12E	Ω_0	昇交点赤経	rad
	%19.12E	C_{is}	軌道補正係数	rad
5	%22.12E	i_0	軌道傾斜角	rad
	%19.12E	C_{rc}	軌道補正係数	m
	%19.12E	ω	近地点引数	rad
	%19.12E	$\dot{\Omega}$	Ω_0 の変化率	rad/s
6	%22.12E	$\dot{i}$	i_0 の変化率	rad/s
	%19.12E	code on L2	フラグ情報	
	%19.12E	WN	週番号	
	%19.12E	data on L2P	フラグ情報	
7	%22.12E	URA	測距精度	
	%19.12E	SV_{health}	衛星健康状態	
	%19.12E	T_{GD}	群遅延	s
	%19.12E	$IODC$	クロック情報番号	
8	%22.12E	t_{ot}	送信時刻	s
	%19.12E	FIT	フィット間隔	h

後に "%12.4E" 形式の数値が 4 個あり，それぞれ電離層補正係数の $\alpha_1 \sim \alpha_4$ または $\beta_1 \sim \beta_4$ が収められています．数値の指数表現には C 言語では "E"，"e" が用いられますが，RINEX では "D"，"d" でもかまわないこととされています．したがって，".1211D-07" は 0.1211×10^{-7} ですし，"-.8192D+05" は -0.8192×10^5 のことです．"END_OF_HEADER" レコードはヘッダ部の終わりを意味し，その後にはデータ部が続きます．

データ部では，8 行で一組のエフェメリス情報を表します．最初の行には，エフェメリスを放送した GPS 衛星の PRN 番号と，エフェメリス情報に含まれるエポック時刻 t_{oc} (表 3-1)，そして三つのクロック補正係数 $a_{f0} \sim a_{f2}$ が記載されます．t_{oc} は年月日時分秒で表現され，年についてはもちろん西暦で下 2 桁のみとなります (80 〜 99 は 1980 〜 1999 年，00 〜 79 は 2000 〜 2079 年に対応します)．

2 行目以降には，航法メッセージのパラメータが 4 個ずつ記録されます．t_{oe}, t_{ot} といった時刻は各週における日曜日の 00:00:00 からの経過秒に，また角度については単位をラジアンに統一してあります．8 行目にある送信時刻 t_{ot} は航法メッセージが送信された時刻で，HOW ワードから取り出した TOW カウントに基づいています (サブフレーム 1 の送信開始時刻です)．また，同じく 8 行目のフィット間隔 FIT はエフェメリスからいくつかの条件に基づいて計算される値で，エフェメリスの有効期限を意味します (図 3-4 では，不明を表すゼロがセットされています)．

現在のところ，各 GPS 衛星のエフェメリス情報は通常 2 時間ごとに更新されています．エフェメリス情報にはそれぞれ発行番号が付けられていて，更新された場合は IODC および IODE が変化することで以前の情報と区別できるようになっています (詳細はインターフェース仕様 [10] (20.3.4.4 〜 5 項) を参照してください)．IODC はクロック補正情報 ($a_{f0} \sim a_{f2}$, t_{oc}) の発行番号で，直前の 7 日間のいずれの IODC とも異なる値となります．また，IODE は軌道情報に対応しており，直前の 6 時間に同じ IODE が発行されていることはありません．実は IODC の下位 8 ビットと IODE は同じ値になる決まりですから，クロックと軌道情報のいずれかのみが変化することはありません．エフェメリスが更新された場合，受信機は新しいほうのエフェメリスを使用します．

クロック補正情報の基準時刻 t_{oc} と軌道情報の基準時刻 t_{oe} は，エフェメリスが最初に放送される時刻よりも数時間程度先とされます．このため，エフェメリスの利用にあたっては，通常はエポック時刻はユーザ側の現在時刻よりも先（未来）となります．

エフェメリスが放送されるタイミング関係は，図 3-5 のとおりです．それぞれのエフェメリス情報は，t_{oc} や t_{oe} を中心としてフィット間隔に相当する時間にわたり有効です（フィット間隔が4時間ならば，エポック時刻の ±2 時間の範囲で有効）．図 3-4 のようにフィット間隔が不明とされている場合でも，t_{oc} や t_{oe} の少なくとも前後各 2 時間は有効です．

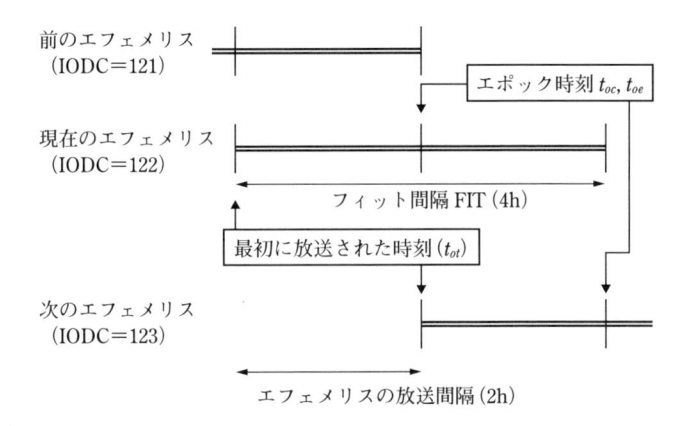

それぞれのエフェメリスは，フィット間隔の時間にわたり有効です．エポック時刻 t_{oc} や t_{oe} はフィット間隔の中心とされますから，通常はユーザ側の現在時刻よりもエポック時刻が先（未来）となります．

図 3-5　エフェメリスの放送タイミング

3.2.1 RINEX 航法ファイルの読込み

さて，RINEX 航法ファイルを読み込む関数を用意することにしましょう．リスト 3.1 の関数 read_RINEX_NAV() は，引数で指定されたファイルを読み取ってエフェメリス情報を記憶するものです．

リスト 3.1: RINEX 航法メッセージファイルの読込み

```
0001: /*---------------------------------------------------------------
0002:  * 航法メッセージの処理
0003:  *---------------------------------------------------------------*/
0004: /* RINEX ファイルの情報 */
0005: #define RINEX_POS_COMMENT       60
0006: #define RINEX_NAV_LINES         8
0007: #define RINEX_NAV_FIELDS_LINE   4
0008:
0009: /* 記憶するエフェメリスの最大数 */
0010: #define MAX_EPHMS               20
0011:
0012: /* エフェメリスの有効期限 [h] */
0013: #define EPHEMERIS_EXPIRE        2.0
0014:
0015: /* エフェメリスを格納するための構造体 */
0016: typedef struct {
0017:     int     week;           /* 週番号 */
0018:     double  data[RINEX_NAV_LINES*RINEX_NAV_FIELDS_LINE];
0019: } ephm_info;
0020:
0021: /* パラメータ番号を定義 */
0022: enum ephm_para {
0023:     EPHM_TOC,   EPHM_AF0,    EPHM_AF1,   EPHM_AF2,   /* line 1 */
0024:     EPHM_IODE,  EPHM_Crs,    EPHM_d_n,   EPHM_M0,    /* line 2 */
0025:     EPHM_Cuc,   EPHM_e,      EPHM_Cus,   EPHM_sqrtA, /* line 3 */
0026:     EPHM_TOE,   EPHM_Cic,    EPHM_OMEGA0,EPHM_Cis,   /* line 4 */
0027:     EPHM_i0,    EPHM_Crc,    EPHM_omega, EPHM_dOmega,/* line 5 */
0028:     EPHM_di,    EPHM_CAonL2, EPHM_WEEK,  EPHM_L2P,   /* line 6 */
0029:     EPHM_acc,   EPHM_health, EPHM_TGD,   EPHM_IODC,  /* line 7 */
0030:     EPHM_TOT,   EPHM_FIT                             /* line 8 */
0031: };
```

```
0032:
0033: /* エフェメリスを保持する配列 */
0034: static ephm_info    ephm_buf[MAX_PRN][MAX_EPHMS];
0035: static int          ephm_count[MAX_PRN];
0036: static int          current_ephm[MAX_PRN];
0037: static int          current_week=-1;
0038:
0039: /* 閏秒の情報 */
0040: static int          leap_sec    =0;
0041:
0042: /* 電離層補正情報 */
0043: #define IONO_PARAMETERS       4
0044: static double   iono_alpha[IONO_PARAMETERS];
0045: static double   iono_beta[IONO_PARAMETERS];
0046:
0047: /* 文字列→実数の変換 */
0048: static double atof2(char *str)
0049: {
0050:     char    *p;
0051:
0052:     /* 'D' を 'E' に変換する */
0053:     for(p=str;*p!='\0';p++) {
0054:         if (*p=='D' || *p=='d') *p='E';
0055:     }
0056:
0057:     /* 実数に変換して返す */
0058:     return atof(str);
0059: }
0060:
0061: /* コメント情報を調べる */
0062: static bool is_comment(char *str)
0063: {
0064:   return (strncmp(linebuf+RINEX_POS_COMMENT,str,strlen(str))==0);
0065: }
0066:
0067: /*-------------------------------------------------------------
0068:  * read_RINEX_NAV() - RINEX 航法ファイルを読み込む
0069:  *-------------------------------------------------------------
0070:  *   void read_RINEX_NAV(fp);
```

```
0071:  *      FILE *fp; 読み込むファイル
0072:  *------------------------------------------------------------*/
0073: void read_RINEX_NAV(FILE *fp)
0074: {
0075:     int     i,j,n,prn,line;
0076:     bool    noerr=FALSE;
0077:     double  d;
0078:     wtime   wt;
0079:     struct tm   tmbuf;
0080:     ephm_info   info;
0081:
0082:     /* 初期化 */
0083:     if (current_week<0) {
0084:         for(i=0;i<IONO_PARAMETERS;i++) {
0085:             iono_alpha[i]   =0.0;
0086:             iono_beta[i]    =0.0;
0087:         }
0088:         for(i=0;i<MAX_PRN;i++) {
0089:             ephm_count[i]   =0;
0090:         }
0091:     }
0092:
0093:     /* ヘッダ部分 */
0094:     while(read_line(fp)) {
0095:         if (is_comment("ION ALPHA")) {
0096:             iono_alpha[0]   =atof2(get_field(14));
0097:             iono_alpha[1]   =atof2(get_field(12));
0098:             iono_alpha[2]   =atof2(get_field(12));
0099:             iono_alpha[3]   =atof2(get_field(12));
0100:         } else if (is_comment("ION BETA")) {
0101:             iono_beta[0]    =atof2(get_field(14));
0102:             iono_beta[1]    =atof2(get_field(12));
0103:             iono_beta[2]    =atof2(get_field(12));
0104:             iono_beta[3]    =atof2(get_field(12));
0105:         } else if (is_comment("LEAP SECONDS")) {
0106:             leap_sec        =atoi(get_field(6));
0107:         } else if (is_comment("END OF HEADER")) break;
0108:     }
0109:
```

```
0110:       /* 本体を読む */
0111:       fprintf(stderr,"Reading RINEX NAV... ");
0112:       while(read_line(fp)) {
0113:           n=0;
0114:           for(line=0;line<RINEX_NAV_LINES;line++) {
0115:               /* 左端のデータを読み込む */
0116:               if (line==0) {
0117:                   /* 最初の行 */
0118:                   prn           =atoi(get_field(2));
0119:                   tmbuf.tm_year =atoi(get_field(3));
0120:                   if (tmbuf.tm_year<80) tmbuf.tm_year+=100;
0121:                   tmbuf.tm_mon  =atoi(get_field(3))-1;
0122:                   tmbuf.tm_mday =atoi(get_field(3));
0123:                   tmbuf.tm_hour =atoi(get_field(3));
0124:                   tmbuf.tm_min  =atoi(get_field(3));
0125:                   tmbuf.tm_sec  =0;
0126:                   wt            =date_to_wtime(tmbuf);
0127:                   wt.sec        +=atof(get_field(5));
0128:                   info.week     =wt.week;
0129:                   d             =wt.sec;
0130:               } else {
0131:                   /* 2 行目以降 */
0132:                   if (!read_line(fp)) goto ERROR;
0133:                   d  =atof2(get_field(22));
0134:               }
0135:               info.data[n++]=d;
0136:
0137:               /* 残りのデータ */
0138:               for(i=1;i<RINEX_NAV_FIELDS_LINE;i++) {
0139:                   d  =atof2(get_field(19));
0140:                   info.data[n++]=d;
0141:               }
0142:           }
0143:           if (prn<1) continue;
0144:
0145:           /* 週番号を揃える */
0146:           t  =(info.week-info.data[EPHM_WEEK])*SECONDS_WEEK;
0147:           info.week       =info.data[EPHM_WEEK];
0148:           info.data[EPHM_TOC] +=t;
```

```
0149:            current_week       =info.week;
0150:
0151:            /* すでに同じものがないかどうか */
0152:            for(i=0;i<ephm_count[prn-1];i++) {
0153:                /* 週番号が一致するものが対象 */
0154:                if (ephm_buf[prn-1][i].week!=info.week) continue;
0155:
0156:                /* IODC が一致しているか */
0157:                if (ephm_buf[prn-1][i].data[EPHM_IODC]
0158:                        ==info.data[EPHM_IODC]) {
0159:                    /* 送信時刻の早いものを残す */
0160:                    if (info.data[EPHM_TOT]
0161:                            <ephm_buf[prn-1][i].data[EPHM_TOT]) {
0162:                        ephm_buf[prn-1][i]=info;
0163:                    }
0164:                    prn=0;
0165:                    break;
0166:                }
0167:            }
0168:            if (prn<1) continue;
0169:
0170:            /* 配列に格納する（送信時刻の昇順） */
0171:            if (ephm_count[prn-1]>=MAX_EPHMS) {
0172:                fprintf(stderr,"Too long NAV file.\n");
0173:                goto NOERROR;
0174:            }
0175:            for(i=0;i<ephm_count[prn-1];i++) {
0176:                t =(ephm_buf[prn-1][i].week-info.week)*SECONDS_WEEK
0177:                        +ephm_buf[prn-1][i].data[EPHM_TOT];
0178:                if (info.data[EPHM_TOT]<t) break;
0179:            }
0180:            for(j=ephm_count[prn-1];j>i;j--) {
0181:                ephm_buf[prn-1][j]=ephm_buf[prn-1][j-1];
0182:            }
0183:            ephm_buf[prn-1][i]=info;
0184:            ephm_count[prn-1]++;
0185:        }
0186: NOERROR:
0187:     noerr=TRUE;
```

```
0188: 
0189: ERROR:
0190:     /* エフェメリスがない場合 */
0191:     if (current_week<0) {
0192:         fprintf(stderr,"Error: No ephemeris information.\n");
0193:         return;
0194:     }
0195: 
0196:     /* エフェメリスのある衛星の数 */
0197:     n=0; for(prn=1;prn<=MAX_PRN;prn++) {
0198:         if (ephm_count[prn-1]>0) n++;
0199:     }
0200:     fprintf(stderr,"week %d: %d satellites\n",info.week,n);
0201: 
0202:     /* 途中でファイルが終わっていた場合 */
0203:     if (!noerr) {
0204:         fprintf(stderr,"Error: Unexpected EOF.\n");
0205:     }
0206: }
```

エフェメリス情報は，15〜19行目で定義している ephm_info 構造体として，配列 ephm_buf[][] に送信時刻 t_{ot} の昇順に格納されます．ephm_info 構造体には double 型の配列 data[] が含まれていて，各行の4個のパラメータがそのまま順番に保存されるようになっています．ただ，これではどの要素がどのパラメータに対応するのかがわかりませんから，21〜31行目で RINEX 航法ファイルのデータ部に含まれるパラメータの格納順を定義してあります．したがって，"ephm_buf[10][0].data[EPHM_TOC]" には PRN 11 衛星の最初のエフェメリス情報の t_{oc} が格納されていますし，"ephm_buf[10][1].data[EPHM_M0]" はその次に送信されたエフェメリス情報に含まれていた M_0 が対応します．

47〜59行目にある atof2() は文字列を数値に変換する関数で，標準ライブラリの atof() 関数とよく似た働きをしますが，指数表現に "E" だけでなく "D" も使えるようにしてあります．その後の関数 is_comment() は，RINEX ファイルの各行の60桁目以降にあるラベルを調べるためものです．

関数 read_RINEX_NAV() は，データ部に含まれているエフェメリス情報を順番

に読み取って，送信時刻の昇順になるように配列 ephm_buf[][] に格納していきます．ただし，以前に読み込んだエフェメリスとの比較をして，もし同じものがあるようなら新しいほうは無視します（151〜168 行目）．関数が終了するとき，ephm_count[prn-1] には読み取ったエフェメリス情報の個数が衛星ごとに収められています．また，ヘッダ部に電離層遅延補正係数が含まれていれば配列 iono_alpha[] と iono_beta[] に，また閏秒の情報は変数 leap_sec に読み込んでおきます．

なお，ファイルからの行単位の読込みのために用意されている関数 read_line() と get_field() については，リスト 3.8 (p.85) を参照してください．関数 read_line() は，ファイルから 1 行を読み込んでバッファに記憶します．このバッファから文字列を読み取るのが関数 get_field() で，引数で指定された文字数だけ読み取り，読み取った文字列を返します．文字数としてゼロが指定された場合は，コンマまでを読み取ります．

3.2.2　エフェメリス情報の選択

次に，読み込んだエフェメリス情報のうちから，任意の時刻 t に受信機が使用すべきエフェメリスを選択する関数を用意しましょう．

GPS 受信機が測定した距離データを処理する際には，それまでに受信したエフェメリスのうちでもっとも新しいものを使います．関数 read_RINEX_NAV() は RINEX 航法ファイルの内容を一括して読み取ってすべてのエフェメリス情報を配列 ephm_buf[][] に格納しますから，この配列中から指定された時刻 t において有効なエフェメリス情報を探し出すことになります．配列にはエフェメリス情報が送信時刻 t_{ot} の昇順に格納されていますから，配列の後方から検索して，最初に見つかった有効なエフェメリス情報を選択すればよいわけです．

エフェメリスが有効であるためには，二つの条件があります．一つは時刻 t がエフェメリスの有効期間内にあることで，つまり $(t_{oc} - FIT/2) < t < (t_{oc} + FIT/2)$ でなくてはなりません．もう一つは，送信時刻について $t_{ot} < t$ であることです．時刻 t よりも以前に送信されたエフェメリスでなければ受信機にとっては利用できないからです．

リスト 3.2 の関数 set_ephemeris() は，prn で指定された衛星について，時刻 wt

において使用すべきエフェメリスを選択するものです．17〜20行目では第一の条件，29〜30行目で第二の条件のチェックを行います．いずれの場合も，wtime型で指定される時刻の週番号も考慮されていることに注意してください．選択結果は記憶されて，後述する関数 get_ephemeris() は本関数により選択されたエフェメリスを使用します．エフェメリスの有効期間については，RINEX 航法ファイルでは不明とされることも多いことから，もっとも短い t_{oc} ±2時間としてあります．

リスト 3.2: エフェメリス情報の選択

```
0001: /*---------------------------------------------------------------
0002:  * set_ephemeris() - エフェメリスをセット
0003:  *---------------------------------------------------------------
0004:  *   bool set_ephemeris(prn,wt,iode); TRUE:セットした
0005:  *     int prn;   衛星 PRN 番号 (1〜)
0006:  *     wtime wt;  時刻を指定
0008:  *     int iode;  IODE を指定/-1:指定なし
0008:  *---------------------------------------------------------------*/
0009: bool set_ephemeris(int prn,wtime wt,int iode)
0010: {
0011:     int    i;
0012:     double t,t0;
0013:
0014:     /* 新しいエフェメリスから探す */
0015:     for(i=ephm_count[prn-1]-1;i>=0;i--) {
0016:         /* 有効期限内であること */
0017:         t0 =(ephm_buf[prn-1][i].week-wt.week)*SECONDS_WEEK;
0018:         t  =ephm_buf[prn-1][i].data[EPHM_TOC]+t0;
0019:         if (wt.sec<t-EPHEMERIS_EXPIRE*3600.0-0.1 ||
0020:             t+EPHEMERIS_EXPIRE*3600.0+0.1<wt.sec) continue;
0021:
0022:         /* IODE をチェック */
0023:         if (iode>=0) {
0024:             if (ephm_buf[prn-1][i].data[EPHM_IODE]==iode) break;
0025:             continue;
0026:         }
0027:
0028:         /* 受信時刻 */
```

```
0029:            t  =ephm_buf[prn-1][i].data[EPHM_TOT]+t0;
0030:            if (t<wt.sec+0.1) break;      /* wt より前の時刻 */
0031:        }
0032:
0033:        /* カレント情報としてセットする */
0034:        current_ephm[prn-1]=i;
0035:        return (i>=0);
0036: }
```

エフェメリス情報の選択にあたっては，発行番号 IODE も条件として指定できるようにしてあります（22～26 行目）．この機能は第 7 章のディファレンシャル補正処理で使用しますが，当面は最新のエフェメリス情報をセットすればよいので −1 として呼び出します．IODE が指定された場合は送信時刻のチェックは省略しますが，先に説明したとおり 6 時間前には同一の IODE のエフェメリス情報が放送されている可能性がありますから，有効期間に関するチェック（第一の条件）は必要です．

なお，航法メッセージの伝送にはサブフレームあたり 6 秒がかかりますから，エフェメリス情報の全体が得られるまでには実際には送信開始から少なくとも 18 秒を要します．厳密にはエフェメリス情報が受信機に利用可能となるには送信時刻の後にこの時間だけ経過しなければならないわけですが，本書ではそこまでの取扱いはしないこととしました．

関数 set_ephemeris() は，たとえばリスト 3.3 のように使います．この例では，2005 年 11 月 20 日 00:01:40 において有効なエフェメリスを全衛星について検索し，使用すべきエフェメリスをセットします．

有効なエフェメリスがない場合，関数 set_ephemeris() は FALSE を返します．そのような衛星は利用できませんので，リスト 3.3 では配列 valid_prn[] を用いて各衛星が利用可能か否かを記憶しています．

リスト 3.3 : 関数 set_ephemeris の使い方

```
int     prn;
bool    valid_prn[MAX_PRN];
wtime   wt;
```

```
wt.week =1350;      /* 05/11/20〜26 の週 */
wt.sec  =100.0;     /* 日曜日の 00:01:40 */

for(prn=1;prn<=MAX_PRN;prn++) {
    if (set_ephemeris(prn,wt,-1)) {
        /* 有効な衛星 */
        valid_prn[prn-1]   =TRUE;
    } else {
        /* 無効な衛星 */
        valid_prn[prn-1]   =FALSE;
    }
}
```

3.2.3 エフェメリス情報の取出し

選択されたエフェメリス情報については，必要に応じてパラメータを取り出して利用することになります．このために用意したのがリスト 3.4 の関数 get_ephemeris() で，関数 set_ephemeris() が選択したエフェメリスから，指定されたパラメータを取り出す働きをします．

リスト 3.4：エフェメリス情報の取出し

```
0001: /*------------------------------------------------------------
0002:  * get_ephemeris() - エフェメリスのパラメータを得る
0003:  *------------------------------------------------------------
0004:  *   double get_ephemeris(prn,para);  パラメータ値
0005:  *     int prn;   衛星 PRN 番号 (1〜)
0006:  *     int para;  パラメータ番号 (0〜)
0007:  *
0008:  *   事前に set_ephemeris() によりエフェメリスがセットされている
0009:  *   こと．
0010:  *------------------------------------------------------------*/
0011: double get_ephemeris(int prn,int para)
0012: {
0013:     if (ephm_count[prn-1]<1 || current_ephm[prn-1]<0) {
0014:         fprintf(stderr,"Missing ephemeris: PRN=%d.\n",prn);
0015:         exit(2);
```

```
0016:        }
0017:
0018:        return ephm_buf[prn-1][current_ephm[prn-1]].data[para];
0019: }
```

関数 set_ephemeris() によるエフェメリスの選択結果は，配列 current_ephm[] に記憶されています．したがって，関数の動作としては，この選択結果を参照してエフェメリスを取り出し，そのうちで指定されたパラメータを返すだけです．エフェメリスの各パラメータには，リスト 3.1 の 21〜31 行目で定義されているとおり RINEX 航法ファイルでの記載順に番号が付けられていますから，どのパラメータの値が必要であるかはこの番号を介して指定します．

関数 get_ephemeris() を使う例として，各衛星のエポック時刻 t_{ot}, t_{oc}, t_{oe} を表示してみましょう．リスト 3.5 を実行すると，直前の関数 set_ephemeris() により選択されたエフェメリスからエポック時刻を取り出して表示します．

リスト 3.5：関数 get_ephemeris の使い方

```
int       prn;
bool      valid_prn[MAX_PRN];

for(prn=1;prn<=MAX_PRN;prn++) {
    if (valid_prn[prn-1]) {
        printf("PRN %2.2d: tot=%6.0f, toc=%6.0f, toe=%6.0f\n",
            prn,
            get_ephemeris(prn,EPHM_TOT),
            get_ephemeris(prn,EPHM_TOC),
            get_ephemeris(prn,EPHM_TOE));
    }
}
```

3.3 衛星クロック補正

3.1.1 項 (p.54) で説明したとおり，航法メッセージには各衛星のクロック補正係数が含まれており，式 (3.2) により衛星クロック補正値を計算することができます．関数 get_ephemeris() を使って航法メッセージから必要なパラメータを取り出し，衛星クロック補正値を計算する関数を作成してみましょう．

関数 satellite_clock() は，prn で指定された衛星について GPS 時刻 wt におけるクロック誤差を計算します．計算にあたり，事前に set_ephemeris() により選択されたエフェメリス情報を使用します．

15〜18 行目は週番号の違いも考慮しながら指定された時刻 wt とエポック時刻 t_{oc} の差を求める部分で，20〜23 行目ではこの時間差に基づいて式 (3.2) によりクロック補正値を求めます．関数が返す補正値は通常数ミリ秒以内で，群遅延パラメータ T_{GD} も考慮されています．

リスト 3.6：衛星クロック誤差の計算（不完全版）

```
0001: /*------------------------------------------------------------
0002:  * satellite_clock() - 衛星クロック誤差を計算（不完全版）
0003:  *------------------------------------------------------------
0004:  *  double satellite_clock(prn,wt); 衛星クロック誤差 [s]
0005:  *    int prn;   衛星 PRN 番号 (1〜)
0006:  *    wtime wt;  時刻を指定
0007:  *------------------------------------------------------------
0008:  *  事前に set_ephemeris() によりエフェメリスがセットされている
0009:  *  こと．内部で get_ephemeris() を使用する．
0010:  *------------------------------------------------------------*/
0011: double satellite_clock(int prn,wtime wt)
0012: {
0013:     double  tk,tk0,dt,tr=0.0;
0014:
0015:     /* 時間差を求める */
0016:     tk0 =(wt.week-get_ephemeris(prn,EPHM_WEEK))*SECONDS_WEEK
0017:         +wt.sec-get_ephemeris(prn,EPHM_TOC);
0018:     tk  =tk0;                              /* 後で利用 */
0019:
0020:     /* 衛星時計の補正量を計算 */
```

```
0021:     dt =get_ephemeris(prn,EPHM_AF0)
0022:        +get_ephemeris(prn,EPHM_AF1)*tk
0023:        +get_ephemeris(prn,EPHM_AF2)*tk*tk;
0024:
0025:     return dt+tr-get_ephemeris(prn,EPHM_TGD);
0026: }
```

3.4 衛星位置の計算

GPS 受信機が自身の位置を求めるためには，GPS 衛星の位置を正確に知る必要があります．GPS 衛星の位置を計算するための軌道情報は航法メッセージにエフェメリス情報として含まれており，任意の時刻における衛星位置を計算することができます．航法メッセージに含まれる軌道情報は 3.1.2 項で説明した軌道の 6 要素で表現されており，次の手順で任意の GPS 時刻 t における衛星の位置を得ることができます（インターフェース仕様 [10]，表 20-IV）．

まず，衛星の位置を計算する時刻 t とエポック時刻 t_{oe} との差から，平均近点角 (mean anomaly) M を計算します．

$$M = M_0 + (n_0 + \Delta n) \cdot (t - t_{oe}) \tag{3.3}$$

ここで，n_0 は軌道半径から計算される角速度で，

$$n_0 = \sqrt{\frac{\mu_e}{a^3}} \tag{3.4}$$

です．地球重力定数 μ_e は，リスト 2.15（p.37）の値を用います．

次に，この平均近点角から真近点角 θ を求めます．このためには，まず次のケプラー方程式を利用して離心近点角（eccentric anomaly）E を求めます．$E_0 = M$ として，$i = 10$ 程度まで計算すると十分な近似値が得られます．

$$E_{i+1} = M + e \sin E_i \tag{3.5}$$

さらに，次の関係を用いて真近点角 θ を計算します．

$$\sin \theta = \frac{\sqrt{1 - e^2} \sin E}{1 - e \cos E} \tag{3.6}$$

$$\cos\theta = \frac{\cos E - e}{1 - e\cos E} \tag{3.7}$$

あとは軌道面内における衛星の位置を計算して，ECEF座標系に変換することになります．真近点角は近地点が基準ですから，昇交点を基準にした角度 ϕ を求めます．

$$\phi = \theta + \omega \tag{3.8}$$

さらに，補正値 C を用いながら昇交点からの角度 u，地心距離 r，軌道傾斜角 i を計算します．

$$\begin{bmatrix} u \\ r \\ i \end{bmatrix} = \begin{bmatrix} \phi \\ A(1 - e\cos E) \\ i_0 + \dot{i}(t - t_{oe}) \end{bmatrix} + \begin{bmatrix} C_{uc} & C_{us} \\ C_{rc} & C_{rs} \\ C_{ic} & C_{is} \end{bmatrix} \begin{bmatrix} \cos 2\phi \\ \sin 2\phi \end{bmatrix} \tag{3.9}$$

有効桁数

float 型や double 型のような実数は，計算機内部では浮動小数点数という方式で表現されていて，「符号 × 整数 × 指数」の形式をしています．符号は +1 か -1，指数は 10 のべき乗ですから，この形式により広い範囲の数値を表現することができます．ただし，整数部分の桁数は限られていて，float は 7 桁強，double では 16 桁前後までしか扱えません．これを有効桁数といい，計算機はこれ以上の桁数については正しく表現できないことに注意が必要です．

具体的にどういうことかというと，有効桁数以下の細かい変化は無視されます．double 型の有効桁数は 16 桁程度ですから，1 と $1 + 10^{-20}$ を区別できないということになります（数値としての 10^{-20} を表現できないのとは意味が異なります）．

GPS 受信機は比較的広い範囲の数値を取り扱いますので，有効桁数には注意が必要です．衛星や受信機の座標やそれらの間の距離は数万 km，つまり 8 桁程度のオーダですから，double 型実数を使用する限りは小数点以下についてさらに 8 桁程度の余裕があります．

時刻については，2.1 節のとおり 1 週間を単位として管理されています．1 週間は 604800 秒（6 桁）ですから，小数点以下は 10 桁程度，つまり 10^{-10} 秒まで表現できます．これは光速では 3 cm 程度に相当しますから，測距信号の伝搬時間を取り扱う際には注意したほうがよいでしょう．衛星の位置を計算するような場合は，速度が毎秒 3〜4 km ですから，10^{-7} 秒まで区別できれば 1 mm 以下の誤差に収まります．

最後に，昇交点赤経を求め，ECEF 直交座標値に変換します．

$$\Omega = \Omega_0 + (\dot{\Omega} - \dot{\Omega}_e) \cdot (t - t_{oe}) - \dot{\Omega}_e t_{oe} \tag{3.10}$$

$$\begin{bmatrix} x \\ y \\ z \end{bmatrix} = \begin{bmatrix} \cos\Omega & -\sin\Omega \cos i \\ \sin\Omega & \cos\Omega \cos i \\ 0 & \sin i \end{bmatrix} \begin{bmatrix} r\cos u \\ r\sin u \end{bmatrix} \tag{3.11}$$

以上により，任意の時刻における GPS 衛星の位置を計算することができます．

2.2 節（p.27）で説明したとおり，GPS 衛星の位置を表すには double 型実数を使用します．また，GPS 衛星の軌道半径は約 26000 km ですから平均近点角 M や真近点角 θ の分解能に心配がありそうですが（角度の分解能が粗いと円周方向の演算精度が確保できません），軌道の円周は 1.63×10^8 m 程度になりますから，double 型を用いれば大丈夫です．

以上の手順に基づいて衛星位置を計算する関数 satellite_position() は，リスト 3.7 のとおりです．なお，エフェメリス情報により求められる GPS 衛星位置の精度は数メートルから 10 m 程度です．

リスト 3.7：衛星位置の計算（不完全版）

```
0001: /*----------------------------------------------------------------
0002:  * satellite_position() - 衛星位置を計算（不完全版）
0003:  *----------------------------------------------------------------
0004:  *   posxyz satellite_position(prn,wt); 衛星位置
0005:  *     int prn;   衛星 PRN 番号 (1～)
0006:  *     wtime wt;  時刻を指定
0007:  *----------------------------------------------------------------
0008:  *   事前に set_ephemeris() によりエフェメリスがセットされている
0009:  *   こと．内部で get_ephemeris() を使用する．
0010:  *----------------------------------------------------------------*/
0011: posxyz satellite_position(int prn,wtime wt)
0012: {
0013:     int     i;
0014:     double  tk,tk0,sqrtA,e,n,Ek,Mk,xk,yk,Omegak,
0015:             vk,pk,uk,rk,ik,d_uk,d_rk,d_ik;
0016:     posxyz  pos;
0017:
0018:     /* 時間差を求める */
0019:     tk0 =(wt.week-get_ephemeris(prn,EPHM_WEEK))*SECONDS_WEEK
```

3.4 衛星位置の計算

```
0020:                 +wt.sec-get_ephemeris(prn,EPHM_TOE);
0021:        tk  =tk0;                              /* 後で利用 */
0022:
0023:        /* 離心近点角 Ek[rad] を求める */
0024:        sqrtA =get_ephemeris(prn,EPHM_sqrtA);
0025:        e     =get_ephemeris(prn,EPHM_e);      /* 離心率 */
0026:        n     =sqrt(MUe)/sqrtA/sqrtA/sqrtA+get_ephemeris(prn,EPHM_d_n);
0027:        Mk    =get_ephemeris(prn,EPHM_M0)+n*tk;  /* 平均近点角 */
0028:        Ek=Mk; for(i=0;i<10;i++) Ek=Mk+e*sin(Ek);  /* Kepler 方程式 */
0029:
0030:        /* 軌道面内における衛星位置 */
0031:        rk  =sqrtA*sqrtA*(1.0-e*cos(Ek));      /* 動径長 */
0032:        vk  =atan2((sqrt(1.0-e*e)*sin(Ek)),(cos(Ek)-e));/* 真近点角 */
0033:        pk  =vk+get_ephemeris(prn,EPHM_omega); /* 緯度引数 [rad] */
0034:
0035:        /* 補正係数を適用する */
0036:        d_uk=get_ephemeris(prn,EPHM_Cus)*sin(2.0*pk)
0037:             +get_ephemeris(prn,EPHM_Cuc)*cos(2.0*pk);
0038:        d_rk=get_ephemeris(prn,EPHM_Crs)*sin(2.0*pk)
0039:             +get_ephemeris(prn,EPHM_Crc)*cos(2.0*pk);
0040:        d_ik=get_ephemeris(prn,EPHM_Cis)*sin(2.0*pk)
0041:             +get_ephemeris(prn,EPHM_Cic)*cos(2.0*pk);
0042:        uk  =pk+d_uk;                          /* 緯度引数 [rad] */
0043:        rk  =rk+d_rk;                          /* 動径長 [m] */
0044:        ik  =get_ephemeris(prn,EPHM_i0)+d_ik
0045:             +get_ephemeris(prn,EPHM_di)*tk;   /* 軌道傾斜角 [rad] */
0046:
0047:        /* 軌道面内での位置 */
0048:        xk  =rk*cos(uk);
0049:        yk  =rk*sin(uk);
0050:
0051:        /* 昇交点の経度 [rad] */
0052:        Omegak =get_ephemeris(prn,EPHM_OMEGA0)
0053:               +(get_ephemeris(prn,EPHM_dOmega)-dOMEGAe)*tk0
0054:               -dOMEGAe*get_ephemeris(prn,EPHM_TOE);
0055:
0056:        /* ECEF 座標系に変換 */
0057:        pos.x =xk*cos(Omegak)-yk*sin(Omegak)*cos(ik);
0058:        pos.y =xk*sin(Omegak)+yk*cos(Omegak)*cos(ik);
```

```
0059:        pos.z   =yk*sin(ik);
0060:
0061:        return pos;
0062: }
```

3.5　測位計算（第 2 段階）

さて，この章では航法メッセージの処理について説明してきました．ここまでの知識で，測位計算を行うプログラムを再び作成してみましょう．第 1 段階 (p.46, リスト 2.18) との大きな違いの一つは，航法メッセージから衛星位置を求める点です．

GPS 受信機が測定する衛星と受信機の間の距離は**擬似距離**（pseudorange）と呼ばれ，実は GPS 衛星と受信機の両方のクロック誤差が混入しています（詳細は 4.1 節を参照）．このうち GPS 衛星側のクロック誤差は航法メッセージにより補正係数が放送されていますので，これにより補正値を計算して除去することができます．

受信機側のクロック誤差は個々の受信機によって異なりますから，受信機側で解決しなければなりません．このために，GPS の場合は，受信機位置に加えてクロック誤差も未知数とみなして解く方法が一般的に用いられます．

衛星と受信機の間の距離 r_i は 2.5 節 (p.39) の式 (2.7) のとおりですが，受信機クロック誤差を s と書くと，測定される距離はすべて s だけ長くなるものとして書くことができます．つまり，式 (2.7) を次のように修正します．

$$r_i = \sqrt{(x_i - x)^2 + (y_i - y)^2 + (z_i - z)^2} + s \tag{3.12}$$

そうすると，各衛星と受信機の距離と位置の関係を表す連立方程式は，やはり式 (2.8) を修正して

$$\begin{cases} r_1 = \sqrt{(x_1 - x)^2 + (y_1 - y)^2 + (z_1 - z)^2} + s \\ r_2 = \sqrt{(x_2 - x)^2 + (y_2 - y)^2 + (z_2 - z)^2} + s \\ \qquad\qquad\vdots \\ r_N = \sqrt{(x_N - x)^2 + (y_N - y)^2 + (z_N - z)^2} + s \end{cases} \tag{3.13}$$

になります．これを x, y, z, s について解けば，受信機位置 $\vec{x}$ が求められます．三次元の位置を決めるためには未知数は三つでしたが，クロック誤差 s が増えて未知数が四つになっていますので，この連立方程式を解くためには最低四つの衛星からの距離が必要となります．

式 (3.13) の解き方は，式 (2.8) と同様です．

【手順 1】 x, y, z, s について，適当な初期値 x^0, y^0, z^0, s^0 を用意します．

【手順 2】 x^0, y^0, z^0, s^0 としたときに距離として測定されるべき値を計算します．

$$\begin{cases} r_1^0 = \sqrt{(x_1 - x^0)^2 + (y_1 - y^0)^2 + (z_1 - z^0)^2} + s \\ r_2^0 = \sqrt{(x_2 - x^0)^2 + (y_2 - y^0)^2 + (z_2 - z^0)^2} + s \\ \qquad \vdots \\ r_N^0 = \sqrt{(x_N - x^0)^2 + (y_N - y^0)^2 + (z_N - z^0)^2} + s \end{cases} \tag{3.14}$$

【手順 3】 実際に測定された距離 r_i に対して，残差 $\Delta r_i = r_i - r_i^0$ を求めます．

【手順 4】 r_i の x, y, z, s による偏微分

$$\begin{aligned} \frac{\partial r_i}{\partial x} &= -(x_i - x)/r_i \\ \frac{\partial r_i}{\partial y} &= -(y_i - y)/r_i \\ \frac{\partial r_i}{\partial z} &= -(z_i - z)/r_i \\ \frac{\partial r_i}{\partial s} &= 1 \end{aligned} \tag{3.15}$$

を用いて，x^0, y^0, z^0, s^0 を更新するための変化量 Δx, Δy, Δz, Δs を求めます．

$$\begin{cases} \Delta r_1 = \frac{\partial r_1}{\partial x}\Delta x + \frac{\partial r_1}{\partial y}\Delta y + \frac{\partial r_1}{\partial z}\Delta z + \frac{\partial r_1}{\partial s}\Delta s \\ \Delta r_2 = \frac{\partial r_2}{\partial x}\Delta x + \frac{\partial r_2}{\partial y}\Delta y + \frac{\partial r_2}{\partial z}\Delta z + \frac{\partial r_2}{\partial s}\Delta s \\ \qquad \vdots \\ \Delta r_N = \frac{\partial r_N}{\partial x}\Delta x + \frac{\partial r_N}{\partial y}\Delta y + \frac{\partial r_N}{\partial z}\Delta z + \frac{\partial r_N}{\partial s}\Delta s \end{cases} \tag{3.16}$$

【手順5】 得られた Δx, Δy, Δz, Δs により，初期値を更新します．

$$\begin{aligned} x^1 &= x^0 + \Delta x \\ y^1 &= y^0 + \Delta y \\ z^1 &= z^0 + \Delta z \\ s^1 &= s^0 + \Delta s \end{aligned} \tag{3.17}$$

【手順6】 初期値を x^1, y^1, z^1, s^1 に更新して，手順2に戻ります．以上の手順を，Δx, Δy, Δz, Δs が十分に小さくなるまで繰り返します．

手順4の方程式の解き方は式 (2.8) の場合とまったく同じですが，未知数が増えていますから，ベクトル $\Delta \vec{x} = [\Delta x \, \Delta y \, \Delta z \, \Delta s]^{\mathrm{T}}$ とします．方程式の形は式 (2.13) と同じで

$$G \, \Delta \vec{x} = \Delta \vec{r} \tag{3.18}$$

と書けますが，未知数が増えたことに G も対応して，

$$G = \begin{bmatrix} \dfrac{-(x_1-x)}{r_1} & \dfrac{-(y_1-y)}{r_1} & \dfrac{-(z_1-z)}{r_1} & 1 \\ \dfrac{-(x_2-x)}{r_2} & \dfrac{-(y_2-y)}{r_2} & \dfrac{-(z_2-z)}{r_2} & 1 \\ \vdots & \vdots & \vdots & \vdots \\ \dfrac{-(x_N-x)}{r_N} & \dfrac{-(y_N-y)}{r_N} & \dfrac{-(z_N-z)}{r_N} & 1 \end{bmatrix} \tag{3.19}$$

となります．2.5節で説明したとおり，この行列 G は一般に計画行列などと呼ばれるものですが，GPSの場合は衛星と受信機の幾何学的な位置関係を表していることから，特に**幾何行列**（geometry matrix）ということもあります．また，第1列～第3列は各GPS衛星の視線方向（line-of-sight，受信機位置と衛星を結ぶ直線の方向）に対する方向余弦（directional cosine）となっていますから，それぞれを二乗するとその和は1となります．

連立方程式の解は，

$$\Delta \vec{x} = G^{-1} \, \Delta \vec{r} \tag{3.20}$$

あるいは，最小二乗法により

$$\Delta \vec{x} = (G^{\mathrm{T}} G)^{-1} G^{\mathrm{T}} \, \Delta \vec{r} \tag{3.21}$$

として求めます（式 (2.15) および式 (2.16) と同じ形式になることに注意してください）．この連立方程式は，**観測方程式**（observation equation）あるいは**測位方程式**（position equation）などと呼ばれます．G が 4×4 行列ならば $(G^{\mathrm{T}}G)^{-1}G^{\mathrm{T}} = G^{-1}(G^{\mathrm{T}})^{-1}G^{\mathrm{T}} = G^{-1}$ となりますので，式 (3.20) の代わりに常に式 (3.21) を使ってもかまいません．

なお，上の連立方程式を解くには未知数の数に対応して最低でも 4 機の衛星が必要となりますが，受信機から見て同一の方向にある衛星同士は行列 G の要素が同じですので，衛星が増えたことにはなりません．また，すべての衛星が同一平面にあるような場合は方程式を解くことができません[3]．厳密に同一方向や同一平面でなくても，それに近い状況になると解の精度が劣化しますので，衛星の数が限られている場合には注意してください（4.7.3 項の DOP の説明も参照）．

さて，次の test2.c は，航法メッセージから衛星位置および衛星クロック補正値を計算し，擬似距離から位置を求めます．第 1 段階のリスト 2.18（p.46）と違い，828〜834 行目の配列 range[] には擬似距離として測定された値をそのまま書いてあります（IGS サイト mtka の 2005 年 11 月 14 日 00:00:00 の測定値です．p.144 の図 5-1（mtka3180.05o）の 3 列目と比べてみてください）．

リスト 3.8：測位計算（第 2 段階）—— test2.c

```
0001: /*-------------------------------------------------------------
0002:  * TEST2.c - Practice for Position Computation.
0003:  *-------------------------------------------------------------*/
0004:
0005〜0070: （リスト 2.18（test1.c）の 5〜70 行目）
0071:
0072: /*-------------------------------------------------------------
0073:  * ファイルからの読込み
0074:  *-------------------------------------------------------------*/
0075: /* 行バッファ */
0076: #define LINEBUF_LEN         256
0077: static char  linebuf[LINEBUF_LEN],fieldbuf[LINEBUF_LEN];
0078: static int   linepos         =0;
```

---

[3] 数学的には行列の階数（ランク）の考え方です．また，衛星配置が悪い場合の精度の劣化は，特異値（singular value）と関係しています．

```
0079:
0080: /* ファイルから行バッファに読み込む */
0081: static bool read_line(FILE *fp)
0082: {
0083:     /* 行バッファをクリア */
0084:     linepos   =0;
0085:     linebuf[0] ='\0';
0086:
0087:     /* ファイルから読み込む */
0088:     return (fgets(linebuf,LINEBUF_LEN,fp)!=NULL);
0089: }
0090:
0091: /* 行バッファから文字列を取り出す（文字数指定，または CSV 形式） */
0092: static char *get_field(int width)
0093: {
0094:     int    i;
0095:     bool   quotef=TRUE;
0096:
0097:     /* width==0 なら CSV 形式 */
0098:     if (width<1) {
0099:         width  =LINEBUF_LEN-1;
0100:         quotef =FALSE;
0101:     }
0102:
0103:     /* 指定された文字数あるいはコンマまでを読み取る */
0104:     for(i=0;i<width && linebuf[linepos+i]!='\0';i++) {
0105:         if (linebuf[linepos+i]=='\n') break;
0106:         if (!quotef && linebuf[linepos+i]==',') {
0107:             linepos++;
0108:             break;
0109:         }
0110:         if (linebuf[linepos+i]=='\"') {
0111:             quotef=!quotef;
0112:             continue;
0113:         }
0114:         fieldbuf[i]=linebuf[linepos+i];
0115:     }
0116:     linepos    +=i;          /* 次の位置 */
0117:     fieldbuf[i] ='\0';
```

```
0118:
0119:       return fieldbuf;
0120: }
0121:
0122: /*-----------------------------------------------------------
0123:  * 座標変換
0124:  *----------------------------------------------------------*/
0125:
0126〜0160: (リスト 2.9：xyz_to_blh() 関数)
0161:
0162〜0186: (リスト 2.10：blh_to_xyz() 関数)
0187:
0188〜0219: (リスト 2.12：xyz_to_enu() 関数)
0220:
0221〜0252: (リスト 2.13：enu_to_xyz() 関数)
0253:
0254〜0268: (リスト 2.14：elevation() 関数)
0269:
0270〜0284: (リスト 2.14：azimuth() 関数)
0285:
0286〜0293: (リスト 2.3（wtime_to_date() 関数）の 6〜13 行目)
0294:
0295: /* mktime() 関数の GMT 版 (gmtime() 関数に対応) */
0296: static time_t mktime2(struct tm *tm)
0297: {
0298:     int      i;
0299:     long     days=0L;
0300:     static int days_month[]={
0301:         31,28,31,30,31,30,31,31,30,31,30,31
0302:     };
0303:
0304:     /* 経過日数を得る */
0305:     for(i=TIME_T_BASE_YEAR;i<tm->tm_year+1900;i++) {
0306:         days+=(i%4==0)?366:365;
0307:     }
0308:     for(i=1;i<tm->tm_mon+1;i++) {
0309:         days+=days_month[i-1];
0310:         if (i==2 && tm->tm_year%4==0) days++;
0311:     }
```

第 3 章 航法メッセージ

```
0312:        days+=tm->tm_mday-1;
0313:
0314:    /* カレンダ値を返す */
0315:        return ((days*24+tm->tm_hour)*60+tm->tm_min)*60+tm->tm_sec;
0316: }
0317:
0318〜0333: (リスト 2.3 (wtime_to_date() 関数) の 15〜30 行目)
0334:
0335〜0354: (リスト 2.6：date_to_wtime() 関数)
0355:
0356〜0561: (リスト 3.1：read_RINEX_NAV() 関数)
0562:
0563〜0598: (リスト 3.2：set_ephemeris() 関数)
0599:
0600〜0618: (リスト 3.4：get_ephemeris() 関数)
0619:
0620〜0645: (リスト 3.6：satellite_clock() 関数)
0646:
0647〜0708: (リスト 3.7：satellite_position() 関数)
0709:
0710〜0818: (リスト 2.18 (test1.c) の 72〜180 行目)
0819:
0820: /*------------------------------------------------------------
0821:  * main() - メイン
0822:  *-----------------------------------------------------------*/
0823: #define LOOP     8
0824: #define SATS     5
0825: static int     prn[SATS]={
0826:      5,14,16,22,25,
0827: };
0828: static double  range[SATS]={
0829:      23545777.534,   /* PRN 05 */
0830:      20299789.570,   /* PRN 14 */
0831:      24027782.537,   /* PRN 16 */
0832:      24367716.061,   /* PRN 22 */
0833:      22169926.127,   /* PRN 25 */
0834: };
0835:
0836: void main(int argc,char **argv)
```

3.5 測位計算（第2段階）

```
0837: {
0838:     int     i,n,loop;
0839:     double  r,satclk;
0840:     double  G[MAX_N][MAX_M],dr[MAX_N],dx[MAX_M];
0841:     double  sol[MAX_M],cov[MAX_M][MAX_M];
0842:     posxyz  satpos;
0843:     wtime   wt;
0844:     FILE    *fp;
0845:
0846:     /* RINEX 航法ファイルを読み込む */
0847:     if (argc<2) {
0848:         fprintf(stderr,"test2 <RINEX-NAV>\n");
0849:         exit(0);
0850:     } else if ((fp=fopen(argv[1],"rt"))==NULL) {
0851:         perror(argv[1]);
0852:         exit(2);
0853:     } else {
0854:         read_RINEX_NAV(fp);
0855:         fclose(fp);
0856:     }
0857:
0858:     /* 時刻を指定 */
0859:     wt.week =1349;       /* 05/11/13〜19 の週 */
0860:     wt.sec  =86400.0;    /* 月曜日の 00:00:00 */
0861:
0862:     /* 解を初期化 */
0863:     for(i=0;i<MAX_M;i++) sol[i]=0.0;
0864:
0865:     /* 解を求めるループ */
0866:     for(loop=0;loop<LOOP;loop++) {
0867:         n=SATS;
0868:         for(i=0;i<n;i++) {
0869:             if (!set_ephemeris(prn[i],wt,-1)) {
0870:                 fprintf(stderr,"Invalid SAT: PRN=%d.\n",prn[i]);
0871:                 exit(2);
0872:             }
0873:             satclk  =satellite_clock(prn[i],wt);
0874:             satpos  =satellite_position(prn[i],wt);
0875:
```

```
0876:            /* デザイン行列をつくる */
0877:            r       =sqrt((satpos.x-sol[0])*(satpos.x-sol[0])
0878:                    +(satpos.y-sol[1])*(satpos.y-sol[1])
0879:                    +(satpos.z-sol[2])*(satpos.z-sol[2]));
0880:            G[i][0] =(sol[0]-satpos.x)/r;
0881:            G[i][1] =(sol[1]-satpos.y)/r;
0882:            G[i][2] =(sol[2]-satpos.z)/r;
0883:            G[i][3] =1.0;
0884:
0885:            /* 擬似距離の修正量 */
0886:            dr[i]   =range[i]+satclk*C-(r+sol[3]);
0887:        }
0888:
0889:        /* 方程式を解く */
0890:        compute_solution(G,dr,NULL,dx,cov,n,4);
0891:
0892:        /* 初期値に加える */
0893:        for(i=0;i<4;i++) {
0894:            sol[i]+=dx[i];
0895:        }
0896:
0897:        /* 途中経過を出力する */
0898:        printf("LOOP %d: X=%.4f, Y=%.4f, Z=%.4f, s=%.4E\n",
0899:            loop+1,sol[0],sol[1],sol[2],sol[3]/C);
0900:    }
0901:
0902:    exit(0);
0903: }
```

プログラムが実行されると，実行時に指定されたファイルを開き（850行目），RINEX 航法ファイルとして読み込みます（854行目）．

衛星位置を計算しているのは 869〜874 行目で，set_ephemeris() 関数で時刻 wt に使用するべきエフェメリスをセットしたあとに satellite_position() 関数を用いて衛星位置を計算しています．また，satellite_clock() 関数により，衛星クロック補正値も計算しておきます．

883 行目では，行列 G の第 4 列に 1 をセットしています．リスト 2.18 ではこの部分はありませんでしたが，受信機クロック誤差を未知数としたため行列 G が

式 (3.19) のように修正されたことに対応しています．擬似距離の補正量を求める 886 行目は，リスト 2.18 の 227 行目に対応している部分ですが，衛星クロック補正を表す satclk と受信機クロックの sol[3] が追加されています．satclk については，光速 C を乗じて単位を距離に合わせてあります．

リスト 3.8 を実行した結果は，たとえば次のようになります．

リスト 3.8 のコンパイル・実行例

```
% cc -o test2 test2.c -lm
% ./test2 mtka3180.05n
Reading RINEX NAV... week 1349: 29 satellites
LOOP 1: X=-4796222.967, Y=4027648.665, Z=4365299.153, s=4.2885E-003
LOOP 2: X=-3979349.628, Y=3384858.781, Z=3716837.511, s=1.4115E-004
LOOP 3: X=-3947884.795, Y=3364359.826, Z=3699423.004, s=1.0452E-007
LOOP 4: X=-3947846.647, Y=3364338.022, Z=3699406.626, s=-5.3233E-008
LOOP 5: X=-3947846.647, Y=3364338.022, Z=3699406.626, s=-5.3233E-008
LOOP 6: X=-3947846.647, Y=3364338.022, Z=3699406.626, s=-5.3233E-008
LOOP 7: X=-3947846.647, Y=3364338.022, Z=3699406.626, s=-5.3233E-008
LOOP 8: X=-3947846.647, Y=3364338.022, Z=3699406.626, s=-5.3233E-008

%
```

計算結果で s として表示されているのは受信機クロック誤差で，GPS 時刻に対して 53 ns 程度遅れていたものと計算されています．

IGS mtka の位置は，2.5 節（p.46）と同じで $X = -3947762.7496$, $Y = 3364399.8789$, $Z = 3699428.5111$ です．計算結果はこれとだいぶ差があり，100 m 以上離れてしまいました．どうしたことでしょう．たまたま条件が悪くて誤差が大きかったのでしょうか．

いえいえ，そうではありません．擬似距離から受信機の位置を求めるには，主に送受信の時間関係に起因する実にさまざまな要因を考慮しなければならないのです．次章ではこうした差を抑え，正しい計算を行うための処理手順を解説することにします．

第4章

擬似距離による測位

　GPS受信機が測定する距離には，実はさまざまな誤差が含まれています．衛星や受信機のクロック誤差もありますし，伝搬経路上の大気による遅延も無視できません．特にクロック誤差は大きく，そのままでは本来の距離とかけ離れていることから，受信機による測定値は「擬似距離」と呼ぶこととされているくらいです．

　前章の最後には，擬似距離による測位を試みましたが，正確な測位はできませんでした．この章では，擬似距離を使って位置を求めるうえで考慮しなければならないさまざまな要因を説明し，正しい計算を行うための処理手順を解説することにします．

4.1　擬似距離の性質

　GPS受信機がその位置を計算するためには，まずGPS衛星から受信機までの距離を測定します．受信機により測定された距離は，そのままでは大きな誤差を含んでいるため，**擬似距離**（pseudorange，「シュードレンジ」あるいは「スードレ

ンジ」と読みます）と呼びます．この擬似距離は GPS により位置を求めるにあたりもっとも基本的な測定値ですので，測定される過程を詳しく説明します．

　GPS 衛星が測距信号を送信するタイミングは，あらかじめ決められています．つまり，時刻 t にどのような信号が送信されるかはわかっていますから，受信機側ではアンテナで受信される信号を見れば，それがいつ送信されたものかがわかります．信号が送信された時刻と受信した時刻がわかればその差が伝搬に要した時間になりますから，これに光速 c をかければ衛星と受信機の間の距離を知ることができます．つまり，送信時刻 t^T と受信時刻 t^R から，送受信機間の距離を次のとおり求められます．

$$c\left(t^R - t^T\right) \tag{4.1}$$

　ところで，このような方法で距離を測定する場合は，衛星と受信機がそれぞれ別の時計を持っていることに注意が必要です．人工衛星は地上から遠く離れていますので，自分に内蔵されている時計を基準として自律的に信号を放送しています．また，GPS 受信機も内部に時計を持っていて，その時計に基づいて測距信号の受信時刻を測定します．どんな時計でも時間がたてば正しい時刻からずれてしまいますから，これらはいずれも誤差を含んでいることになります．

　さて，GPS 時刻 t における衛星 j の時計の誤差を $b_j(t)$，また受信機の時計誤差を $s(t)$ と書くことにしましょう（単位は秒）．いずれも，時計が進んでいる場合に正になるものとします．衛星の時計は $b_j(t)$ だけ進んでいますから，時刻 t_j^T に送信されるべき信号は $b_j(t)$ だけ早い時刻に送信されることになります．信号が実際に送信される時刻を t_j^t と表せば，

$$t_j^t = t_j^T - b_j(t_j^t) \tag{4.2}$$

ということになります．衛星は時刻 t_j^T だと思って信号を送信しますが，この時刻を GPS 時刻で正しく表現すると t_j^t が対応するのです．

　一方，GPS 時刻 t_j^t に送信された信号が受信機に到達するまでの伝搬時間を d_j とすると，受信機が実際に受信する時刻は

$$t^r = t_j^t + d_j \tag{4.3}$$

です．ところが，受信機の時計は $s(t)$ だけ進んでいますので，この時刻には受信

機の時計は

$$t^R = t^r + s(t^r) = t_j^t + d_j + s(t^r) \tag{4.4}$$

を指しています．受信機のクロックは一つで，各チャンネルに対応した衛星の擬似距離をすべて同時に測定しますから，j のような添え字は付けません．

衛星と受信機の間の距離を求めるには，測距信号の受信時刻と送信時刻の差に光速をかけます．信号が送信された時刻は実際には t_j^t ですが，本来それは時刻 t_j^T に送信されるはずの信号ですので，受信時刻は t^R，送信時刻としては t^T を使います．これを求めると，

$$\rho_j(t^R) = c\left(t^R - t^T\right) = c\left[d_j - b^j(t_j^t) + s(t^r)\right] \tag{4.5}$$

となり，測定される距離には衛星および受信機両方の時計誤差として $b^j(t)$ と $s(t)$ が現れることになります．衛星クロックが進んでいると擬似距離は短く，逆に受信機クロックが進んでいる場合には長く測定されることになります（図4-1）．こうして測定された距離 $\rho_j(t^R)$ が，擬似距離と呼ばれる測定値です．受信機が擬似距離とともに記録するタイムスタンプ（エポック時刻）は，擬似距離を測定する瞬間に受信機の時計が指している時刻，つまり t^R です．

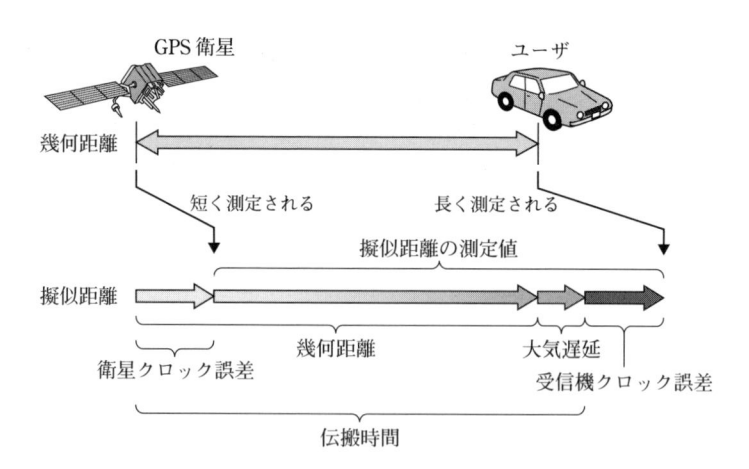

GPS受信機が測定する擬似距離は，測距信号の伝搬時間から求められる見かけの距離で，大気遅延のほかにクロック誤差も含まれています．衛星クロックが進んでいると擬似距離を短く，逆に受信機クロックが進んでいると擬似距離を長く測定させる効果があります．

図4-1　擬似距離と幾何距離

測距信号の伝搬時間 d_j はおおむね 70 ms 前後です．受信機クロック誤差の大きさは受信機によりますが，最大で 10 ms 程度になることがあります．

実際には航法メッセージから $b^j(t)$ を計算できますから，t^T の代わりに t^t を使うこともできそうですが，擬似距離の定義は式 (4.5) のように決められています．t^T を t^t としてはならない理由は，読者のみなさんが考えてみてください．

伝搬時間 d_j は，衛星と受信機との間の距離 $R_j(t)$ のほかに，電離層遅延 $I_j(t)$ や対流圏遅延 $T_j(t)$ を含んでいます．さらにその他の誤差要因（マルチパスや受信機熱雑音など）をまとめて $\xi_j(t)$ と表すと，結局のところ擬似距離は次のような量の測定値ということになります．

$$\rho_j(t^R) = R_j(t^r) - B_j(t^t_j) + S(t^r) + I_j(t^r) + T_j(t^r) + \xi_j(t^r) \tag{4.6}$$

ただし，$B_j(t) = c \cdot b_j(t)$，$S(t) = c \cdot s(t)$ のように時計誤差には光速をかけてあり，その他の誤差要因もすべて単位を距離に揃えてあります（単位はメートル）．受信機の時計は t^R を指していますが，実際に測定される擬似距離は GPS 時刻の t^t や t^r の関数になることに注意してください．なお，電離層遅延や対流圏遅延は正しくは t^r ではなく測距信号が通過する時刻で決まりますが，t^r と大きな違いはありません．

4.2 受信機クロックの性質

さて，実際に測定された擬似距離を見てみましょう．図 4-2 は，IGS サイト mtka（付録 A の A.3 節を参照）が 2005 年 11 月 14 日に測定した PRN 04 衛星の擬似距離です．時刻 09:49:00（GPS 時刻）に PRN 04 衛星が西の地平線（実際は建物の陰でした）から昇ってきました．このときの仰角は 18.5 度，擬似距離は 23633613.828 m です．次第に仰角を上げるとともに受信機に接近し，13:07:30 に最接近したときの擬似距離は 20504972.555 m でした．GPS 衛星の地上に対する高度はおよそ 20200 km 程度ですから，仰角は高く，約 71 度まで上昇しました[1]．

---

[1]. 単純に $\sin^{-1} 20200/20505$ には対応しません．受信機が測定する擬似距離はクロック誤差を含み，また地球が球形だからです．

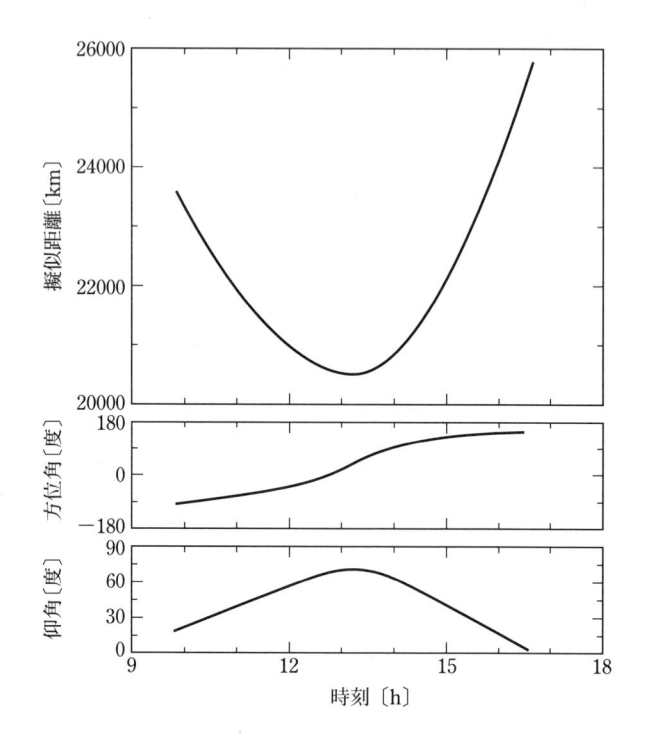

GPS 衛星の擬似距離の変化の様子です．地平線から昇ってきた衛星は，受信機に次第に接近したあと，離れていきます（IGS サイト mtka（東京都調布市），2005 年 11 月 14 日，PRN 04 衛星）．

図 4-2　擬似距離の変化（その 1）

このあとは距離が離れていき，時刻 16:39:30 の 25774932.042 m を最後に南東の地平線に沈み測定できなくなりました．

一方，図 4-3 は，同じ PRN 04 衛星について国土地理院が運用している GEONET のサイト 93011（埼玉県川越市）が測定した擬似距離です．受信機の位置は IGS サイト mtka とそれほど離れていませんから，衛星と受信機の距離の変化は似た傾向を示すはずです．こちらは時刻 09:06:30 に仰角 5.4 度から測定されていますから，IGS サイト mtka では西の方向に障害物があったものと推測できます（実際，西側にアンテナよりも高い建物があります）．

図 4-2 との大きな違いは，擬似距離の変化が三角形状になっていることです．

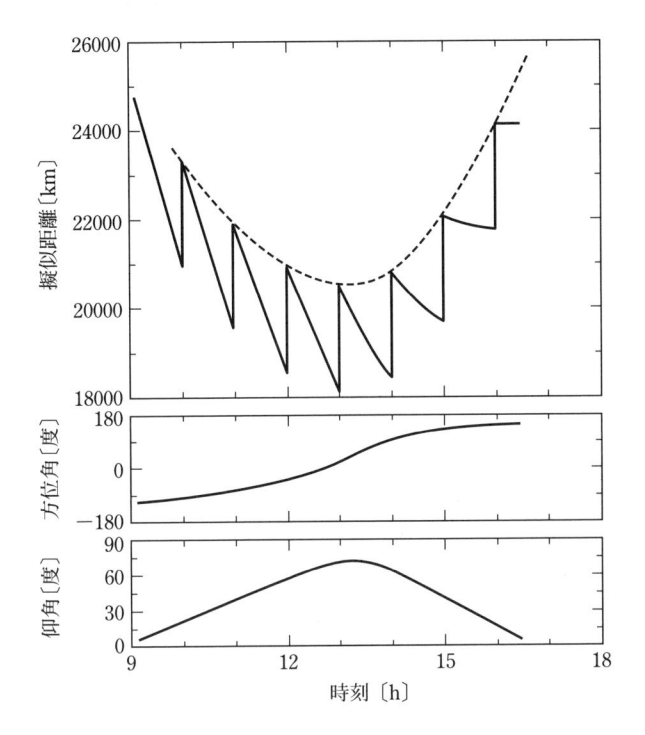

受信機によっては，このような擬似距離が測定される場合もあります．IGS サイト mtka による擬似距離（点線）と比較してみてください（国土地理院 GEONET サイト 93011（埼玉県川越市），2005 年 11 月 14 日，PRN 04 衛星）．

図 4-3　擬似距離の変化（その 2）

点線は IGS サイト mtka の擬似距離ですから，違いは一目瞭然です．同じ衛星の擬似距離でどうしてこのような違いが生じるのでしょうか．よく見ると，ちょうど 1 時間ごとに点線に近づくように大きく擬似距離が修正され，その後はだいたい一定の速度で擬似距離が短くなっているようです．

　この原因は，受信機側の処理にあります．受信機クロックは原子時計のように正確ではありませんので，GPS 時刻と比べると微妙に進んでいるか遅れているかのどちらかです．時計の進み方も GPS 時刻と同じではありませんから，次第に進みあるいは遅れが大きくなっていくことになります．したがって，受信機は毎回正秒ちょうどに擬似距離を測定しているつもりでいても，実際の GPS 時刻の正秒

とは次第にずれていくことになります．何日かたつと，ずれが 1 秒を超えてしまうでしょう．

それでは困りますので，GPS 受信機は適当なタイミングで自身の時計を自動的に修正します．3.5 節で見たように位置を求めると同時に受信機クロック誤差も計算されますから，受信機は自身のクロック誤差をほぼ正確に把握しています．この誤差が許容量を超えた時点か，あるいはあらかじめ決められたタイミングで，時計を修正するのです．GEONET の場合は，この修正が 1 時間ごとに実行されています．時計が修正されると受信機クロック誤差がなくなりますから，測定される擬似距離は本来の値に近くなります．

IGS サイト mtka が使用している受信機の場合は，この受信機クロックの修正処理を常に実行しています．したがって，受信機クロックによる誤差は擬似距離には（ほとんど）現れてこないことになり，図 4-2 のような連続した測定値となります．

受信機によっては，エポック時刻の調整も行っている場合があります．受信機が擬似距離とともに記録するエポック時刻は，擬似距離を測定する瞬間に受信機の時計が指している時刻，つまり t^R なのでした．実際にこのエポック時刻の様子を見てみると，たとえば次のようになっています．

```
エポック時刻（GEONET サイト 93011，2005 年 11 月 14 日）
 05 11 14  0  0  0.0000000  0  8G 1G 5G 6G14G16G22G25G30
 05 11 14  0  0 30.0000000  0  9G 1G 5G 6G14G16G20G22G25G30
 05 11 14  0  1  0.0000000  0  9G 1G 5G 6G14G16G20G22G25G30
                           ⋮
 05 11 14  0  5  0.0000000  0  9G 1G 5G 6G14G16G20G22G25G30
 05 11 14  0  5 30.0000000  0  9G 1G 5G 6G14G16G20G22G25G30
 05 11 14  0  5 59.9990000  0  9G 1G 5G 6G14G16G20G22G25G30
 05 11 14  0  6 29.9990000  0  9G 1G 5G 6G14G16G20G22G25G30
                           ⋮
 05 11 14  0 12 29.9990000  0  9G 1G 5G 6G14G16G20G22G25G30
 05 11 14  0 12 59.9990000  0  9G 1G 5G 6G14G16G20G22G25G30
 05 11 14  0 13 29.9980000  0  9G 1G 5G 6G14G16G20G22G25G30
 05 11 14  0 13 59.9980000  0  9G 1G 5G 6G14G16G20G22G25G30
                           ⋮
```

これは GEONET のサイト 93011 が実際に記録したエポック時刻で，5.2 節で説明する RINEX 観測データファイルのエポック行だけを取り出したものです．最初の 3 カラムは日付（2005 年 11 月 14 日），その次がエポック時刻の時分秒で，00:00:00 から 30 秒ごとに測定が行われています．

時刻 00:05:30 までは正秒ちょうどに測定が行われていますが，その次のエポックは 00:06:00 より 1 ミリ秒だけ早く，00:05:59.999 となっています．しばらくはこのまま 1 ミリ秒ずつ早めの測定が続きますが，00:12:59.999 の次は 00:13:29.998 で，またさらに 1 ミリ秒早くなるのです．こうしたエポック時刻の正秒との差をグラフにしたのが図 4-4 で，この受信機の場合は 7〜8 分に一度，1 ミリ秒ずつ早くなっていることがわかります．毎正時に差がなくなるのは，先に述べた受信機クロックの修正のためです．

こうしたエポック時刻の細かい調節が行われるのは，擬似距離が測定される時刻を GPS 時刻の正秒に近く保つためです．この例では受信機クロックが遅れているため，受信機時計が 00:06:00 ちょうどを指す時点より，それより 1 ミリ秒だけ早く，00:05:59.999 に測定を行ったほうが GPS 時刻の 00:06:00 に近いわけです．しばらくはそのまま 1 ミリ秒ずつ早く測定を行いますが，また遅れが大きくなって

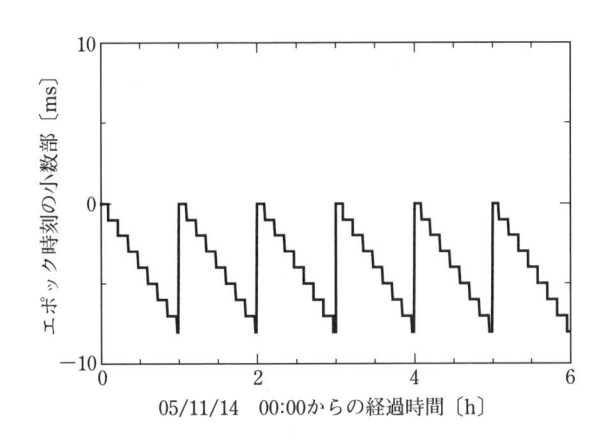

受信機が擬似距離を測定したエポック時刻の，正秒からのずれ分の例です（GEONET 93011, 2005 年 11 月 14 日）．7〜8 分ごとに 1 ミリ秒ずつ進められ，受信機クロックの修正に伴いリセットされています．

図 4-4　エポック時刻の正秒からのずれ

きたことから，GPS 時刻 00:13:30 における測定はさらに 1 ミリ秒早めたのです．

このようなエポック時刻をずらす操作により，擬似距離の測定時刻を GPS 時刻の正秒に対して ±0.5 ms 以内に保つことができます．後述するディファレンシャル測位方式や，あるいは測量用途のような高精度な測位のためには，GPS 時刻を基準として同時刻の測定データが好ましいことから，こうした操作が行われるのです．ずらす幅としては，1 ミリ秒単位がよく用いられます．

図 4-5 は，実際の受信時刻（GPS 時刻）とクロック誤差（GPS 時刻と受信機時計の差），エポック時刻（受信機時計による測定時刻）の対応関係を示したもので，時刻については小数部分だけを表示してあります．受信時刻は GPS 時刻の正秒に対して ±0.5 ms 以内に保たれています．受信機クロックは GPS 時刻に対して遅れていきますが，8 ms 程度の遅れとなったところで毎正時に修正されています．エポック時刻は 1 ミリ秒単位で早められていきますが，これは受信時刻が GPS 時刻の正秒に近くなるようにする操作です．

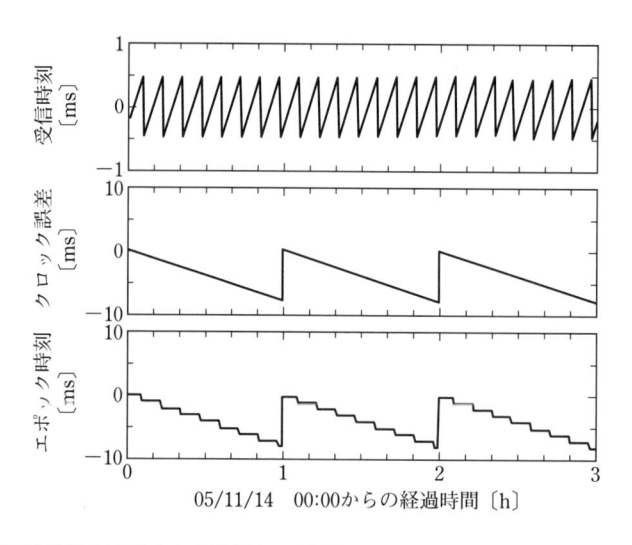

受信機が擬似距離を測定した受信時刻 t^r（上段），クロック誤差推定値 $s(t^r)$（中段），エポック時刻 t^R の正秒からのずれ（下段）の対応関係です（GEONET 93011, 2005 年 11 月 14 日）．

図 4-5 クロック誤差とエポック時刻（その 1）

IGS サイト mtka（Ashtech Z-18）のように受信機クロックを常に修正するタイプの受信機では，このような操作は必要ありません．こうした受信機では，受信時刻とクロック誤差の関係は図 4-6 のようになります．受信機クロックは常時修正されており，その誤差は 100 ns 以下に維持されています．

GPS 受信機の受信機クロックの取扱いは，この 2 タイプに分けられます．ただし，こうした違いがあるとはいってもエポック時刻や測定値の物理的な意味が異なるわけではありませんから，どちらのタイプであっても同一のプログラムで処理できます．Trimble 社製の受信機ではエポック時刻の操作を行いますが，NovAtel 社や Ashtech 社の受信機は常時受信機クロックを調整しており，エポック時刻は常に正秒です．

なお，図 4-5 や図 4-6 の作成に用いたデータは，pos1.c（p.153，リスト 5.2）の 1127 行目と 1128 行目の間に次のような出力命令を入れることで得られます．

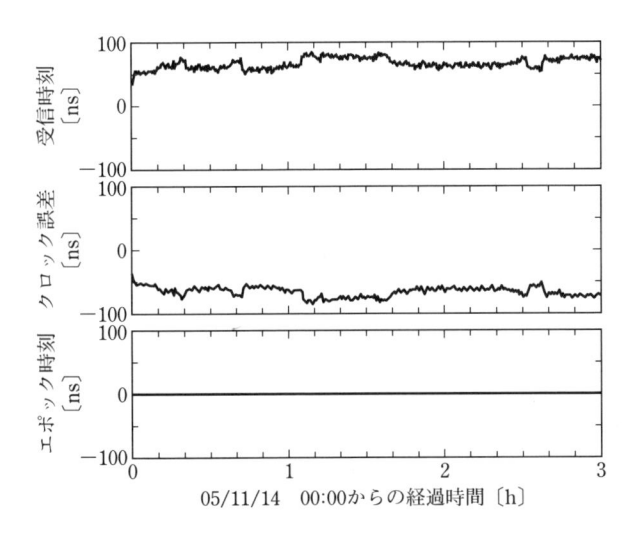

IGS mtka 受信機について，図 4-5 と同様の対応関係を示したものです（IGS mtka, 2005 年 11 月 14 日）．受信機クロックは常時修正されており，100 ns 以下の誤差が維持されています．

図 4-6　クロック誤差とエポック時刻（その 2）

```
1128:    printf("%.6E,%.6E,%.6E,%.6E\n",
1129:        wt.sec-sol[3]/C,                    /* 受信時刻 [s] */
1130:        wt.sec-sol[3]/C-(long)(wt.sec+0.5), /* 受信時刻のずれ */
1131:        sol[3]/C,                           /* クロック誤差 */
1132:        wt.sec-(long)(wt.sec+0.5));         /* エポック時刻のずれ */
1133:    return;
```

4.3 相対論的補正

　GPS の利用にあたっては，2 種類の相対論的補正が必要となります．一つ目はGPS 衛星が高速で移動していることによる効果，二つ目は GPS 衛星と地球との相対的な運動による影響に対する補正です．「相対論」というとなにやら難しく聞こえそうですが，処理手順としてはそれほど複雑ではありませんので，ゆっくりと整理しながら読み進めてみてください[2]．

4.3.1　衛星クロック補正

　まず，一つ目の効果について説明します．GPS 衛星は軌道上を 3 km/s 以上の高速で周回していますので，相対性理論による効果が現れてきます．これはごくわずかな時間のずれですが，10^{-9} 秒のレベルの測定をしようとすると無視できない影響量になります．

　実は，こうした相対性理論による効果を補償するように，GPS 衛星に搭載されている原子時計の発振周波数は，ほんの少しだけ下げられています．原子時計の発振周波数は本来 10.23 MHz ですが，地上から見たときにちょうどこの値となるように，0.004567 Hz だけ低くなるように調整されているのです [18]．

　ただし，相対性理論による効果には定数ではない成分も含まれています．これは人工衛星の速度による項で，人工衛星の周回速度が軌道上の位置によって異なることから現れてきます．こうした成分はあらかじめ除くことができませんので，受信機側で補正しなければなりません．このためには，衛星クロック補正係数から補正値を計算する式 (3.2)（p.54）を，次のように修正します（インターフェー

---

[2] 詳細については，[18] などを参照してください．

ス仕様 [10]，20.3.3.3.3 項）．

$$t^t = t^T - b$$
$$b = a_{f0} + a_{f1}(t^t - t_{oc}) + a_{f2}(t^t - t_{oc})^2 + \Delta t_r - T_{GD} \qquad (4.7)$$
$$\Delta t_r = -\frac{2\sqrt{\mu_e}}{C^2}\left(e\sqrt{A}\sin E_k\right)$$

Δt_r が相対性理論のための補正項で，軌道半径 A や離心近点角 E_k の関数となっています．これは，相対性理論による効果の大きさが速度によるためで，人工衛星の周回速度が軌道上の位置によって異なることから近地点を基準とした角度である離心近点角が必要になるのです．

相対論補正項 Δt_r を実際に計算してみると，たとえば図 4-7 のような変化をしています．航法メッセージファイル mtka3180.05n では離心率の最大は PRN 27 衛星（$e = 0.0194$），また最小は PRN 17 衛星（$e = 0.00163$）で，図にはこれらの衛星の相対論補正項 Δt_r を距離に換算して表示してあります．いずれも GPS 衛星の周回周期である 11 時間 58 分を周期としたサインカーブですが，離心率 e によって異なる振幅となっていることがわかります．

式 (4.7) の補正量全体としては，たとえば図 4-8 のような変化をします．この図の実線は式 (4.7) の補正値（多項式＋相対論補正項＋群遅延）を表し，破線は補正

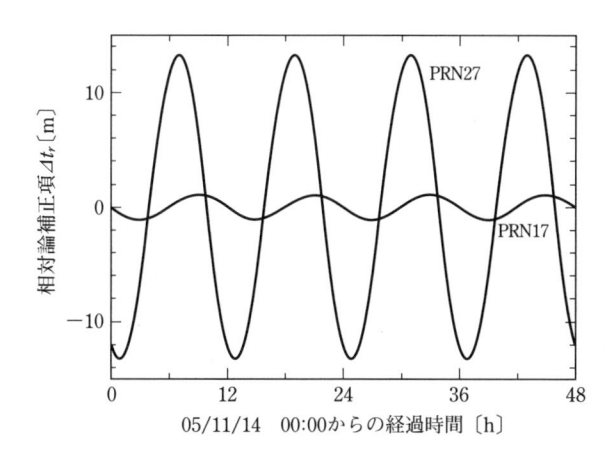

相対性理論のための補正項 Δt_r を実際のエフェメリス情報から求めた例です（mtka3180.05n，2005 年 11 月 14 日 00:00 から 48 時間分）．11 時間 58 分周期で，振幅の大きいほうが PRN 27，小さいものが PRN 17 衛星です．

図 4-7　相対論補正項

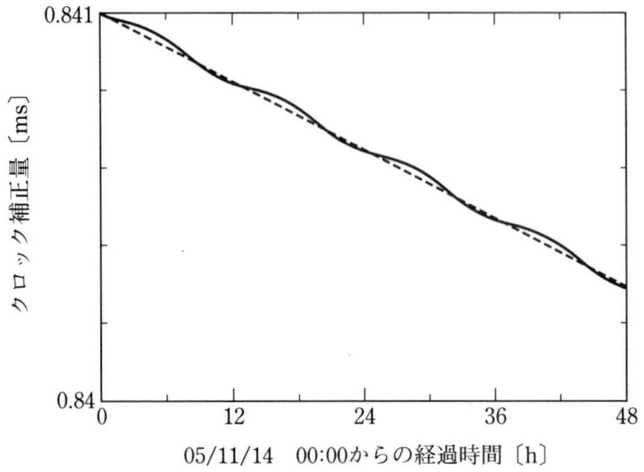
0.841
0.84
0
12
24
36
48
クロック補正量〔ms〕
05/11/14　00:00からの経過時間〔h〕

実際のエフェメリス情報から求めた衛星クロック補正量の例です．2005 年 11 月 14 日 00:00 から 48 時間分を計算しました（mtka3180.05n，PRN 06）．実線は補正値，破線は補正値のうちの多項式による成分です．

図 4-8　衛星クロック補正量の例

値のうちの多項式による成分を表しています．実際のエフェメリス情報では，クロック補正情報の定数項 a_{f0} は数ミリ秒程度になることがあり，また二次の係数 a_{f2} はゼロとされることが多いようです．

4.3.2　Sagnac 効果

次に，GPS 衛星と地球との相対的な運動による影響について述べます．GPS が放送した測距信号がユーザ受信機に到達するまでには，有限の伝搬時間 d_j (式 (4.3) と同じ記号です) がかかります．GPS 衛星の高度は約 2 万 km ですから，これはおよそ 70 ms 前後になります．ユーザ受信機が受信している測距信号は，実はこの分だけ以前に送信されたものなのです．GPS 衛星の速度は約 4 km/s ですから，伝搬時間の間にも GPS 衛星は数百メートル移動しています．したがって，測位計算に用いる衛星位置は，測距信号が送信された時点における値としなければなりません．

さらに，この間には地球も自転しています．地球は 24 時間で 1 回転していますから，赤道における円周約 4 万 km を 24 時間で割ると，赤道上では約 460 m/s の

速度で地面が動いていることになります．東京ではこれに緯度のコサインをかけて，約 380 m/s になります．伝搬時間の間には約 32 m ないしは 27 m だけ移動することになりますので，地球の自転についてもやはり計算に含める必要があります．ECEF 座標系は地球に張り付けられていますので，地球の自転とともに座標系自体も回転しているのです．

このような影響は，Sagnac 効果と呼ばれます．整理すると，

- 衛星位置は測距信号の送信時点 t_j^t について計算する
- ただし，座標系については，受信した時点の時刻 t^r における ECEF 座標系とする

ということになります．ECEF 座標系は地球の自転に伴って回転していますので，まず時刻 t_j^t の衛星位置を求めてから，座標系を伝搬時間に相当する分だけ回転させればよさそうです．

p.80 の式 (3.11) で求められる GPS 衛星の位置は，「時刻 t における位置」が「時刻 t における ECEF 座標系」で表されているものです．4.1 節で説明したとおり，GPS 衛星 j が放送した測距信号の送信時刻 t_j^t は，受信機による受信時刻 t^r と次の関係があります（式 (4.3) と同じです）．

$$t_j^t = t^r - d_j \tag{4.8}$$

つまり，式 (3.3) 〜式 (3.11) の時刻 t としては，この t_j^t を与えることになります．受信機が擬似距離を測定するのは GPS 時刻 t^r ですから，衛星位置の計算も t^r に対する関数として表しておく必要があります．

次に，座標系を時刻 t^r に合わせる必要があります．このためには，伝搬時間 d_j の間の地球の自転を考慮すればよいのです．この回転に対応しているのが，式 (3.10) と式 (3.11) の部分です．式 (3.11) には $\sin\Omega$, $\cos\Omega$ が含まれていますが，これらは角度 Ω だけ座標系を（地球自転軸のまわりで）回転させる働きをします．Ω を求めるのが式 (3.10) ですが，このうち地球自転の角速度 $\dot{\Omega}_e$ に関係する項だけを抜き出すと

$$-\dot{\Omega}_e t = -\dot{\Omega}_e (t^r - d_j) \tag{4.9}$$

となっており，時刻 t に対応して座標軸を回転させる働きをしています．さらに

伝搬時間 d_j だけ余分に回転させるには $-\dot{\Omega}_e(t+d_j)$ とすればよいわけですから，結局簡単に次のとおりとなります．

$$-\dot{\Omega}_e t^r \tag{4.10}$$

伝搬時間 d_j が式から消えてしまいました．これは，伝搬時間とは関係なく，受信時刻 t^r だけに対応して座標系を変換するという意味になっています．

4.3.3 測位計算用プログラム

以上の2種類の相対論的補正を考慮すると，衛星クロック補正値を計算する関数 satellite_clock() と衛星位置を求める関数 satellite_position() は，それぞれ次のリストのように書けます．いずれの関数も第三の引数として double psr を持ち，伝搬時間を距離に換算してセットしたうえで呼び出すようにつくられています．

リスト 4.1：衛星クロック誤差の計算（完全版）

```
0001: /*----------------------------------------------------------------
0002:  * satellite_clock() - 衛星クロック誤差を計算
0003:  *----------------------------------------------------------------
0004:  *   double satellite_clock(prn,wt,psr); 衛星クロック誤差 [s]
0005:  *     int prn;        衛星 PRN 番号（1〜）
0006:  *     wtime wt;       時刻を指定
0007:  *     double psr;     見かけの伝搬距離 [m]
0008:  *----------------------------------------------------------------
0009:  *   事前に set_ephemeris() によりエフェメリスがセットされている
0010:  * こと．内部で get_ephemeris() を使用する．
0011:  *----------------------------------------------------------------*/
0012: double satellite_clock(int prn,wtime wt,double psr)
0013: {
0014:     int    i;
0015:     double tk,tk0,sqrtA,e,n,Ek,Mk,dt,tr;
0016:
0017〜0020: (リスト 4.2：satellite_position() 関数の 19〜22 行目)
0021:
0022〜0027: (リスト 3.7：satellite_position() 関数の 23〜28 行目)
0028:
```

```
0029:        /* 相対論補正 */
0030:        tr   =-2.0*sqrt(MUe)/C/C*e*sqrtA*sin(Ek);
0031:
0032:        /* 時間差を求める */
0033:        tk0  =(wt.week-get_ephemeris(prn,EPHM_WEEK))*SECONDS_WEEK
0034:               +wt.sec-get_ephemeris(prn,EPHM_TOC);
0035:        tk   =tk0-psr/C;                        /* 伝搬時間の分 */
0036:
0037〜0043: (リスト 3.6：satellite_clock() 関数の 20〜26 行目)
```

リスト 4.2：衛星位置の計算（完全版）

```
0001: /*-----------------------------------------------------------
0002:  * satellite_position() - 衛星位置を計算
0003:  *-----------------------------------------------------------
0004:  *   posxyz satellite_position(prn,wt,psr); 衛星位置
0005:  *     int prn;      衛星 PRN 番号 (1〜)
0006:  *     wtime wt;     時刻を指定
0007:  *     double psr;   見かけの伝搬距離 [m]
0008:  *-----------------------------------------------------------
0009:  * 事前に set_ephemeris() によりエフェメリスがセットされている
0010:  * こと．内部で get_ephemeris() を使用する．
0011:  *-----------------------------------------------------------*/
0012: posxyz satellite_position(int prn,wtime wt,double psr)
0013: {
0014〜0017: (リスト 3.7：satellite_position() 関数の 13〜16 行目)
0018:
0019:        /* 時間差を求める */
0020:        tk0  =(wt.week-get_ephemeris(prn,EPHM_WEEK))*SECONDS_WEEK
0021:               +wt.sec-get_ephemeris(prn,EPHM_TOE);
0022:        tk   =tk0-psr/C;                        /* 伝搬時間の分 */
0023:
0024〜0063: (リスト 3.7：satellite_position() 関数の 23〜62 行目)
```

関数 satellite_clock() の 17〜27 行目は，離心近点角 E_k を求める部分で，関数 satellite_position() の前半部分と同じです．クロック補正値を計算するのは 29 行目以降の部分で，基本的にはリスト 3.6（p.77）と同じですが，tk から伝搬時間が差し引かれ，また式 (4.7) の相対論補正項 Δt_r が考慮されています．

衛星クロックの性質

2.1 節で紹介したとおり，宇宙用として実用されている原子時計にはセシウム（Cesium）を使うものとルビジウム（Rubisium）によるものがあります．日本標準時はセシウム周波数標準からつくられていますが（現在は水素メーザ発振器も使われています），これはセシウムのほうが長期間の安定度に優れているからです．安価なのはルビジウムで，市販されている原子時計の多くはルビジウムを使う方式です．セシウムは定期的なメンテナンスが必要ですが，ルビジウムではこれが不要な点も扱いやすいでしょう．

最初に人工衛星に搭載されたのはルビジウム発振器で，米軍が打ち上げた NTS-1（Navigation Technology Satellite-1）衛星により，衛星航法で利用するための試験が行われました．その後の NTS-2 ではセシウム原子時計も搭載され，GPS 衛星で利用するための試験が行われました．

GPS のブロック I 衛星では基本的にルビジウムが採用されており，後半の何機かの衛星にはセシウムも搭載されました．実用型のブロック II/IIA 衛星ではセシウム 2 台とルビジウム 2 台，最近打ち上げられているブロック IIR 衛星ではルビジウム 3 台が搭載されています．

GPS 衛星に搭載されている複数の原子時計は同時に動作しているわけではなく，測距信号の生成に使われているのはいずれか 1 台です．複数台が搭載されているのは衛星としての寿命を延ばすためで，使用中の原子時計が故障したら別の原子時計を稼動させることになります．

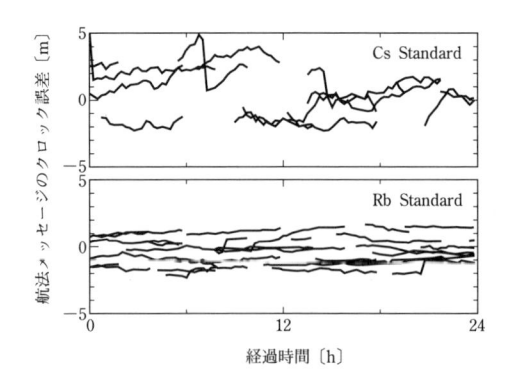

航法メッセージおよび IGS 精密暦の衛星クロック補正値を衛星別に比較した例です（2004 年 6 月 14 日）．稼働中の周波数標準は，セシウム（上段），ルビジウム（下段）です．セシウム標準に比べて，ルビジウム標準のほうが安定していることがわかります．

図　衛星クロックの性質

衛星クロックの性質（つづき）

ところで，一般にはセシウムのほうがルビジウムよりも原子時計としての性能は良いものとされています．ところが，最新のブロック IIR 衛星では，セシウムの搭載を中止して代わりにルビジウムを増やしてあるのです．この理由を確かめるために，航法メッセージに含まれている衛星クロック補正値を別途計算された精密値（IGS 精密暦）と比較した例が，上の図です．上段はセシウム標準が稼動している衛星，下段はルビジウムを使用している衛星の例で，ルビジウムのほうが誤差が小さく，しかも変動も少ないことがわかります．つまり，実際にはセシウムよりルビジウムのほうが安定した測距信号を生成しています．

一般にセシウムが原子時計として優れているといわれるのは長期間の安定性が良いためで，1 日あるいは 1 週間といった長い時間が経過しても時刻のずれを小さく抑えられる特徴があります．ルビジウムはこうした長期間のうちには時刻がずれていってしまうわけですが，一方で 1 日以下の短期間についてはむしろセシウムよりも安定しています．

GPS の場合は長い周期の時刻誤差については式 (4.7) のように航法メッセージで補正されますから，問題となるのは実は二次式で補正しきれないような短期間（数時間以下）の安定性なのです．このため，GPS 衛星にとってはセシウムよりもルビジウムのほうがむしろ都合がよいものといえます．

関数 satellite_position() でも同様で，時刻 tk について伝搬時間を差し引けば，あとはリスト 3.7（p.80）と同じ計算になります．式 (3.10) に相当する部分だけは，伝搬時間を差し引く前の時刻 tk0 を用います．これらの関数をリスト 3.6 およびリスト 3.7 と比べて，時刻の取扱いの違いを確かめてください．

これらの関数は，伝搬時間を与える必要がある分だけ使いにくいと感じるかもしれません．しかし，実際には psr をゼロとして呼び出すこともできます．伝搬時間を考慮しなくても衛星の位置は数百メートル以内の誤差で計算できますから，それでも十分な場合にはわざわざ伝搬時間を与えなくてもかまいません．実際に，4.6 節で紹介するプログラムでも，最初の段階では伝搬時間を考慮せずに受信機のおおまかな位置を求め，次第に細かい計算を行うようにつくられています．

4.4　電離層遅延補正

航法メッセージの説明（3.1.4 項）でも触れましたが，高度 100 km 以上の上空に分布する電離層には電波の進行を遅らせる作用があります．受信機が受信する信号は電離層がない場合と比べて遅れて到着しますから，遅延の分だけ擬似距離が長めに測定されることになります．

GPS では，あらかじめ決められたモデル式を利用して電離層遅延を補正します．航法メッセージの $\alpha_0 \sim \alpha_3$, $\beta_0 \sim \beta_3$ はこのためのパラメータ（電離層遅延補正係数です．

ある衛星に関して測定した擬似距離に含まれる電離層遅延量（遅延時間）は，次の式から計算します（インターフェース仕様 [10]，図 20-4）．

$$T_{iono}(t_L) = \begin{cases} F\left[5 \times 10^{-9} + AMP\left(1 - \dfrac{x^2}{2} + \dfrac{x^4}{24}\right)\right], & |x| < 1.57 \\ F \cdot 5 \times 10^{-9}, & |x| \geq 1.57 \end{cases} \quad (4.11)$$

この式の "$(1 - x^2/2 + x^4/24)$" の部分は実はコサイン関数 $\cos x$ の近似です．このモデルを図示すると図 4-9 のようにコサイン関数の上半分の形になることから，コサインモデルと呼ばれます．

式 (4.11) の x はコサイン関数の位相を表しており，

$$x = \frac{2\pi(t_L - 14 \times 3600)}{PER} \quad (4.12)$$

から計算されます．t_L は，衛星から送信されてきた信号が電離層に入射する位置（ピアースポイント：pierce point）における地方時で，GPS 時刻 t との関係は $t_L = 12 \times 3600 \lambda_i + t$ となります．電離層の状態は時刻によって大幅に変わりますので，地方時の情報が必要となるのです．コサイン関数の頂点は地方時の 14 時に対応しますので，昼間はコサイン関数による近似が，また夜間は定数 5 ns が用いられることになります．夜間は昼間に比べて電離層の活動が活発ではないため，遅延が小さくなるのです．

AMP はコサイン波形の振幅を表し，電離層遅延補正係数 $\alpha_0 \sim \alpha_3$ から

$$AMP = \max\left\{0, \quad \sum_{i=0}^{3} \alpha_i \phi_m{}^i\right\} \quad (4.13)$$

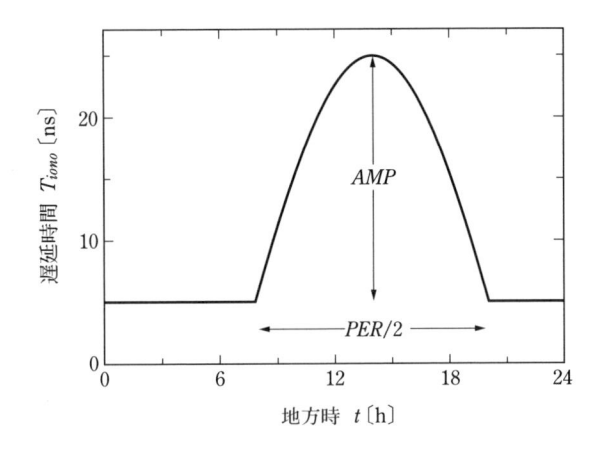

図 4-9 の縦軸は遅延時間 T_{iono} [ns]、横軸は地方時 t [h] のグラフ。昼間の部分はコサイン関数の山形、夜間は定数。山の高さが AMP、山の幅が PER/2。

GPS ではこのようなモデルを利用して電離層遅延誤差を補正します．横軸は地方時で，昼間はコサイン関数による近似，夜間は定数が用いられます．この図は，$AMP = 20$ [ns]，$PER = 24$ [h] として計算しました．また，$F = 1$ としています．

図 4-9　電離層遅延モデル

のように計算されます．AMP が大きいほど電離層が強い活動をしており，電離層遅延が大きくなります．ϕ_m は**磁気緯度**を表しています．電離層に関する現象は地磁気に関係しているものと考えられていますので，通常の地軸に対する緯度よりも，磁極を基準とする磁気緯度のほうが用いられるわけです．

PER はコサイン波形の周期を意味しています．PER の計算には電離層遅延補正係数 $\beta_0 \sim \beta_3$ が用いられ，やはり磁気緯度に基づいて計算します．

$$PER = \max\left\{20 \times 3600, \quad \sum_{i=0}^{3} \beta_i \phi_m{}^i\right\} \tag{4.14}$$

F は，測距信号が天頂方向からではなく斜めの方向から電離層に入射するため電離層の通過距離が長くなる影響を考慮するために乗じるもので，**傾斜係数** (obliquity factor) と呼ばれます．傾斜係数は衛星仰角 EL の関数で，

$$F = 1 + 16(0.53 - EL)^3 \tag{4.15}$$

を近似式として用います．傾斜係数を図示すると図 4-10 のようになっており，仰角 5 度では垂直方向の 3 倍程度に遅延量が拡大されます．

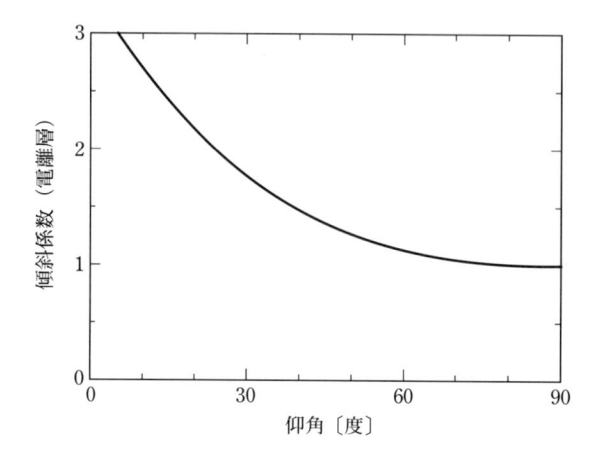

垂直方向の電離層遅延量を仰角に応じた値にするための傾斜係数です．仰角5度では，垂直方向の3倍程度に遅延量が拡大されます．

図 4-10 電離層遅延の傾斜係数

ピアースポイントの磁気緯度 ϕ_m は，以下の関係式から求めます．

$$\psi = \frac{0.0137}{EL + 0.11} - 0.022$$

$$\phi_{i0} = \phi_u + \psi \cos AZ$$

$$\phi_i = \begin{cases} \phi_{i0}, & |\phi_{i0}| \leq 0.416 \\ 0.416, & \phi_{i0} > 0.416 \\ -0.416, & \phi_{i0} < -0.416 \end{cases} \tag{4.16}$$

$$\lambda_i = \lambda_u + \frac{\psi \sin AZ}{\cos \phi_i} \tag{4.17}$$

$$\phi_m = \phi_i + 0.064 \cos(\lambda_i - 1.617) \tag{4.18}$$

ここで，AZ は衛星の方位角，ϕ_u, λ_u は受信機の緯度および経度，ϕ_i, λ_i はピアースポイントの緯経度，ψ はピアースポイントおよび受信機が地心との間でつくる角度です．なお，式 (4.13) 〜式 (4.18) の計算における角度の単位はすべて半円 (semi-circle) ですから，計算にあたっては 3.1.2 項 (p.58) で述べたのと同様の注意が必要です．

4.4 電離層遅延補正

以上の手順をプログラムにした iono_correction() 関数は，次のとおりです．衛星およびユーザの位置を与えると，時刻に応じた補正値が返されます．RINEX 航法ファイルを読み込む read_RINEX_NAV() 関数は，ヘッダ部の電離層補正パラメータを配列 iono_alpha[], iono_beta[] にセットしますので，これをそのまま計算に使います．最後の return 文で符号を変えているのは，遅延量ではなく補正値を返すこととしているためです．

リスト 4.3： 電離層遅延補正

```
0001: /*-------------------------------------------------------------
0002:  * iono_correction() - 電離層遅延補正
0003:  *-------------------------------------------------------------
0004:  *  double iono_correction(sat,usr,wt); 電離層遅延補正 [m]
0005:  *     posxyz sat;   衛星位置
0006:  *     posxyz usr;   ユーザ位置
0007:  *     wtime wt;     時刻を指定
0008:  *-------------------------------------------------------------
0009:  *  事前に iono_alpha[],iono_beta[] がセットされていること．
0010:  *  返される値は補正値なので，負数となることに注意．
0011:  *-------------------------------------------------------------*/
0012: #define PER_MIN        (20.0*3600.0)
0013: #define NIGHT_DELAY    5.0e-9
0014: #define MAX_DELAY_TIME (14.0*3600.0)
0015: double iono_correction(posxyz sat,posxyz usr,wtime wt)
0016: {
0017:     int    i;
0018:     double x,y,f,lt,amp,per,phi_m,phi_i,lam_i,psi,el,az;
0019:     posblh usrblh;
0020:
0021:     /* 仰角と方位角を求める */
0022:     el  =rad_to_sc(elevation(sat,usr));
0023:     az  =rad_to_sc(azimuth(sat,usr));
0024:
0025:     /* ピアースポイントを求める */
0026:     usrblh =xyz_to_blh(usr);
0027:     psi    =0.0137/(el+0.11)-0.022;
0028:     phi_i  =rad_to_sc(usrblh.lat)+psi*cos(az*PI);
0029:     if (phi_i>0.416)    phi_i=0.416;
```

```
0030:       if (phi_i<-0.416)    phi_i=-0.416;
0031:       lam_i   =rad_to_sc(usrblh.lon)+psi*sin(az*PI)/cos(phi_i*PI);
0032:       phi_m   =phi_i+0.064*cos((lam_i-1.617)*PI);
0033:
0034:       /* 地方時 */
0035:       lt      =(double)SECONDS_DAY/2.0*lam_i+wt.sec;
0036:       while(lt>SECONDS_DAY)    lt-=SECONDS_DAY;
0037:       while(lt<0.0)            lt+=SECONDS_DAY;
0038:
0039:       /* コサイン関数の周期と振幅 */
0040:       amp =0.0; per =0.0; for(i=0;i<IONO_PARAMETERS;i++) {
0041:           amp +=iono_alpha[i]*pow(phi_m,(double)i);
0042:           per +=iono_beta[i]*pow(phi_m,(double)i);
0043:       }
0044:       if (amp<0.0)        amp=0.0;
0045:       if (per<PER_MIN)    per=PER_MIN;
0046:
0047:       /* 傾斜係数 */
0048:       x    =0.53-el;
0049:       f    =1.0+16.0*x*x*x;
0050:
0051:       /* 補正値を求めて返す */
0052:       x    =2.0*PI*(lt-MAX_DELAY_TIME)/per;
0053:       while(x>PI)      x-=2.0*PI;
0054:       while(x<-PI)     x+=2.0*PI;
0055:       if (fabs(x)<1.57) {
0056:           y    =amp*(1.0-x*x*(0.5-x*x/24.0));   /* 昼間 */
0057:       } else y=0.0;                              /* 夜間 */
0058:
0059:       return -f*(NIGHT_DELAY+y)*C;          /* 距離にして返す */
0060: }
```

4.5　対流圏遅延補正

　電離層を通過した測距信号は，さらに地表付近の大気による遅延を受けることになります．これが対流圏（伝搬）遅延（tropospheric (propagation) delay）で，電離層遅延と対流圏遅延をまとめて大気遅延（atmospheric delay）と呼びます．

　よく知られているように，地表付近では高度が高くなるとともに 0.6 °C/100 m 程度の割合で気温が下がりますが，地表からおよそ 12 km 程度より高い高度では逆に気温が上昇するようになります．対流圏とは地表からこの 12 km 程度の高度までの領域のことで，（電離していない）中性大気の影響は対流圏内で生じるものが大部分であることから，対流圏遅延と呼ぶのです．

　大気による伝搬遅延量を表す経験モデルである Hopfield モデルによれば，対流圏遅延量（単位はメートル）は

$$D_{tropo}^{Z}(h) = \frac{10^{-6}}{5}\left[N_{d0}\,H_d\left(1-\frac{h}{H_d}\right)^5 + N_{w0}\,H_w\left(1-\frac{h}{H_w}\right)^5\right] \quad (4.19)$$

となります [2][34]．この式の N_{d0} は地表における乾燥大気の屈折係数，N_{w0} は同じく湿潤大気の屈折係数，h〔m〕は受信機の高度，H_d〔m〕，H_w〔m〕はこのモデルで考慮する大気の厚さで，$H_d = 43000$，$H_w = 12000$ 程度とされます（スケールハイトといいます）．高度が上がると対流圏遅延が小さくなることになりますが，これは地表に近いほど大気密度が濃いうえ，上空に上がると測距信号が通過する大気の長さが減少するためです．

　大気の屈折率 n は，マイクロ波以下の周波数では次のように表されます [2][33].

$$n = 1 + \left(77.6\frac{P_d}{T} + 3.73\times 10^5\frac{P_w}{T^2}\right)\times 10^{-6} = 1 + \frac{N_d + N_w}{10^6} \quad (4.20)$$

ここで，P_d〔hPa〕は大気圧（水蒸気圧を除く），P_w〔hPa〕は水蒸気圧，T〔K〕は絶対温度を意味します．たとえば，地上付近を仮定して $P_d = 1000$〔hPa〕，$P_w = 10$〔hPa〕，$T = 300$〔K〕とすると，およそ $n = 1.0003$ 程度となります．式 (4.19) では，$N_{d0} = 258.7$，$N_{w0} = 41.44$ とすることになります．

　このほかにも対流圏遅延を表すためのさまざまなモデルが考えられていますが，普通の GPS 受信機では気圧や気温を知ることができません．測量用途などで高い精度を必要とする場合には別途気象条件を測定して補正を行いますが，通常の利

用法では一般的な気象条件を仮定するだけで十分です．このため，もっとも簡単な方法としては，さまざまな気象条件における対流圏遅延量の平均値が使われます．たとえば，式(4.19)をもとにした次の式があります [34]．

$$D_{tropo}^{Z}(h) = 2.47 \left(1 - 2.3 \times 10^{-5} h\right)^5 \tag{4.21}$$

実際には，電離層遅延の場合と同じように衛星からの信号は天頂に対して斜めの方向から到来しますので，遅延量はこれより大きな値となります．もっとも簡単なモデルでは，衛星の仰角を EL とすると，

$$D_{tropo}(h, EL) = \frac{2.47 \left(1 - 2.3 \times 10^{-5} h\right)^5}{\sin EL + 0.0121} \tag{4.22}$$

となります．この式の分母が対流圏遅延のための傾斜係数（マッピング関数 (mapping function) ともいいます）で，図4-11のようになります．仰角5度では垂直方向の10倍程度まで遅延量が拡大されますので，低仰角では対流圏遅延量の補正精度が問題となることがあります．

対流圏遅延について注意しなければならないのは，遅延量がユーザ位置（高度）の関数となることです．ユーザ高度に対して垂直方向の対流圏遅延量を描くと，図4-12のようになります．海面では2.5 m弱，富士山頂では1.55 m程度の遅延が

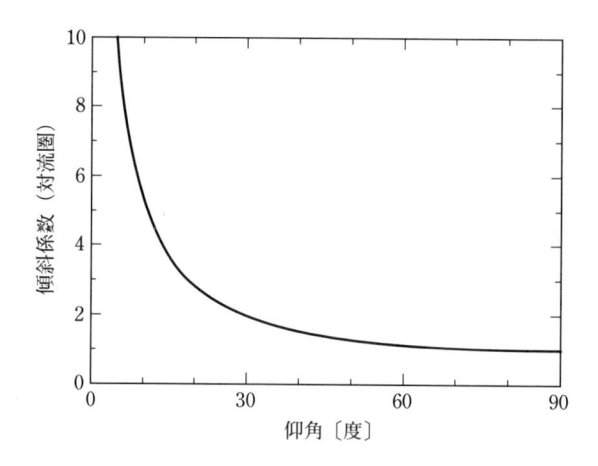

対流圏遅延で用いる傾斜係数です．仰角5度では垂直方向の10倍もの遅延量となります．

図 4-11　対流圏遅延の傾斜係数

4.5 対流圏遅延補正

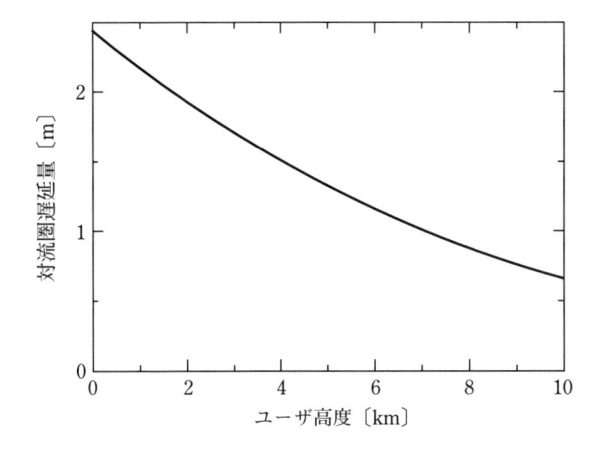

対流圏遅延量はユーザ高度に依存し，高度が上がると小さくなります．上空では大気密度が薄くなるうえ，測距信号が通過する大気の長さも減少するためです．

図 4-12　対流圏遅延の様子

あります．

対流圏遅延の補正に用いる関数は，簡単に式 (4.22) をそのまま利用して作成しました．関数 tropo_correction() がそれで，衛星および受信機の位置を与えると，受信機の高度も考慮したうえで対流圏遅延の補正値を求めて返します．電離層の場合と同じく関数値は遅延量そのものではなく補正値ですので，返された値を擬似距離に加えることで補正ができます．

リスト 4.4： 対流圏遅延補正

```
0001: /*------------------------------------------------------------
0002:  * tropo_correction() - 対流圏補正
0003:  *------------------------------------------------------------
0004:  *   double tropo_correction(sat,usr); 対流圏補正 [m]
0005:  *     posxyz sat; 衛星位置
0006:  *     posxyz usr; ユーザ位置
0007:  *------------------------------------------------------------
0008:  *   返される値は補正値なので，負数となることに注意．
0009:  *------------------------------------------------------------*/
0010: #define TROPO_DELAY_ZENITH    2.47
0011: #define TROPO_SCALE_HEIGHT    (1.0/2.3E-5)
```

```
0012: double tropo_correction(posxyz sat,posxyz usr)
0013: {
0014:     double d;
0015:     posblh  usrblh;
0016:
0017:     usrblh  =xyz_to_blh(usr);
0018:     if (usrblh.hgt<0.0) {
0019:         d   =1.0;
0020:     } else if (usrblh.hgt>TROPO_SCALE_HEIGHT) {
0021:         d   =0.0;
0022:     } else {
0023:         d   =1.0-usrblh.hgt/TROPO_SCALE_HEIGHT;
0024:     }
0025:
0026:     return  -TROPO_DELAY_ZENITH*d*d*d*d*d
0027:             /(sin(elevation(sat,usr))+0.0121);
0028: }
```

4.6 測位計算（第3段階）

　この章では，GPS受信機が測定する擬似距離についてだいぶ詳しいことがわかってきました．擬似距離にはさまざまな誤差が含まれていますが，そのうちの衛星クロック補正値はエフェメリス情報を使って計算すれば求められますし，電離層遅延や対流圏遅延といった遅延量もエフェメリス情報やモデル式から計算できます．受信機クロック誤差については，測位計算の過程で未知数として解くのでした．

　ところで，補正量の計算の仕方はわかりましたが，実際に計算しようとすると次のような問題があることに気がつくでしょう．

- 衛星クロック補正値や衛星位置の計算には，受信機クロック誤差と信号伝搬時間 d_j が必要である
- 信号伝搬時間 d_j の計算には，衛星クロック誤差と受信機クロック誤差が必要である

- 受信機クロック誤差は測位計算の過程で受信機位置と一緒に求まるものである
- 大気遅延補正（電離層・対流圏）を行うためには，受信機位置を知らなければならない

これらは相互に依存関係にありますから，一度だけの処理で正しい答えを得ることはできません．このような場合は，繰返し計算により次第に正しい解に近づいていくというアプローチが有効です．幸いなことに，3.5 節のリスト 3.8 (p.85) で調べたように，細かい補正をしなくても数百メートル程度の誤差で位置を求めることはできます．それを出発点として，順次細かい補正をしていけばよさそうです．ただし，複雑な依存関係がありますから，計算手順を整理しておくことにしましょう．

4.6.1　衛星クロック補正値

衛星クロック補正値の計算に必要となる送信時刻 t^t_j の性質を考えてみましょう．測距信号が送信された時刻 t^t_j は，信号の受信時刻 t^r から伝搬時間 d_j を差し引けば求まりますから，

$$t^t_j = t^r - d_j = t^r - \left(\frac{\rho_j}{c} + b_j - s\right) = t^R - \frac{\rho_j}{c} - b_j \tag{4.23}$$

となります．つまり，受信機のタイムスタンプと擬似距離があればよいわけで，受信機位置や受信機クロック誤差（どちらも測位計算で未知数とするパラメータです）には関係しないことになります．こうした事情から，測位計算にあたっては，まず最初に衛星クロック補正値を計算することにします．

ただし，式 (4.23) には衛星クロック補正値 b_j が含まれています．これは測距信号の送信時刻 t^t_j について計算するべきですから，互いに依存関係にあることになります．とはいっても，信号伝搬時間程度の短時間であれば衛星クロック補正値はほとんど変化しませんので，せいぜい 1 回か 2 回の繰返し計算で十分です．実際にクロック補正値の一次の係数 (a_{f1}) はおおよそ $10^{-10} \sim 10^{-12}$ のオーダですし，二次の係数 (a_{f2}) については最近はゼロとされていることが多いようです．また，相対論補正項 Δt_r についても 11 時間 58 分の周期がありますから，短時間の変化は無視できます．

4.6.2 衛星位置

4.3.2 項で説明した Sagnac 効果のため，衛星位置の計算には受信時刻 t^r と信号伝搬時間 d_j が必要です．受信時刻 t^r は受信機クロック誤差を知らないと求めることができませんし，信号伝搬時間 d_j も同様です．GPS 衛星の位置が受信機側の都合である受信機クロック誤差や信号伝搬時間の関数となることには違和感があるかもしれませんが，単に衛星位置が時刻の関数なのだと考えることにしましょう．

信号伝搬時間の算出には，それほど正確な受信機位置が必要なわけではなく，おおよその位置さえわかれば十分です．たとえば，GPS 衛星の位置を 10 cm 程度の精度で計算するには 30 μs 以内の正確さで時刻がわかればよいのですが，これに対応する受信機位置誤差は 10 km のオーダです．また，受信機の位置とクロック誤差はともに未知数として同時に解かれるのですから，受信機位置がある程度の精度で計算されていれば，受信機クロック誤差も同じ程度の正確さで求められていることになります．したがって，初期値から始めて受信機位置が次第に正確になっていく過程で，衛星位置の計算に必要な受信時刻 t^r と信号伝搬時間 d_j は急速に真値に近づくこととなります．

4.6.3 大気遅延補正

電離層遅延（4.4 節）と対流圏遅延（4.5 節）のいずれも，受信機位置の関数として計算されます．ただし，関数といっても受信機位置が多少変化しただけでは補正値はほとんど変わりませんので，おおまかな位置がわかれば補正はできます．また，大気遅延の補正量は大きくても数十メートルですから，繰返し計算の初期の段階では無視できる程度で，繰返しの終盤に考慮すれば十分といえます．

4.6.4 計算手順とプログラム

以上の計算手順をまとめると，図 4-13 のようになります．繰返し計算ですから，初期値や暫定的な解から計算を始めて，より正しい解に近づけていくのが目標です．

解の暫定値には受信機位置と受信機クロック誤差が含まれますが，まずはこれ

4.6 測位計算（第3段階）

図4-13 位置計算における解の更新の手順

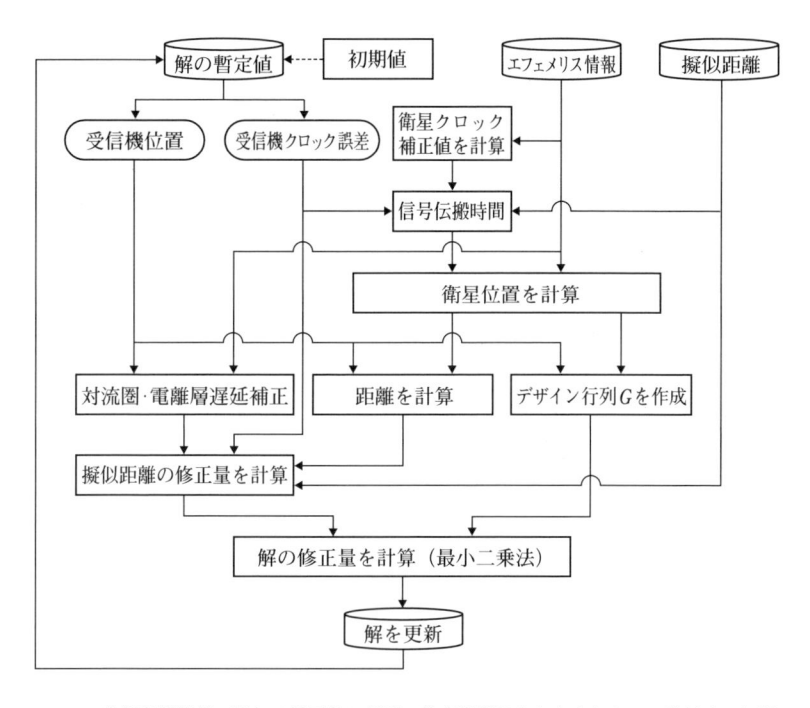

GPSの位置計算過程で現れる補正値は相互に依存関係がありますから，一度だけの処理で正しい答えを得ることはできません．このような場合は，繰返し計算により次第に正しい解に近づいていくというアプローチが有効です．

らと関係がない衛星クロック補正値をエフェメリス情報から計算します．衛星クロック補正値がわかると信号伝搬時間が求められますので，衛星位置を計算できるようになります．

　衛星位置を計算したらデザイン行列 G をつくり，一方では擬似距離の修正量を求めます．これは現在の受信機位置から求められる衛星までの距離と実際に測定された擬似距離との差で，3.5節の手順3（p.83）の処理にあたります．この関係とデザイン行列から最小二乗法により受信機位置（と受信機クロック誤差）の修正量を求め，解を更新することになります．また，受信機位置から大気遅延補正を計算できますから，擬似距離から遅延量を差し引いておきます．

　こうした計算手順を反映したプログラムが，リスト4.5です．リスト3.8（p.85）

ではデザイン行列をつくる処理を main() 関数内に書いてありましたが，リスト 4.5 では繰返し処理をする compute_position() 関数と，デザイン行列をつくり繰返しの 1 回分の処理を実行する _compute_position() 関数に分けてあります．

リスト 4.5：測位計算（第 3 段階）── test3.c

```
0001: /*----------------------------------------------------------------
0002:  * TEST3.c - Practice for Position Computation.
0003:  *----------------------------------------------------------------*/
0004:
0005〜0618: （リスト 3.8（test2.c）の 5〜618 行目）
0619:
0620〜0662: （リスト 4.1：satellite_clock() 関数）
0663:
0664〜0726: （リスト 4.2：satellite_position() 関数）
0727:
0728〜0787: （リスト 4.3：iono_correction() 関数）
0788:
0789〜0816: （リスト 4.4：tropo_correction() 関数）
0817:
0818〜0926: （リスト 2.18（test1.c）の 72〜180 行目）
0927:
0928: /*----------------------------------------------------------------
0929:  * _compute_position() - 測位計算処理の下位ルーチン
0930:  *----------------------------------------------------------------
0931:  *   int _compute_position(wt,psr1,detail,sol,cov,dpsr,dpsr1,
0932:  *       el,az); 衛星数
0933:  *       wtime wt;          受信時刻（タイムスタンプ）
0934:  *       double psr1[];     L1 擬似距離（PRN 順；0.0 なら無効）
0935:  *       bool detail;       TRUE：精密計算
0936:  *       double sol[];      位置・クロック解（初期値を入れて呼び出す）
0937:  *       double cov[][];    共分散行列で上書きされる（4 × 4）
0938:  *       double dpsr[];     擬似距離の残差（PRN 順；0.0 なら無効）
0939:  *       double dpsr1[];    残差のうちの大気遅延成分（PRN 順）
0940:  *       double el[];       衛星仰角（PRN 順；0.0 なら無効）
0941:  *       double az[];       衛星方位角（PRN 順；0.0 なら無効）
0942:  *----------------------------------------------------------------
0943:  *   測位計算の繰返し計算を一回分だけ実行する．psr1[] には
0944:  * PRN 順に擬似距離を入れて呼び出すこと（無効な衛星については
```

```
0945:  *   0.0 をセットしておく）．sol[] は位置とクロックの初期値を入れて
0946:  *   呼び出すと，更新された値が格納される（内容が書き換えられる）．
0947:  *   cov[][] は最小二乗法の共分散行列，dpsr[] は残差ベクトル，また
0948:  *   el[],az[] は衛星の仰角・方位角でそれぞれ上書きされる．
0949:  *------------------------------------------------------------------*/
0950: static int _compute_position(wtime wt,double *psr1,bool detail,
0951:     double sol[MAX_M],double cov[MAX_M][MAX_M],double *dpsr,
0952:     double *dpsr1,double *el,double *az)
0953: {
0954:     int      i,m,n=0,prn;
0955:     double   r,satclk;
0956:     double   G[MAX_N][MAX_M],dr[MAX_N],dx[MAX_M];
0957:     double   wgt[MAX_N],cov2[MAX_M][MAX_M];
0958:     posxyz   satpos,usrpos,pos,base;
0959:     posenu   denu;
0960:     posblh   blh;
0961:
0962:     /* 受信時刻（受信機クロック分を補正する） */
0963:     wt.sec -=sol[3]/C;
0964:
0965:     /* 未知数の数 */
0966:     m=4;
0967:
0968:     /* 暫定のユーザ位置 */
0969:     usrpos.x=sol[0];
0970:     usrpos.y=sol[1];
0971:     usrpos.z=sol[2];
0972:
0973:     /* 擬似距離が有効な衛星のみを使用する */
0974:     for(prn=1;prn<=MAX_PRN;prn++) {
0975:         dpsr[prn-1] =0.0;
0976:         dpsr1[prn-1]=0.0;
0977:         el[prn-1]   =0.0;
0978:         az[prn-1]   =0.0;
0979:         if (psr1[prn-1]>0.0) {
0980:             /* 衛星クロックと衛星位置を計算 */
0981:             r      =psr1[prn-1]-sol[3];
0982:             satclk =satellite_clock(prn,wt,r);
0983:             r      =psr1[prn-1]-sol[3]+satclk*C;
```

```
0984:            satclk   =satellite_clock(prn,wt,r);
0985:            satpos   =satellite_position(prn,wt,r);
0986:            el[prn-1]  =elevation(satpos,usrpos);
0987:            az[prn-1]  =azimuth(satpos,usrpos);
0988:
0989:            /* デザイン行列をつくる */
0990:            r        =DIST(satpos,usrpos);
0991:            G[n][0]  =(sol[0]-satpos.x)/r;
0992:            G[n][1]  =(sol[1]-satpos.y)/r;
0993:            G[n][2]  =(sol[2]-satpos.z)/r;
0994:            G[n][3]  =1.0;
0995:
0996:            /* 擬似距離の修正量 */
0997:            dr[n]    =psr1[prn-1]+satclk*C-(r+sol[3]);
0998:
0999:            /* 精密計算 */
1000:            if (detail) {
1001:                /* 補正値を加える */
1002:                dpsr1[prn-1]+=iono_correction(satpos,usrpos,wt);
1003:                dpsr1[prn-1]+=tropo_correction(satpos,usrpos);
1004:                dr[n]       +=dpsr1[prn-1];
1005:            }
1006:
1007:            /* 残差を返す */
1008:            dpsr[prn-1] =dr[n++];
1009:        }
1010:    }
1011:    if (n<m) return 0;
1012:
1013:    /* 方程式を解く */
1014:    compute_solution(G,dr,NULL,dx,cov,n,m);
1015:    /* 後で使うために空けてある */
1016:
1017:    /* 初期値に加える */
1018:    for(i=0;i<4;i++) {
1019:        sol[i]+=dx[i];
1020:    }
1021:    /* 後で使うために空けてある
1022:     *
```

4.6 測位計算（第3段階）

```
1023:          *
1024:          * */
1025:
1026:         return n;
1027: }
1028:
1029: /*-----------------------------------------------------------
1030:  * compute_position() - 測位計算処理
1031:  *-----------------------------------------------------------
1032:  *   void compute_position(wt,psr1);
1033:  *     wtime wt;         受信時刻
1034:  *     double psr1[]; L1 擬似距離
1035:  *-----------------------------------------------------------*/
1036: #define LOOP     8
1037: void compute_position(wtime wt,double psr1[MAX_PRN])
1038: {
1039:     int     i,n,prn,loop,max_prn,latd,lond,latm,lonm,sum;
1040:     bool    detail;
1041:     double  sol[MAX_M],cov[MAX_M][MAX_M];
1042:     double  dpsr[MAX_PRN],dpsr1[MAX_PRN],el[MAX_PRN],az[MAX_PRN];
1043:
1044:     /* エフェメリスをセット */
1045:     for(prn=1;prn<=MAX_PRN;prn++) {
1046:         if (psr1[prn-1]>0.0) {
1047:             if (!set_ephemeris(prn,wt,-1)) {
1048:                 /* 無効な衛星 */
1049:                 psr1[prn-1]=0.0;
1050:             } else {
1051:                 /* health フラグをチェック */
1052:                 if (get_ephemeris(prn,EPHM_health)!=0.0) {
1053:                     psr1[prn-1]=0.0;
1054:                 }
1055:             }
1056:         }
1057:     }
1058:
1059:     /* 解を初期化 */
1060:     for(i=0;i<MAX_M;i++) sol[i]=0.0;
1061:
```

```
1062:        /* 測位計算 */
1063:        for(loop=0;loop<LOOP;loop++) {
1064:            /* 3回目までは粗計算，それ以降は精密計算 */
1065:            if (loop<3) detail=FALSE; else detail=TRUE;
1066:
1067:            /* 計算ルーチンを呼び出す */
1068:            if ((n=_compute_position(wt,psr1,detail,sol,cov,
1069:                dpsr,dpsr1,el,az))<1) break;
1070:
1071:            /* 途中経過を出力する */
1072:            printf("LOOP %d: X=%.4f, Y=%.4f, Z=%.4f, s=%.4E\n",
1073:                loop+1,sol[0],sol[1],sol[2],sol[3]/C);
1074:        }
1075: }
1076:
1077: /*------------------------------------------------------------
1078:  * main() - メイン
1079:  *------------------------------------------------------------*/
1080～1090: (リスト 3.8 (test2.c) の 824～834 行目)
1091:
1092: void main(int argc,char **argv)
1093: {
1094:     int     i;
1095:     double  psr1[MAX_PRN];
1096:     wtime   wt;
1097:     FILE    *fp;
1098:
1099:     /* RINEX 航法ファイルを読み込む */
1100:     if (argc<2) {
1101:         fprintf(stderr,"test3 <RINEX-NAV>\n");
1102～1113: (リスト 3.8 (test2.c) の 849～860 行目)
1114:
1115:     /* 擬似距離をセット */
1116:     for(i=0;i<MAX_PRN;i++) {
1117:         psr1[i]=0.0;
1118:     }
1119:     for(i=0;i<SATS;i++) {
1120:         psr1[prn[i]-1]=range[i];
1121:     }
```

```
1122:
1123:     /* 測位計算を実行する */
1124:     compute_position(wt,psr1);
1125:
1126:     exit(0);
1127: }
```

測位処理を行う関数 compute_position() は，時刻と各衛星の擬似距離を与えて呼び出します．時刻は wt，擬似距離は配列 psr1[] にセットします．配列の要素番号は各衛星の PRN 番号に対応しており，PRN 番号 i の衛星の測定値は要素番号 i-1 に収めることにします（測定データがなかった衛星についてはゼロとします）．たとえば，psr1[10] には PRN11 衛星の擬似距離が入っています．

_compute_position() 関数に渡す配列 psr1[] には，擬似距離の測定値を PRN 順に入れておきます（測定値のない衛星については 0.0 にします）．配列 sol[] は解の暫定値で，関数から戻ったときにはこの配列の内容は更新されています．時刻 wt としては受信機のタイムスタンプを渡しますので，963 行目で受信機クロック誤差を差し引いて受信時刻 t^r を求めています．

981〜984 行目が衛星クロック補正値を求める部分です．982 行目で一度衛星クロック補正値を計算していますが，伝搬時間をより正しく計算し直したうえで，984 行目でもう一度補正値を計算しています．なお，この部分の伝搬時間の計算には受信機クロック誤差の暫定値を使っていますが，963 行目で求めた受信時刻 t^r との間で式 (4.23) の関係により実際には帳消しにされています．963 行目と 981 (983) 行目，そしてリスト 4.1 の tk の関係を確かめてみてください．

985 行目では，得られた伝搬時刻も使いながら衛星位置を求めます．これと受信機位置から 989〜994 行目でデザイン行列をつくり，また 997 行目では擬似距離の修正量を求めます．さらに変数 detail が TRUE の場合は大気遅延補正量を計算し，擬似距離に加えています（プログラムでは擬似距離の修正量に加えていますが，同じことです）．変数 detail は受信機位置を考慮した詳細な補正計算を行うか否かを指定するために用意してあるもので，最初のうちは FALSE にして呼び出します．図 4-13 の繰返しを何度か実行して解の暫定値が実際の受信機位置に近づいてきたら，detail=TRUE として呼び出すと，大気遅延補正を行うようになり

ます．こうした機能は，6.3節の処理（p.178）でも利用します．

以上の処理を各衛星について行うと，式(3.18)の方程式（p.84）を解く準備ができます．1014行目で compute_solution() 関数を呼び出して方程式を解き，得られた修正量を解に加えて，解を更新します．_compute_position() 関数は戻り値として計算に利用した衛星の数を返しますが，衛星が不足して更新処理を実行できなかった場合はゼロを返します．

最小二乗法で解を得ると，式(3.18)の両辺は必ずしも一致しません．得られた解から計算した両辺の差，つまり "$G\Delta\vec{x} - \Delta\vec{r}$" は残差ベクトルと呼ばれますが，最小二乗法はこの残差ベクトルの大きさが最小となるように解を決めるのです．残差についてはあとで使いますので，1008行目で保存しておきます．測位計算が収束した時点では $\Delta\vec{r}$ はゼロとなりますから，$G\Delta\vec{x}$ の計算は省略しました．

なお，エフェメリス情報を検索・セットする1044〜1057行目の部分では，healthフラグのチェックを追加してあります．これは，衛星に異常があった場合に測位計算に使用されないようにするためです．health フラグの値についてはさらに細かい（ビット単位の）チェックをしてもかまいませんが，衛星の異常はそれほど頻繁に起きることではありませんので，簡単に health がゼロ以外ならば使用しないこととしてあります．

リスト4.5のプログラムを実行してみましょう．

リスト4.5のコンパイル・実行例

```
% cc -o test3 test3.c -lm
% ./test3 mtka3180.05n
Reading RINEX NAV... week 1349: 29 satellites
LOOP 1: X=-4796126.614, Y=4027736.035, Z=4365345.691, s=4.2886E-003
LOOP 2: X=-3979271.674, Y=3384928.620, Z=3716872.805, s=1.4122E-004
LOOP 3: X=-3947805.563, Y=3364430.014, Z=3699457.820, s=1.7156E-007
LOOP 4: X=-3947762.512, Y=3364401.331, Z=3699432.038, s=-3.8797E-008
LOOP 5: X=-3947762.486, Y=3364401.302, Z=3699431.992, s=-3.9030E-008
LOOP 6: X=-3947762.486, Y=3364401.302, Z=3699431.992, s=-3.9030E-008
LOOP 7: X=-3947762.486, Y=3364401.302, Z=3699431.992, s=-3.9030E-008
LOOP 8: X=-3947762.486, Y=3364401.302, Z=3699431.992, s=-3.9030E-008
%
```

得られる解は 2.5 節と同じで，受信局 IGS mtka の位置 $X = -3947762.7496$，$Y = 3364399.8789$，$Z = 3699428.5111$ に対して数メートル以内の精度となっています．なお，リスト 2.18（p.46）に書き込んだ衛星位置は，実はリスト 4.5 をもとにして計算してありましたから，これらの計算結果が一致するのは不思議なことではありません．

さて，リスト 4.5 では受信機が測定した擬似距離から受信機位置を計算することができるようになりました．しかし，擬似距離を手で入力するのもたいへんですから，第 5 章では受信機が記録した擬似距離のデータファイルをまとめて処理する方法を考えることにします．

4.7 測位精度と DOP

GPS は，距離を測定して位置を求めるシステムです．どんな測定にも誤差がありますから，求められる位置には何らかの測位誤差が含まれています．測位誤差の表現について考えてみましょう．

4.7.1 測位誤差

一般には，測定値（measurement）M と真値（true value）T の差が誤差（error）$e = M - T$ となります．航法システムにより得られる位置（measured position）$\vec{x}^M$ の真の位置（true position）$\vec{x}^T$ に対する測位誤差（positioning error）$\vec{e}$ は，

$$\begin{bmatrix} e_x \\ e_y \\ e_z \end{bmatrix} = \begin{bmatrix} x_x^M \\ x_y^M \\ x_z^M \end{bmatrix} - \begin{bmatrix} x_x^T \\ x_y^T \\ x_z^T \end{bmatrix} \tag{4.24}$$

と書けます．位置は三次元のベクトル量であることに注意してください．

ところで，誤差ベクトル $\vec{e} = [e_x\, e_y\, e_z]^\mathrm{T}$ の座標系はどうなっているのでしょうか．測定位置と真の位置が ECEF 座標系で表現されているのなら，誤差ベクトルの各軸は ECEF 座標系の座標軸に平行になっています．これでは不便ですから，2.3.2 項で説明した ENU 座標系，つまり東西南北と高さで表現することを考えましょう．

ENU 座標系は，基準となる位置を原点として東方向（east），北方向（north），

上方向（up）の各成分により座標を表します．測位誤差をENU座標系で表現するには，真の位置を原点に対応させます．ECEF座標値をENU座標系に変換する関数 xyz_to_enu() には変換したい座標値と原点の位置の二つのパラメータを与えますが，これらに測定位置と真の位置がそのまま対応するわけです．

例として，リスト4.5の測位結果の誤差を，真の位置から見たENU成分に変換してみましょう．測位誤差は，西に1.2 m，北に2.4 m，また上に2.6 m程度だったことがわかります．

測位誤差の ENU 成分への変換

```
posxyz   pos,pos0;

pos.x    =-3947762.486;      pos0.x  =-3947762.7496;
pos.y    =3364401.302;       pos0.y  =3364399.8789;
pos.z    =3699431.992;       pos0.z  =3699428.5111;

printf("E=%.3f, N=%.3f, U=%.3f\n",
    xyz_to_enu(pos,pos0).e,
    xyz_to_enu(pos,pos0).n,
    xyz_to_enu(pos,pos0).u);
```

実行結果

```
E=-1.254, N=2.406, U=2.617
```

4.7.2　測位精度の表示

誤差そのものは一つひとつの測定値に対応して現れるものですが，たくさんの測定を行った場合の誤差の統計的な様子を精度（accuracy）といいます．精度を表す指標の一つは **RMS**（Root Mean Square，二乗の平均の平方根の意味です）値で，系列 e_i, $i=1,\cdots,n$ については

$$RMS_e = \sqrt{\frac{1}{n}\sum_{i=1}^{n} e_i^2} \tag{4.25}$$

のように計算されます[3]．誤差が大きければRMS値も大きくなります．

測定値の精度を表すもう一つの尺度は，**標準偏差**（standard deviation）です．標準偏差はある系列の要素が平均値からどれだけばらついているかを表し，次のように計算します．

$$\sigma_e = \sqrt{\frac{1}{n} \sum_{i=1}^{n} (e_i - \bar{e})^2} \tag{4.26}$$

$$\bar{e} = \frac{1}{n} \sum_{i=1}^{n} e_i \tag{4.27}$$

σ_e が標準偏差です．$\bar{e}$ は系列 e_i の平均値を表します．

式 (4.25) と式 (4.26) の違いは平均値 $\bar{e}$ を差し引くかどうかです．標準偏差は平均値からのばらつきの大きさですから，平均値がゼロではないとき，つまり測定誤差に定常的な成分が含まれている場合でも，標準偏差にはそれは現れてきません．これは，測定誤差を系統誤差とランダム誤差に分けて考えたとき，標準偏差はランダム誤差しか反映しないことを意味します．RMS値は平均値を差し引きませんから，系統誤差とランダム誤差の両方を合わせた誤差全体の大きさを表します．

一般には誤差の評価にはRMS値を用いるべきですが，GPSの場合は真の位置が不明な場合があることや，長時間の観測を行えば系統誤差は小さく抑えられることなどから，標準偏差による評価も多く見受けられます．

なお，RMS値と標準偏差の間には次の関係があります（上の式から容易に確かめることができます）．

$$RMS_e^2 = \sigma_e^2 + \bar{e}^2 \tag{4.28}$$

これより，常に $RMS > \sigma$ となることがわかります．平均値 $\bar{e} = 0$ のとき，RMS値と標準偏差は等しくなります．標準偏差 σ_e の二乗 σ_e^2 は**分散**（variance）と呼ばれます．

さて，水平および垂直方向の測位誤差の大きさを表すことを考えてみましょう．測位誤差を $\vec{e}_i = e_{Ei}, e_{Ni}, e_{Ui}$ のようにENU座標で表現するものとします．まず

---

[3] RMSや標準偏差の計算では，分母 n の代わりに $n-1$ が用いられることがあります．これは不変推定量を得るための措置ですが，詳細は統計学の教科書を参照してください．

垂直方向の誤差の大きさを RMS 値で表すと，

$$RMS_U = \sqrt{\frac{1}{n}\sum_{i=1}^{n} e_{Ui}^2} \tag{4.29}$$

となります．水平方向についても同様に RMS 値を求めることができますが，東方向と北方向を特に分けて考える必要はなさそうです．このため，水平方向については，真の位置からの距離

$$\sqrt{e_{Ei}^2 + e_{Ni}^2}$$

の RMS 値（dRMS：distance RMS）を使うことにします．

$$dRMS = \sqrt{\frac{1}{n}\sum_{i=1}^{n}\left(\sqrt{e_{Ei}^2 + e_{Ni}^2}\right)^2} = \sqrt{RMS_E^2 + RMS_N^2} \tag{4.30}$$

GPS の位置精度を表す指標としては，**2dRMS** という表現がされることがあります．これは dRMS の 2 倍で，測位誤差が典型的な分布をする場合には誤差のうち 95% が ±2dRMS の範囲に入ることから，大まかに測位精度を表すのに都合がよい指標です．

4.7.3　DOP（精度劣化指数）

さて，GPS で測定される量は，擬似距離，すなわち GPS 衛星と受信機との間の距離です．したがって，測位精度は，擬似距離の測定精度によって決まります．位置を求める際に使う方程式は p.84 の式 (3.20) あるいは式 (3.21) ですが，この式は擬似距離の変化分と位置解の変化分の対応関係を表しているともいえます．

したがって，擬似距離に小さな変動 $\Delta\vec{r}$ があったときに受信機位置 x，y，z に与える影響 $\Delta\vec{x}$ は，式 (3.21) と同じで，

$$\Delta\vec{x} = (G^{\mathrm{T}}G)^{-1}G^{\mathrm{T}}\,\Delta\vec{r} \tag{4.31}$$

です．$\Delta\vec{x}$ と $\Delta\vec{r}$ の共分散行列（変数間の共分散関係を表す行列で，対角成分は分散となります）をそれぞれ $\mathrm{cov}(\Delta\vec{x})$ および $\mathrm{cov}(\Delta\vec{r})$ と書くと，誤差伝搬の法則より，これらの間には

$$\mathrm{cov}(\Delta\vec{x}) = \left[(G^{\mathrm{T}}G)^{-1}G^{\mathrm{T}}\right]\cdot\mathrm{cov}(\Delta\vec{r})\cdot\left[(G^{\mathrm{T}}G)^{-1}G^{\mathrm{T}}\right]^{\mathrm{T}} \tag{4.32}$$

の関係があります．すべての衛星の擬似距離の測定精度が等しく，標準偏差で σ とすると（つまり $\mathrm{cov}(\Delta \vec{r}) = \sigma^2 I$），

$$\mathrm{cov}(\Delta \vec{x}) = \left[(G^\mathrm{T} G)^{-1} G^\mathrm{T}\right] \cdot \sigma^2 I \cdot \left[(G^\mathrm{T} G)^{-1} G^\mathrm{T}\right]^\mathrm{T} = \sigma^2 \cdot (G^\mathrm{T} G)^{-1} \quad (4.33)$$

となりますから，$C = (G^\mathrm{T} G)^{-1}$ と書けば，対角成分の平方根は

$$\begin{aligned} \sigma_x &= \sigma\sqrt{C_{11}}, & \sigma_z &= \sigma\sqrt{C_{33}} \\ \sigma_y &= \sigma\sqrt{C_{22}}, & \sigma_s &= \sigma\sqrt{C_{44}} \end{aligned} \quad (4.34)$$

となっています．4×4 行列 C は利用者から見た相対的な衛星の配置によって決まるもので，この行列によって擬似距離の測定精度が測位精度にどのような影響を及ぼすかがわかります．

つまり，測位精度を決める要因には，(a) 擬似距離の測定精度（測距精度，σ のこと），(b) 利用者と衛星との幾何学的位置関係，の二つがあることになります．このうち特に (b) については，たとえ擬似距離を同じ精度で測定していても，利用者の位置や時刻によって測位精度が刻々と変化することを意味します．

これは利用者にとって大きな問題ですので，簡単な指標で幾何学的関係を把握できると便利です．このために利用されるのが **DOP**（Dilution Of Precision：精度劣化指数）と呼ばれる値で，次のように定義されます．

$$\begin{aligned} GDOP &= \sqrt{C_{11} + C_{22} + C_{33} + C_{44}} \\ PDOP &= \sqrt{C_{11} + C_{22} + C_{33}} \\ HDOP &= \sqrt{C_{11} + C_{22}} \\ VDOP &= \sqrt{C_{33}} \\ TDOP &= \sqrt{C_{44}} \end{aligned} \quad (4.35)$$

これらを順に説明しますと，

GDOP（G=geometric）	位置と時刻の決定精度を総合的に表す
PDOP（P=position）	σ_x，σ_y，σ_z に関係しており，位置の決定精度を表す
HDOP（H=horizontal）	関係しているのは σ_x，σ_y で，水平方向の位置の決定精度を表す

VDOP（V=vertical）　　垂直方向の位置の決定精度を表す
TDOP（T=time）　　　時刻の決定精度を表す

となります．

GPS によるおおよその測位精度は測距精度に DOP を乗じることで概算できますので，

測距精度 $\times HDOP =$ 水平方向の測位精度
測距精度 $\times VDOP =$ 垂直方向の測位精度

の関係があります．たとえば，測距精度が $\sigma_{PR} = 10$〔m〕のとき，衛星の配置が $HDOP = 2$，$VDOP = 2.5$ であったならば，水平方向には 20 m，垂直方向には 25 m 程度の精度で測位が行われることになります（いずれも標準偏差による表現です）．

4.7.4　ENU 座標系による測位計算

ただし，HDOP が水平方向，VDOP が垂直方向の測位精度を表すためには，未知数 x，y が水平方向，z が垂直方向に対応していなければなりません．つまり，行列 G を測位誤差と同様に ENU 座標系に基づいて用意する必要があります．G の要素が p.83 の式 (3.15) であることには変わりありませんが，座標軸の選び方が変わってくるわけです．ENU 座標系では X 軸を東方向，Y 軸を北方向，Z 軸を上方向にとりますから，式 (3.15) と比較すると，各衛星の方位角 AZ_i と仰角 EL_i により行列 G を表すことができます．

$$G = \begin{bmatrix} -\sin AZ_1 \cos EL_1 & -\cos AZ_1 \cos EL_1 & -\sin EL_1 & 1 \\ -\sin AZ_2 \cos EL_2 & -\cos AZ_2 \cos EL_2 & -\sin EL_2 & 1 \\ & & \vdots & \\ -\sin AZ_N \cos EL_N & -\cos AZ_N \cos EL_N & -\sin EL_N & 1 \end{bmatrix} \quad (4.36)$$

3.5 節（p.84）で説明したように，各衛星の視線方向の方向余弦となっていることを思い出してください．このようにデザイン行列をつくると，方程式の解 $\Delta \vec{x}$ も ENU 座標系に基づいた値となります．

ENU 座標系の原点はユーザ位置としますが，これは繰返し計算の途中経過とすればよいわけです．つまり，途中経過の解として得られているおよそのユーザ位

置（ECEF 座標系）を原点として ENU 座標系を構成し，方程式の解 $\Delta \vec{x}$ もその座標系で得ます．ユーザ位置の更新の際には，方程式の解を ECEF 座標系と同じ座標軸になるよう回転してから加えることになりますが，これは解 $\Delta \vec{x}$ を ENU 座標値とみなして（enu_to_xyz() 関数で）ECEF 座標系に戻すのと同じことです．

リスト 4.5 では ECEF 座標系に基づいて行列 G をつくっていましたが，ENU 座標系で計算するように修正してみましょう．このためには，リスト 4.5 の 991〜993 行目と 1018〜1024 行目を次のように修正します．

リスト 4.6：ENU 座標系による測位計算

```
0991:           G[n][0] =-xyz_to_enu(satpos,usrpos).e/r;
0992:           G[n][1] =-xyz_to_enu(satpos,usrpos).n/r;
0993:           G[n][2] =-xyz_to_enu(satpos,usrpos).u/r;

1018:       denu.e  =dx[0];
1019:       denu.n  =dx[1];
1020:       denu.u  =dx[2];
1021:       sol[0]  =enu_to_xyz(denu,usrpos).x;
1022:       sol[1]  =enu_to_xyz(denu,usrpos).y;
1023:       sol[2]  =enu_to_xyz(denu,usrpos).z;
1024:       sol[3]  +=dx[m-1];
```

991〜993 行目ではユーザ位置を原点とする ENU 座標系により GPS 衛星の位置を表しており，デザイン行列とするために衛星と受信機の間の距離で除します．1018〜1024 行目が方程式の解 $\Delta \vec{x}$ を ENU 座標値（変数 denu）とみなして ECEF 座標値に戻す部分で，デザイン行列の生成時と同じく原点は以前のユーザ位置とします．受信機クロックについては特に処理を変える必要はありませんので，元のままです．

コンパイルして実行してみましょう．

ENU 座標系による変更後のコンパイル・実行例

```
% cc -o test3enu test3enu.c -lm
% ./test3enu mtka3180.05n
Reading RINEX NAV... week 1349: 29 satellites
LOOP 1: X=-4796126.614, Y=4027736.035, Z=4365345.691, s=4.2886E-003
LOOP 2: X=-3979271.674, Y=3384928.620, Z=3716872.805, s=1.4122E-004
```

DOPの幾何学

GPSの測位精度は，擬似距離の測定精度のほかにDOPに左右されます．DOPは上空にあるGPS衛星の配置によって決まるのですが，それではどのような配置が好ましいのかを考えてみましょう．

GPSでは位置を決めるために4機以上の衛星が必要ですが，どの衛星も似たような方向にあると受信機の位置をうまく決めることができません．図1は，簡単な例として2機の衛星の方向と位置の決定精度の関係を表す模式図です．擬似距離の測定値には誤差が含まれていますから，この誤差の幅を考えると，受信機の位置はグレーの部分の内側にあることになります．左側の図では2機の衛星が似たような方向にありますが，このような場合は衛星に対して横方向の位置がうまく決められず，小さな誤差でも計算結果が大きく左右されてしまいます．

これに対して，右側の図のように2機の衛星が交差する方向にあると受信機位置の範囲が小さくなり，うまく計算できることがわかります．少しくらいの誤差があっても計算結果が不安定になることはありません．つまり，測位に利用する衛星の方向がなるべく離れていることが，有利な計算条件となるわけです．水平方向の位置をうまく決めるには方位角がなるべく均等になるように衛星が分布していると良いですし，高度の測定精度を改善するには仰角の低い衛星と高い衛星が必要となります．高仰角に衛星があり，またそれほど高くない仰角にまんべんなく衛星が分布しているような環境が良いのです．

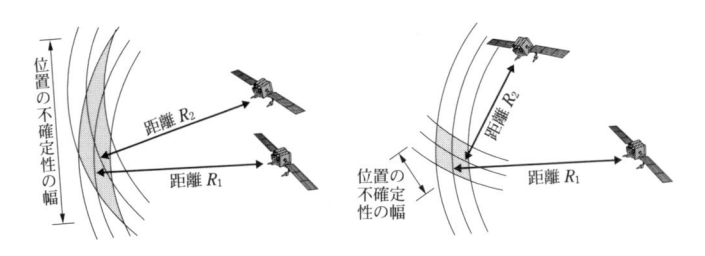

図1　衛星の配置と位置の決定精度

DOP の幾何学（つづき）

衛星の配置と DOP の関係を調べるために，水平方向について衛星を不均一に配置した場合の GDOP の計算結果を図 2 に示します．天頂方向に 1 機，残りの $(N-1)$ 機の衛星を $360\alpha/(N-1)$ 度ずつ離して仰角 30 度の方向に配置しました．GDOP の最小値は $\alpha = 1$，つまり均等な配置のときに得られることがわかります．

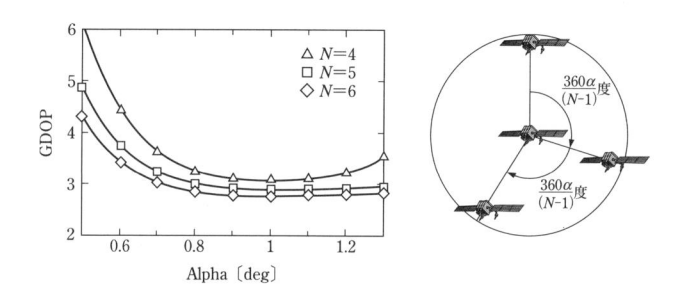

図 2　衛星の配置と DOP

また，水平方向については均等な配置として，$(N-1)$ 機の衛星の仰角を変化させると，GDOP は図 3 のように得られます．天頂方向に 1 機の衛星がありますので，残りの衛星については仰角が低いほうが高度方向の位置決定精度が良くなります．このことを反映して，仰角 EL を下げたときに GDOP が小さくなっているわけです．

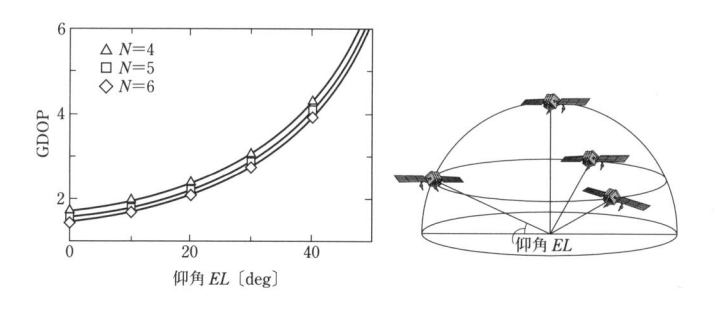

図 3　衛星の仰角と DOP

```
LOOP 3: X=-3947805.563, Y=3364430.014, Z=3699457.820, s=1.7156E-007
LOOP 4: X=-3947762.512, Y=3364401.331, Z=3699432.038, s=-3.8797E-008
LOOP 5: X=-3947762.486, Y=3364401.302, Z=3699431.992, s=-3.9030E-008
LOOP 6: X=-3947762.486, Y=3364401.302, Z=3699431.992, s=-3.9030E-008
LOOP 7: X=-3947762.486, Y=3364401.302, Z=3699431.992, s=-3.9030E-008
LOOP 8: X=-3947762.486, Y=3364401.302, Z=3699431.992, s=-3.9030E-008
%
```

リスト 4.5 とまったく同じ実行結果になりました．デザイン行列は異なる座標系でつくられていますが，初期値も，測定値である擬似距離も同じですから，同じ経過をたどって同一の計算結果となることがわかります．ENU 座標系による計算については，付録 F も参照してください．

式 (4.36) を直接利用して，

```
0991:           G[n][0] =-sin(az[prn-1])*cos(el[prn-1]);
0992:           G[n][1] =-cos(az[prn-1])*cos(el[prn-1]);
0993:           G[n][2] =-sin(el[prn-1]);
```

としても同じ計算結果となります．

ところで，ENU 座標系による測位計算を導入した理由は，HDOP と VDOP を水平および垂直方向に対応させるためでした．ENU 座標系に基づくデザイン行列を使って実際に方程式を解くのは，1014 行目で呼び出される compute_solution() 関数です．この関数の第 5 引数は配列 cov[][] ですが，関数から戻ったときにはその内容として $C = (G^{T}G)^{-1}$ がセットされます（906 行目で inverse_matrix() 関数がセットします）．

DOP はこの行列 C の対角成分から計算できるので，関数 _compute_position() を呼び出した側では，配列 sol[] の解（の途中経過）とともに DOP も得ることができます．実際に，このあと作成するプログラム pos1.c では，計算結果として DOP も出力します．リスト 5.2 (p.153) の 1134～1137 行目を参照してください．

第 5 章

RINEX ファイルの処理

　GPS 受信機の測定データは計算機で処理するためにデータファイルに記録されますが，ファイル形式としては "RINEX" が標準的に利用されています．RINEX についてはすでに航法メッセージを格納するファイル形式として紹介しましたが，本章では測定データの配布・保存に使われる RINEX ファイル形式を説明し，さらに RINEX ファイルを処理する測位計算プログラムを完成させることにします．

5.1　RINEX ファイルとは

　GPS 受信機の測定データは受信機ごとに固有のフォーマットで出力されますが，それでは処理する側にとっては不便で仕方ありません．このため，共通フォーマットとして RINEX（Receiver INdependent EXchange format，「ライネックス」と呼びます）が開発されました [24]．RINEX フォーマットの観測データは受信機の違いを意識せずに取り扱えますから，GPS の観測データの保存や交換には RINEX フォーマットが普通に用いられます．擬似距離や搬送波位相といった観測データを出力できる受信機には，出力データを RINEX フォーマットに変換する

プログラムが付属しています．GPS の観測データは RINEX フォーマットで流通していますから，私たちも RINEX フォーマットのデータファイルを処理対象とすることにしましょう．

RINEX では，観測局が記録するデータを，観測データ，航法データ，気象データの3種類のファイルに分けて扱います．観測データファイル（observation file）には擬似距離や搬送波位相といった測定値が収められており，このファイルは測位処理に欠かせません．航法ファイル（navigation file）は GPS 衛星が送信している航法メッセージを解読して記録してあるもので，衛星位置の計算に必要な情報が収められています．気象データは対流圏遅延を正確に補正するために利用されるファイルで，気温や気圧，湿度，あるいは対流圏遅延量そのものを記載することができます．これら3種類のファイルに対して，標準的には次のようなファイル名を付けます．

> ファイル名形式： ssssdddf.yyt

ssss 受信局番号
ddd 年初からの通算日（1～）
f 観測番号
yy 観測年（西暦の下2桁）
t ファイルタイプ
O＝観測データ　G＝航法データ（GLONASS）
N＝航法データ　H＝航法データ（静止衛星）
M＝気象データ

これらのファイルのうち，通常使われるのは観測データファイルと航法ファイルです．「観測番号」は1日のうちに何度も観測が行われる場合に使いますが，特に必要がなければ "0"（ゼロ）にします．たとえば，"00010010.05o" は，受信局 "0001" における 2005 年 1 月 1 日の RINEX 観測データファイルとなります．RINEX のファイルはすべてテキスト形式ですから，テキストエディタ（Windows の "メモ帳" など）で内容を読むことができます．

5.2 RINEX観測データファイル

　GPS受信機は各衛星までの擬似距離を測定することで位置を求めるのですから，基本的な測定データとしては測定時刻ごとに擬似距離の測定結果が並ぶことになります．擬似距離を測定した時刻のことを，**エポック**（epoch）といいます（エフェメリス情報でも基準となる時刻をエポックと呼びました）．受信機は自身の持つ時計の指す時刻（t^R）に基づいて擬似距離を測定しますから，エポック時刻は 4.1 節（p.94）で説明した受信機のタイムスタンプと同じ意味で，1 秒ごとや30 秒ごとといった，きりのよい時刻になります．

　GPS受信機の一般的な性質として，すべての衛星に関する擬似距離が同時に測定されます（式(4.4)（p.94）でも衛星別の添え字は付けませんでした）．古いタイプの受信機では，各衛星について別々の受信回路で受信していたためチャンネル間でバイアス誤差を持つ場合がありましたが，現在市販されている受信機ではそのようなことはありません．

　さて，RINEX観測データファイルのフォーマットを，表5-1と表5-2にまとめました．データファイルの先頭にはヘッダ部があり，受信機の機種や測定データの内容および順番が記載されています．ヘッダ部の各行は（"END␣OF␣HEADER" 以外は）順不同で，右側にあるラベル（各行の 61〜80 文字目）によって内容を区別します．表5-1にはヘッダ部のうち最低限必要な部分しか書いてありませんので，さらに詳細な内容は IGS から配布されている RINEX フォーマットの解説を参照してください [24]．なお，"␣" は空白文字（文字コード 0x20）を表します．

　実際の RINEX 観測データファイルは，たとえば図5-1のようになっています．表5-1と見比べながら内容を確かめてみてください．ヘッダ部には，観測局名や受信機の機種といった情報が記載されていますが，もっとも重要なのは測定値の順番と内容が書かれている部分です．図5-1では <4> の行になりますが，ここを読めば「測定項目は七つあり，L1，L2，C1，P1，P2，D1，D2 の順に並んでいる」ということがわかります．各項目名は表5-3のように定義されています．いずれも，アルファベットが測定項目，数字は周波数を表します（L1=1575.42〔MHz〕，L2=1227.6〔MHz〕）．C/A コードは L1 周波数にしか乗せられていませんので，

表 5-1 RINEX 観測データファイル（ヘッダ部）のフォーマット

ラベル	形式	内容
RINEX␣VERSION␣/␣TYPE	%9.2f	バージョン番号
	11×"␣"	空白文字
	%c	ファイル種別（'O'）
MARKER␣NAME	%-60s	受信点名称
REC␣\#␣/␣TYPE␣/␣VERS	%-20s	受信機番号
	%-20s	受信機名
	%-20s	バージョン
APPROX␣POSITION␣XYZ	%14.4f	受信機概略位置（X 座標）
	%14.4f	受信機概略位置（Y 座標）
	%14.4f	受信機概略位置（Z 座標）
#␣/␣TYPES␣OF␣OBSERV	%6d	測定項目数（$=m$）
	9×%6s	測定項目のリスト
		L1/L2　搬送波位相
		C1　　　擬似距離（C/A コード）
		P1/P2　擬似距離（P コード）
		D1/D2　ドップラ周波数
END␣OF␣HEADER		ヘッダ部の終わり

"C2" という項目名はありません[1]．擬似距離の単位はメートル，搬送波位相は cycle 単位で測定されます．ドップラ周波数は通常の定義どおりで，近づく衛星は正の値となります．ただし，搬送波位相は擬似距離と同じ符号の変化をしますので，ドップラ周波数の積分とは符号が逆になります．信号強度は受信機によって測り方が異なりますので，受信状態を表す目安と考えたほうがよいでしょう．

ヘッダ部が終わると，次の行からはデータ部となります．データ部のフォーマットは表 5-2 のようになっていますが，やはり図 5-1 と見比べながら説明することにしましょう．

各エポックとも，最初の行にエポック時刻（タイムスタンプ）が記載されてい

---

[1] ブロック IIR-M 衛星の L2C コードが測定されれば，"C2" が使われるでしょう．

表 5-2　RINEX 観測データファイル（データ部）のフォーマット

行	形式	記号		内　容	単位
1	%3.2d %3d %3d %3d %3d %11.7f %3d %3d 12×%c%2d %12.9f	年 月 日 時 分 秒 f n PRN_i $s(t^r)$	$\Big\} t^R$	エポック時刻 （受信時刻） イベントフラグ 衛星数 衛星番号 受信機クロック誤差	年 月 日 時 分 秒 s
2	m×%14.3f%1d%1d	$d[PRN_i][1\cdots m]$		測定値 %14.3f　測定値 %1d　　LLI フラグ %1d　　信号強度	m, cycle
⋮	⋮	⋮		⋮	⋮
$n+1$	m×%14.3f%1d%1d	$d[PRN_n][1\cdots m]$		測定値	

表 5-3　測定項目名の意味

項目名	測定内容	単位
C1	C/A コード擬似距離	m
P1, P2	P コード擬似距離	m
L1, L2	搬送波位相	cycle
D1, D2	ドップラ周波数	Hz
S1, S2	信号強度	dB-Hz

```
     2                 OBSERVATION DATA    M                 RINEX VERSION / TYPE
GBSS                   ENRI, Japan         11/14/2005 23:58  PGM / RUN BY / DATE
MTKA                                                         MARKER NAME          <1>
21741S002                                                    MARKER NUMBER
ENRI                   ENRI                                  OBSERVER / AGENCY
ZX00120                Ashtech Z18              0065   ZT16  REC # / TYPE / VERS<2>
CRG0118                ASH701073.1         SNOW             ANT # / TYPE
 -3947762.7496   3364399.8789   3699428.5111                APPROX POSITION XYZ<3>
        0.0000        0.0000         0.0000                 ANTENNA: DELTA H/E/N
     1      1                                               WAVELENGTH FACT L1/2
    /      L1     L2     C1     P1     P2     D1     D2    # / TYPES OF OBSERV
    30                                                      INTERVAL            <4>
    13                                                      LEAP SECONDS
  2005    11     14      0      0   0.000000         GPS   TIME OF FIRST OBS
  2005    11     14     23     59  30.000000         GPS   TIME OF LAST OBS
                                                            END OF HEADER       <5>
 05 11 14  0  0  0.0000000  0  9G22G01G20G14G06G16G25G05G30  <6>      .000000019
   -8663594.557 7  -6750874.090 4  24367716.061   24367716.061   24367723.731
   -3169.743        -2469.845
  -18499171.219 9 -14414942.098 7  21162393.595   21162393.595   21162398.432 <7>
    1879.994        1464.927
     816268.350 6    636054.214 1  25215956.049   25215956.049   25215969.042
    1499.268        1168.526
  -25643598.906 9 -19982025.967 7  20299789.570   20299789.570   20299793.462
    -706.292         -550.379
  -17471963.450 9 -13614510.452 7  21282631.756   21282631.756   21282637.079
    1380.612        1075.794
    -841356.263 7   -655600.500 4  24027782.537   24027782.537   24027790.150
    3058.373        2383.133
  -14983522.427 9 -11675475.516 6  22169926.127   22169926.127   22169931.107
    1837.257        1431.650
   17416375.756 7  13571186.854 4  23545777.534   23545777.534   23545784.946
   -3234.111        -2520.054
  -18678896.324 9 -14554990.868 7  20965782.263   20965782.263   20965785.811
   -2247.111        -1751.011
 05 11 14  0  0 30.0000000  0  9G22G01G20G14G06G16G25G05G30  <8>     -.000000003
   -8568536.785 7  -6676803.371 4  24385805.243   24385805.243   24385813.571
   -3168.173        -2468.741
  -18555374.857 9 -14458737.128 7  21151698.319   21151698.319   21151703.013
    1866.202        1454.183
     771517.969 7    601183.799 2  25207441.098   25207441.098   25207441.126
    1483.364        1155.679
  -25622143.625 9 -19965307.571 7  20303872.469   20303872.469   20303876.475
    -724.823         -564.795
  -17513151.468 9 -13646605.041 6  21274793.640   21274793.640   21274799.278
    1364.515        1063.255
```

<1> 受信局名　　　　　　　　　　　<2> 受信機の機種など
<3> 観測点のおおよその座標　　　　<4> 観測値の順番と種類
<5> ヘッダ部の終了　　　　　　　　<7> 観測値のリスト
<6> エポック1の時刻および観測衛星のリスト
<8> エポック2の時刻および観測衛星のリスト

図 5-1　RINEX 観測データファイルの例（mtka3180.05o を修正）

て，そのあとに続く行に測定値が並んでいます．エポック時刻は年月日時分秒で書かれていて，100 ns の桁まで表現できます．その次にはイベントフラグと観測衛星数が並び，さらに観測した衛星の PRN 番号が列挙されます．図 5-1 では，エポック時刻は 2005 年 11 月 14 日 00:00:00，イベントフラグはゼロ，観測衛星数は 9 となっています．なお，数値のゼロの代わりに空白文字が用いられることがありますので，イベントフラグは単に空白の場合もあります．

イベントフラグは通常ゼロ（あるいは空白）ですが，1の場合は前エポックとの間に電源断があったことを表します．2以上の値はアンテナの移動の有無などを表しますが，詳細はRINEXフォーマットの解説を参照してください[24]．イベントフラグが1以下の場合はエポック行の後にデータ行が続きます．

イベントフラグが2以上の場合は，データ行は続きません．ただし，代わりにイベントの内容を表す行が続くことがあり，その行数が観測衛星数の部分に書かれています．つまり，イベントフラグが2以上のときに観測衛星数が1以上とされていた場合は，その分だけ続く行を読み飛ばす必要があります．

イベントフラグの例を，図5-2に示します．上段はRINEXの解説に例示されて

```
 01  3 24 13 11  0.0000000  2  1
                *** FROM NOW ON KINEMATIC DATA! ***        COMMENT
 01  3 24 13 11 48.0000000  0  4G16G12G 9G 6                              -.123456789
   21110991.756        16119.980 7     12560.510   21110998.441
   23588424.398      -215050.557 6   -167571.734   23588439.570
   20869878.790      -113803.187 8    -88677.926   20869884.938
   20621643.727        73797.462 7     57505.177   20621649.276
                                 3  4
 A 9080                                                    MARKER NAME
 9080.1.34                                                 MARKER NUMBER
        .9030          .0000          .0000                ANTENNA: DELTA H/E/N
                --> THIS IS THE START OF A NEW SITE <--    COMMENT
 01  3 24 13 12  6.0000000  0  4G16G12G 6G 9                              -.123456987
   21112589.384        24515.877 6     19102.763 3 21112596.187
   23578228.338      -268624.234 7   -209317.284 4 23578244.398
   20625218.088        92581.207 7     72141.846 4 20625223.795
   20864539.693      -141858.836 8   -110539.435 5 20864545.943
 01  3 24 13 13  1.2345678  5  0
                                 4  1
              (AN EVENT FLAG WITH SIGNIFICANT EPOCH)       COMMENT
 01  3 24 13 14 12.0000000  0  4G16G12G 9G 6                              -.123456012
   21124965.133        89551.30216    69779.62654 21124972.2754
   23507272.372      -212616.150 7   -165674.789 5 23507288.421
   20828010.354      -333820.093 6   -260119.395 5 20828017.129
   20650944.902       227775.130 7    177487.651 4 20650950.363
```

```
 04  5  6  1 59 29.9960000  0  7G 1G 4G 5G 7G13G20G24
  -29686049.949     20710956.605   -23108047.5264   20710952.7164
  -37674189.684     19680469.278   -29331998.2244   19680465.5184
   -8724175.270     23300097.824    -6779010.8234   23300095.1874
  -47126422.453     19470024.007   -36699368.5984   19470020.4224
  -22694905.859     21157563.877   -17657854.1094   21157559.9344
  -41185661.801     21148605.979   -32063981.9244   21148601.0984
  -15501511.383     22293558.043   -12056356.8894   22293554.8644
                                 4  2
 RINEX FILE SPLICE                                         COMMENT
   -3522844.2805  2777140.6218   4518960.0313             APPROX POSITION XYZ
 04  5  6  2  0  0.0000000  0  7G 1G 4G 5G 7G13G20G24
  -29745791.953     21898758.158   -23154599.7334   21898754.4304
  -37761279.543     20863066.582   -29399860.4424   20863062.3904
   -8787001.328     24487312.053    -6827966.2394   24487309.8934
  -47145423.348     20665578.029   -36714174.5154   20665574.4644
  -22831925.234     22330659.841   -17764622.4224   22330656.0624
  -41150021.805     22354557.585   -32036210.5244   22354552.9064
  -15629769.680     23468320.959   -12156298.3794   23468318.6774
```

図5-2　イベントフラグの例

いるもので [24]，下段は国土地理院 GEONET が提供している観測データファイルに含まれている例です．RINEX 観測データファイルを読み込むプログラムは，これらの例に正しく対応できるように書いてある必要があります．特に，IGS が提供しているデータファイルはさまざまな受信機や変換プログラムにより作成されていますから，他のサイトのデータは処理できるのにあるサイトだけうまく扱えない，ということが起こります．イベントフラグの取扱いはこうした原因の一つになりますので，気をつけてください．

さて，イベントフラグの横には観測衛星数が書いてあります．図 5-1 では，9 機の衛星が観測されていました．さらに右側には，観測された GPS 衛星の PRN 番号が列挙してあります．たとえば "G22" というのがそれで，GPS の PRN22 衛星を意味します．文字 "G" は空白でもよいことになっていますので，"G22G01⋯" と "␣22␣01⋯" は同じ意味になります．衛星番号のリストはエポック行には 12 までしか書けませんので，13 チャンネル以上を持つ受信機では次行に繰り越すことがあります（図 5-3 を参照．現在のところ GPS のみでは衛星数が 12 を超えることはほとんどありませんので，SBAS 受信機や GPS/GLONASS 受信機に特有の現象ともいえます）．なお，衛星番号の前に付けられる文字は，"R" は GLONASS 衛星（スロット番号），"S" なら SBAS 衛星（PRN 番号 −100）となります．衛星番号のさらに右側には，受信機クロック誤差が記載されている場合があります．これは受信機が算出した自身のクロック誤差（$s(t^r)$）で，GPS 時刻による受信時刻が必要ならばこの値を使うと簡単に算出できます．

エポック行の次行からは，測定データが観測衛星数の分だけ続きます．ヘッダ部の "#␣/␣TYPES␣OF␣OBSERV" レコードで指定された順番で，16 桁ずつ測定値が並

```
 05 11 14  0  0  0.0000000  0 14G22G01G20G14G06G16G25G05G30R18R05R17  .000000019
                                R24R07
  -8663594.557 7  -6750874.090 4  24367716.061    24367716.061    24367723.731
    -3169.743       -2469.845
 -18499171.219 9 -14414942.098 7  21162393.595    21162393.595    21162398.432
     1879.994        1464.927
    816268.350 6    636054.214 1  25215956.049    25215956.049    25215969.042
     1499.268        1168.526
 -25643598.906 9 -19982025.967 7  20299789.570    20299789.570    20299793.462
     -706.292        -550.379
```

図 5-3　観測衛星数が 12 を超える例

ぶことになります．図5-1の<4>では，「測定項目は七つあり，L1，L2，C1，P1，P2，D1，D2の順に並んでいる」とされていましたが，1行80桁には5項目しか入りませんので，このような場合には1衛星あたり2行を使って測定データが記録されます．最初の5項目が1行目，残りの2項目が2行目となるわけです．測定項目数が5以下の場合は，各衛星の測定データが1行ずつに収められます．

測定値は16桁の数値で表されますが，このうち最初の14桁が測定値そのもので，残りの2桁は **LLI** (Loss of Lock Indicator) フラグと信号強度を表します．LLIフラグの意味は表5-4のとおりで，これらの値の和が1桁で記載されます．たとえばLLIフラグが5ならば，アンチスプーフィングがかけられていて（雑音レベルが少し大きい可能性があります），前エポックとの間にロック外れ（サイクルスリップ）があったことを表します．ただし，LLIフラグがゼロあるいは空白の場合でも，検出できないロック外れがあった可能性はあります．信号強度は1〜9の値で，大きな数字ほど信号が強いことを意味します．標準的な信号強度は5とされていますが，この値は受信機によっても異なりますので，受信状態の目安程度に考えてください．信号強度がゼロあるいは空白の場合は信号強度が不明か，または単に省略されていることになります．

LLIフラグと信号強度のいずれも，空白のこともありますし，各周波数の測定値のうちいずれか一つにしか付けられていないこともあります．あるいは逆に，すべての測定値にこれらの2桁が加えられている場合もあります．図5-1の例では搬送波位相の観測値にしか付けられておらず，LLIフラグはすべてゼロ（空白），信号強度は1〜9の値になっています．

さて，以上のフォーマットを踏まえて，RINEX観測データファイルを読み込むプログラムを書いてみましょう．リスト5.1のread_RINEX_OBS()関数は，オープ

表5-4 LLIフラグの意味

LLIの値	意　味
1	ロック外れあり
2	ヘッダ部の定義と異なる波長係数
4	アンチスプーフィング（A/S）ON

ン済みのファイルを指定して呼び出すとそのファイルを RINEX 観測データファイルとして読み込みます．1 エポック分の観測データが揃うたびに，測位処理を行う関数 compute_position() を呼び出すようにつくられています．

リスト 5.1：RINEX 観測データファイルの読込み

```
0001: /*-------------------------------------------------------------
0002:  * 観測データファイルの処理
0003:  *------------------------------------------------------------*/
0004: /* RINEX ファイルの情報 */
0005: #define MAX_OBSVS_LINE           5
0006: #define MAX_TYPES_OF_OBSV_LINE   9
0007: #define MAX_PRNS_LINE           12
0008: #define MAX_OBSVS               32
0009:
0010: /* 観測値の種類 */
0011: #define MEAS_TYPES               4    /* この個数までが有効 */
0012: static char *type_name[]={
0013:     "C1","P2","L1","L2","P1",NULL
0014: };  /* 増やす場合は P1 の前に入れ，MEAS_TYPES も増やす */
0015: enum meas_type {
0016:     TYPE_C1,TYPE_P2,TYPE_L1,TYPE_L2,TYPE_P1
0017: };  /* type_name[] に対応させる */
0018:
0019: /*-------------------------------------------------------------
0020:  * read_RINEX_OBS() - RINEX 観測ファイルを読み込む
0021:  *-------------------------------------------------------------
0022:  *  void read_RINEX_OBS(fp);
0023:  *    FILE *fp; 読み込むファイル
0024:  *------------------------------------------------------------*/
0025: void read_RINEX_OBS(FILE *fp)
0026: {
0027:     int      i,j,n,prn,line,stat,num,lli,snr,obsvs=0,
0028:              prn_list[MAX_PRN],type_num[MAX_OBSVS];
0029:     bool     noerr=FALSE;
0030:     double   d,obs[MEAS_TYPES][MAX_PRN];
0031:     char     *p;
0032:     wtime    wt;
0033:     struct tm  tmbuf,tmbuf1={0,0,0,0,0,0};
```

```
0034:
0035:        /* ヘッダ部分 */
0036:        fprintf(stderr,"Reading RINEX OBS... ");
0037:        while(read_line(fp)) {
0038:            if (is_comment("# / TYPES OF OBSERV")) {
0039:                /* 観測データの数 */
0040:                n=atoi(get_field(6));
0041:                for(i=0;i<n;i++) {
0042:                    /* 必要なら次の行を読む */
0043:                    if (i>0 && (i%MAX_TYPES_OF_OBSV_LINE)==0) {
0044:                        if (!read_line(fp)) goto ERROR;
0045:                        get_field(6);
0046:                    }
0047:                    /* 観測データ名 */
0048:                    p=get_field(6);
0049:                    while(isspace(*p)) p++;
0050:                    for(j=0;type_name[j]!=NULL;j++) {
0051:                        if (strcmp(p,type_name[j])==0) break;
0052:                    }
0053:                    type_num[i+obsvs]=j;      /* 順番を記憶する */
0054:                }
0055:                obsvs+=n;
0056:            } else if (is_comment("END OF HEADER")) break;
0057:        }
0058:
0059:        /* C1 がなければ P1 で代用する */
0060:        for(i=0;i<obsvs;i++) {
0061:            if (type_num[i]==TYPE_C1) break;
0062:        }
0063:        if (i>=obsvs) {
0064:            for(i=0;i<obsvs;i++) {
0065:                if (type_num[i]==TYPE_P1) type_num[i]=TYPE_C1;
0066:            }
0067:        }
0068:
0069:        /* 本体を読む */
0070:        while(read_line(fp)) {
0071:            /* エポック */
0072:            tmbuf.tm_year   =atoi(get_field(3));
```

```
0073:        if (tmbuf.tm_year<80) tmbuf.tm_year+=100;
0074:        tmbuf.tm_mon   =atoi(get_field(3))-1;
0075:        tmbuf.tm_mday  =atoi(get_field(3));
0076:        tmbuf.tm_hour  =atoi(get_field(3));
0077:        tmbuf.tm_min   =atoi(get_field(3));
0078:        d              =atof(get_field(11));
0079:        tmbuf.tm_sec   =(int)(d+0.5);
0080:        d             -=tmbuf.tm_sec;
0081:        if (tmbuf.tm_mon>=0 && tmbuf.tm_mday>0) {
0082:            wt     =date_to_wtime(tmbuf);
0083:            wt.sec +=d;
0084:            /* 開始時刻 */
0085:            if (tmbuf1.tm_year<1) {
0086:                fprintf(stderr,"%.2d/%.2d/%.2d %.2d:%.2d:%.2d - ",
0087:                    tmbuf.tm_year%100,tmbuf.tm_mon+1,tmbuf.tm_mday,
0088:                    tmbuf.tm_hour,tmbuf.tm_min,tmbuf.tm_sec);
0089:            }
0090:            tmbuf1 =tmbuf;
0091:        } else wt.week=-1;
0092:
0093:        /* ステータスとレコード数 */
0094:        stat   =atoi(get_field(3));
0095:        num    =atoi(get_field(3));
0096:
0097:        /* イベントフラグの処理 */
0098:        if (stat>=2) {
0099:            /* イベントフラグがあった旨を表示 */
0100:            fprintf(stderr,"Detected: EVENT FLAG %d\n",stat);
0101:            if (stat>=6) continue;
0102:            for(i=0;i<num*((obsvs-1)/MAX_OBSVS_LINE+1);i++) {
0103:                if (!read_line(fp)) goto ERROR;
0104:                get_field(60);
0105:                if (isalpha(*get_field(1))) {
0106:                    i+=(obsvs-1)/MAX_OBSVS_LINE;
0107:                }
0108:            }
0109:            continue;
0110:        }
0111:        /* エポック情報がない場合 */
```

```
0112:        if (wt.week<0) {
0113:            for(i=0;i<num*((obsvs-1)/MAX_OBSVS_LINE+1);i++) {
0114:                if (!read_line(fp)) goto ERROR;
0115:            }
0116:            continue;
0117:        }
0118:        /* レコード数をチェック */
0119:        if (num<1) continue;
0120:
0121:        /* PRN 番号のリストを読み込む */
0122:        for(i=0;i<num;i++) {
0123:            /* 必要なら次の行を読む */
0124:            if (i>0 && (i%MAX_PRNS_LINE)==0) {
0125:                if (!read_line(fp)) goto ERROR;
0126:                get_field(32);
0127:            }
0128:            /* PRN 番号 */
0129:            prn_list[i]=0;
0130:            switch(*get_field(1)) {
0131:                case ' ':
0132:                case 'G':
0133:                    prn=atoi(get_field(2));
0134:                    if (prn>=1 && prn<=MAX_PRN) {
0135:                        prn_list[i]=prn;
0136:                    }
0137:                    break;
0138:                default:
0139:                    get_field(2);
0140:            }
0141:        }
0142:
0143:        /* 初期化 */
0144:        for(i=0;i<MEAS_TYPES;i++) {
0145:            for(prn=1;prn<=MAX_PRN;prn++) {
0146:                obs[i][prn-1]=0.0;
0147:            }
0148:        }
0149:
0150:        /* レコードを読み込む */
```

```
0151:        for(line=0;line<num;line++) {
0152:            if (!read_line(fp)) goto ERROR;
0153:            for(i=0;i<obsvs;i++) {
0154:                /* 必要なら次の行を読む */
0155:                if (i>0 && (i%MAX_OBSVS_LINE)==0) {
0156:                    if (!read_line(fp)) goto ERROR;
0157:                }
0158:                /* 観測データ */
0159:                prn =prn_list[line];
0160:                d   =atof(get_field(14));
0161:                lli =atoi(get_field(1));
0162:                snr =atoi(get_field(1));
0163:                if (prn>0 && type_num[i]<MEAS_TYPES && d!=0.0) {
0164:                    obs[type_num[i]][prn-1]=d;
0165:                }
0166:            }
0167:        }
0168:
0169:        /* 測位処理を呼び出す */
0170:        compute_position(wt,obs[TYPE_C1]);
0171:    }
0172:    noerr=TRUE;
0173:
0174: ERROR:
0175:    /* 終了時刻 */
0176:    if (tmbuf1.tm_year>0) {
0177:        fprintf(stderr,"%.2d/%.2d/%.2d %.2d:%.2d:%.2d\n",
0178:            tmbuf1.tm_year%100,tmbuf1.tm_mon+1,tmbuf1.tm_mday,
0179:            tmbuf1.tm_hour,tmbuf1.tm_min,tmbuf1.tm_sec);
0180:    } else {
0181:        fprintf(stderr,"No observation.\n");
0182:    }
0183:
0184:    /* 途中でファイルが終わっていた場合 */
0185:    if (!noerr) {
0186:        fprintf(stderr,"Error: Unexpected EOF.\n");
0187:    }
0188: }
```

関数 compute_position() に渡される擬似距離としては，ヘッダ部の "#␣/␣TYPES␣OF␣OBSERV" レコードで "C1" として指定された測定値（つまり C/A コード擬似距離）が対応します[2]．このほかにも，"#␣/␣TYPES␣OF␣OBSERV" レコードの内容と測定値との対応関係はリスト 5.1 の 13 行目に書いてあります．たとえば，compute_position() 関数に 2 周波の擬似距離と搬送波位相を渡すには，

```
void compute_position(wtime wt,
    double psr1[MAX_PRN],double psr2[MAX_PRN],
    double adr1[MAX_PRN],double adr2[MAX_PRN])
```

のように compute_position() を定義したうえで，リスト 5.1 の 170 行目を

```
compute_position(wt,obs[TYPE_C1],obs[TYPE_P2],obs[TYPE_L1],obs[TYPE_L2]);
```

と書き換えればよいでしょう．

なお，リスト 5.1 では，p.66 のリスト 3.1（read_RINEX_NAV() 関数）で定義されている記号定数や関数を使用しています．このため，プログラムリスト中のリスト 5.1 より前にリスト 3.1 を書いておいてください．

5.3　測位計算（実用段階）：単独測位プログラム "POS1"

さて，それでは単独測位プログラムをさらに改良して，RINEX 観測データファイルを処理するプログラムにしてみましょう（リスト 5.2）．

リスト 5.2：測位計算（実用段階） —— pos1.c

```
0001: /*------------------------------------------------------------
0002:  * POS1.c - Standalone Positioning.
0003:  *------------------------------------------------------------
0004:  * Copyright (C) 2006 T. Sakai, ENRI <sakai@enri.go.jp>
0005:  *------------------------------------------------------------*/
0006:
```

---

[2] ただし，"C1" がない場合は "P1" を利用します（59〜67 行目）．測量用受信機などでは，C/A コード擬似距離の代わりに P コード擬似距離しか出力しないものがあります．

```
0007～0072: (リスト 3.8 (test2.c) の 5～70 行目)
0073:
0074: /*-----------------------------------------------------------
0075:  * 実行時のパラメータ
0076:  *----------------------------------------------------------*/
0077: /* 出力形式 */
0078: static bool output_nmea      =FALSE;
0079: static bool output_rel       =FALSE;
0080: static bool output_diff      =FALSE;
0081: static posblh    rel_base;
0082:
0083: /* 仰角マスク */
0084: static double    mask_angle  =0.0;
0085:
0086: /* 残差チェックのスレッショルド */
0087: #define DPSR_THRESHOLD      20.0
0088:
0089: /* ジオイド高 [m] */
0090: #define GEOIDAL_HEIGHT      38.0
0091:
0092: /* 後で使うために空けてある
0093:  *
0094:  * */
0095:
0096～1021: (test3enu.c の 72～997 行目)
1022:
1023:            /* 後で使うために空けてある
1024:             *
1025:             *
1026:             *
1027:             * */
1028:
1029:            /* 精密計算 */
1030:            if (detail) {
1031:                /* 仰角マスクによる選別 */
1032:                if (el[prn-1]<mask_angle) continue;
1033:
1034～1075: (test3enu.c の 1001～1042 行目)
1076:      double   d,max_dpsr,latmf,lonmf;
```

5.3 測位計算（実用段階）：単独測位プログラム "POS1"

```
1077:      double  gdop=0.0,pdop=0.0,hdop=0.0,vdop=0.0;
1078:      posxyz  pos;
1079:      posblh  blh;
1080:      posenu  enu;
1081:      struct tm  tmbuf;
1082:
1083～1108: （リスト4.5（test3.c）の1044～1069行目）
1109:
1110:          /* 残差が大きな衛星は除く */
1111:          if (loop>=LOOP-3) {
1112:              max_prn =0;
1113:              for(prn=1;prn<=MAX_PRN;prn++) {
1114:                  if (psr1[prn-1]>0.0) {
1115:                      if (max_prn<1 || fabs(dpsr[prn-1])>max_dpsr) {
1116:                          max_prn =prn;
1117:                          max_dpsr=fabs(dpsr[prn-1]);
1118:                      }
1119:                  }
1120:              }
1121:              if (max_prn>0 && max_dpsr>DPSR_THRESHOLD) {
1122:                  psr1[max_prn-1]=0.0;
1123:              }
1124:          }
1125:      }
1126:      if (n<1) return;
1127:
1128:      /* 結果を出力する */
1129:      pos.x   =sol[0];
1130:      pos.y   =sol[1];
1131:      pos.z   =sol[2];
1132:      wt.sec -=sol[3]/C;
1133:      blh     =xyz_to_blh(pos);
1134:      gdop    =sqrt(cov[0][0]+cov[1][1]+cov[2][2]+cov[3][3]);
1135:      pdop    =sqrt(cov[0][0]+cov[1][1]+cov[2][2]);
1136:      hdop    =sqrt(cov[0][0]+cov[1][1]);
1137:      vdop    =sqrt(cov[2][2]);
1138:
1139:      /* NMEAフォーマット */
1140:      if (output_nmea) {
```

```
1141:          /* 受信時刻 */
1142:          wt.sec  -=leap_sec;
1143:          tmbuf   =wtime_to_date(wt);
1144:
1145:          /* 経緯度を度と分に分ける */
1146:          d       =fabs(rad_to_deg(blh.lat));
1147:          latd    =(int)d;
1148:          d       =(d-(double)latd)*60.0;
1149:          latm    =(int)d/10;
1150:          latmf   =d-(double)latm*10.0;
1151:          d       =fabs(rad_to_deg(blh.lon));
1152:          lond    =(int)d;
1153:          d       =(d-(double)lond)*60.0;
1154:          lonm    =(int)d/10;
1155:          lonmf   =d-(double)lonm*10.0;
1156:
1157:          /* 出力内容を生成する */
1158:          sprintf(linebuf,"$GPGGA,%2.2d%2.2d%2.2d,\
1159: %d%d%.7f,%c,%d%d%.7f,%c,%d,%d,%.3f,%.3f,M,%.3f,M,,",
1160:                  tmbuf.tm_hour,          /* #2: 受信時刻 [hhmmss] */
1161:                  tmbuf.tm_min,
1162:                  tmbuf.tm_sec,
1163:                  latd,latm,latmf,        /* #3: 緯度 [ddmm.mmm] */
1164:                  (blh.lat<0.0)?'S':'N',  /* #4: 緯度の符号 */
1165:                  lond,lonm,lonmf,        /* #5: 経度 [ddmm.mmm] */
1166:                  (blh.lon<0.0)?'W':'E',  /* #6: 経度の符号 */
1167:                  1,                      /* #7: 1:単独/2:補正あり */
1168:                  n,                      /* #8: 衛星数 */
1169:                  hdop,                   /* #9: HDOP */
1170:                  blh.hgt-GEOIDAL_HEIGHT, /* #10: 標高 [m] */
1171:                  GEOIDAL_HEIGHT);        /* #12: ジオイド高 [m] */
1172:
1173:          /* チェックサム */
1174:          sum=0; for(i=0;i<strlen(linebuf);i++) {
1175:                  sum^=linebuf[i];
1176:          }
1177:
1178:          /* 出力する */
1179:          printf("%s*%2.2X\n",linebuf,sum);
```

```
1180:
1181:      /* 相対位置 */
1182:      } else if (output_rel) {
1183:          /* 相対位置に変換 */
1184:          enu=xyz_to_enu(pos,blh_to_xyz(rel_base));
1185:
1186:          /* 出力する */
1187:          printf("%.3f,%.4f,%.4f,%.4f,%.6E,%d,%.3f,%.3f,%.3f,%.3f\n",
1188:              wt.sec,              /* #1: 受信時刻 [s] */
1189:              enu.e,enu.n,enu.u,   /* #2-4: 受信機位置 */
1190:              sol[3]/C,            /* #5: 受信機クロック誤差 [s] */
1191:              n,                   /* #6: 衛星数 */
1192:              gdop,                /* #7: GDOP */
1193:              pdop,                /* #8: PDOP */
1194:              hdop,                /* #9: HDOP */
1195:              vdop);               /* #10:VDOP */
1196:
1197:      /* ECEF 座標で出力 */
1198:      } else {
1199:          printf("%.3f,%.4f,%.4f,%.4f,%.6E,%d,%.3f,%.3f,%.3f,%.3f\n",
1200:              wt.sec,              /* #1: 受信時刻 [s] */
1201:              pos.x,pos.y,pos.z,   /* #2-4: 受信機位置 */
1202:              sol[3]/C,            /* #5: 受信機クロック誤差 [s] */
1203:              n,                   /* #6: 衛星数 */
1204:              gdop,                /* #7: GDOP */
1205:              pdop,                /* #8: PDOP */
1206:              hdop,                /* #9: HDOP */
1207:              vdop);               /* #10:VDOP */
1208:      }
1209: }
1210:
1211〜1398: (リスト 5.1：read_RINEX_OBS() 関数)
1399:
1400: /*-------------------------------------------------------------
1401:  * main() - メイン
1402:  *-------------------------------------------------------------*/
1403: void main(int argc,char **argv)
1404: {
1405:      int    i,opts;
```

第 5 章 RINEX ファイルの処理

```
1406:       FILE    *fp;
1407:
1408:       /* オプションの処理 */
1409:       opts=0;
1410:       for(i=1;i<argc;i++) {
1411:           if (argv[i][0]=='-') switch(argv[i][1]) {
1412:           case 'n':
1413:               output_nmea    =TRUE;
1414:               opts++;
1415:               break;
1416:           case 'r':
1417:               if (i+3<argc) {
1418:                   output_nmea =FALSE;
1419:                   output_rel  =TRUE;
1420:                   rel_base.lat=deg_to_rad(atof(argv[++i]));
1421:                   rel_base.lon=deg_to_rad(atof(argv[++i]));
1422:                   rel_base.hgt=atof(argv[++i]);
1423:                   opts+=4;
1424:               } else opts=argc;
1425:               break;
1426:           case 'm':
1427:               if (i+1<argc) {
1428:                   mask_angle  =deg_to_rad(atof(argv[++i]));
1429:                   opts+=2;
1430:               } else opts=argc;
1431:               break;
1432:           default:
1433:               opts=argc;
1434:           }
1435:       }
1436:
1437:       /* コマンドライン引数をチェック */
1438:       if (argc-opts<3) {
1439:           printf("pos1 - standalone positioning.\n");
1440:           printf("\n");
1441:           printf("usage: pos1 [options] <nav> <obs>\n");
1442:           printf("\n");
1443:           printf("parameters:\n");
1444:           printf("    <nav>         RINEX navigation file\n");
```

```
1445:        printf("    <obs>          RINEX observation file\n");
1446:        printf("\n");
1447:        printf("options:\n");
1448:        printf("    -n              NMEA $GPGGA format\n");
1449:        printf("    -r <lat> <lon> <hgt> Relative position\n");
1450:        printf("    -m <mask>       Elevation mask [deg]\n");
1451:        printf("\n");
1452:        exit(0);
1453:    }
1454:
1455:    /* RINEX ファイルを読み込む */
1456:    for(i=1+opts;i<argc;i++) {
1457:        if ((fp=fopen(argv[i],"rt"))==NULL) {
1458:            perror(argv[i]);
1459:            exit(2);
1460:        } else {
1461:            if (toupper(argv[i][strlen(argv[i])-1])=='N') {
1462:                /* RINEX 航法ファイル */
1463:                read_RINEX_NAV(fp);
1464:            } else if (toupper(argv[i][strlen(argv[i])-1])=='O') {
1465:                /* RINEX 観測データファイル */
1466:                read_RINEX_OBS(fp);
1467:            }
1468:            fclose(fp);
1469:        }
1470:    }
1471:
1472:    exit(0);
1473: }
```

　ベースとするプログラムはリスト 4.5（p.122）ですが，測位計算は ENU 座標系で実行することとして，リスト 4.6（p.135）の修正をしておきます．また，関数 compute_position() の後半部分では計算結果を出力ファイルに書き出す部分を追加しました（1128〜1208 行目）．実用性を考えて，ECEF 座標系以外にも，NMEA フォーマットや ENU 座標系の測位誤差としても出力できるようにしてあります．

　計算結果の出力形式は，実行時のオプションとして指定します．たとえば，オプションとして "-n" を付けると，NMEA 形式で出力されます．また，"-r" オプ

ションで測位誤差を出力するように指定することができます（この場合は基準位置の経緯度と高度も必要です）．何も指定されなければ，ECEF 座標値を出力します．

NMEA とは米国の NMEA (National Marine Electronics Association：米国海洋電子機器工業会) が制定した標準フォーマットで，もともとは船舶内の各種電子機器の出力データを共通なインターフェースで取り扱えるように考えられたものです．NMEA フォーマットは ASCII コードによるテキスト形式となっていますので，データをそのまま目視で確認できます．データはセンテンスという単位で伝送され，各センテンスの最初には "$" 文字とセンテンスの種類を示す文字列が入ります．センテンスの最後にはチェックサムがあり，CR+LF（文字コード 0x0d と 0x0a の 2 文字）でセンテンスが終わります．チェックサムは，"$" の次の文字から "*" の直前の文字までの ASCII コードの排他的論理和（exclusive or）です．

GPS 受信機の場合は，GPGGA センテンスにより位置情報を出力する使い方が代表的です．GPGGA センテンスのフォーマットは，次のとおりです．

```
$GPGGA,<time>,<latitude>,<NorS>,<longitude>,<EorW>,<status>,
<#sat>,<HDOP>,<MSL height>,<unit>,<geoidal height>,<unit>,
<age>,<station ID>*<checksum> CR LF
```

<time>	現在時刻（UTC）を hhmmss で表します
<latitude>	緯度（ddmm.mmm 形式）
<NorS>	北緯（N）あるいは南緯（S）
<longitude>	経度（dddmm.mmm 形式）
<EorW>	東経（E）あるいは西経（W）
<status>	0=非測位状態，1=GPS 単独測位，2=DGPS
<#sat>	測位に使用した衛星数
<HDOP>	HDOP 値
<MSL height>	海抜高度
<unit>	海抜高度の単位（M=メートル）
<geoidal height>	ジオイド高
<unit>	ジオイド高の単位（M=メートル）
<age>	DGPS 補正データの古さ

`<station ID>`	DGPS 基準局 ID
`<checksum>`	チェックサム

関数 compute_position() の繰返し計算部分には，実用性を考慮して異常と思われる衛星を取り除く処理を追加してあります．1110〜1124 行目がそれで，各衛星の残差の最大値を調べ，これが DPSR_THRESHOLD （20 m にしてあります）以上となっていれば対応する衛星を取り除きます．この処理は繰返しの最後の 2 回で行うのみですが，これは収束の途中では残差による判定ができないからです．実際に衛星が異常な信号を放送することはまれですが，こうした処理により大きな大気遅延誤差やマルチパス（地上付近で生じる反射波）誤差による影響を避けることができます．

pos1.c は，次のように実行します（仰角マスクについては，6.1 節を参照してください）．オプションは何も付けなくてもかまいませんが，RINEX 航法ファイルと観測ファイルはいずれも一つ以上を必ず指定してください．二つ以上のファイルを指定することもでき，この場合は順番に処理されます．

> 書式：　pos1 `<オプション> <航法ファイル> <観測ファイル>`

-n	NMEA GPGGA センテンスを出力
-r `<lat> <lon> <hgt>`	測位誤差を出力
-m `<mask>`	仰角マスクを指定

まずはオプションを付けずに実行します．RINEX 観測ファイル mtka3180.05o を処理してみましょう．リスト 4.5 (p.122) では RINEX 航法ファイルしか指定しませんでしたが，そのあとに RINEX 観測データを収めているファイル名を並べて書きます．

リスト 5.2 のコンパイル・実行例（その 1）

```
% cc -o pos1 pos1.c -lm
% ./pos1 mtka3180.05n mtka3180.05o >mtka318.pos
Reading RINEX NAV... week 1349: 29 satellites
Reading RINEX OBS... 05/11/14 00:00:00 - 05/11/14 23:59:30
```

```
% cat mtka318.pos
86400.000,-3947762.6519,3364400.4974,3699431.2556,-4.1116E-008,9,
1.649,1.472,0.898,1.166
86430.000,-3947763.8104,3364400.9195,3699432.4468,-3.2880E-008,9,
1.647,1.470,0.898,1.164
86460.000,-3947763.6499,3364401.2671,3699432.1243,-4.7442E-008,9,
1.644,1.468,0.897,1.162
                         ⋮
172770.000,-3947762.7755,3364400.9289,3699432.5146,-5.9583E-008,9,
1.631,1.457,0.894,1.150
%
```

出力ファイル mtka318.pos には，表 5-5 のフォーマットで測位計算の結果が記録されています（コンマで区切られた CSV 形式のテキストファイルですので，Excel などで読み込むこともできます）．プログラム中で出力処理を行っている 1199〜1207 行目と見比べてみてください．実行例では，IGS mtka の位置（$X = -3947762.7496$, $Y = 3364399.8789$, $Z = 3699428.5111$）に近い計算結果が得られていることがわかります．

"-r" オプションを付けてプログラムを実行すると，ENU 座標系で測位誤差を

表 5-5 pos1.c の出力フォーマット（CSV 形式）

カラム	内容	単位
1	受信時刻（週初めからの経過秒）	s
2	受信機位置（X 座標）	m
3	受信機位置（Y 座標）	m
4	受信機位置（Z 座標）	m
5	受信機クロック誤差（進みが正）	s
6	測位に用いた衛星数	
7	GDOP	
8	PDOP	
9	HDOP	
10	VDOP	

出力させることができます.次の例のように,"-r" に続けて基準とする地点の緯度・経度・高度を入力してください.出力フォーマットは ECEF 座標系の場合と同じですが,座標値については,"-r" オプションで指定した基準地点を原点として,東方向が X 軸,北方向が Y 軸,高さ方向が Z 軸の ENU 座標系となります.

リスト 5.2 のコンパイル・実行例(その 2)

```
% cc -o pos1 pos1.c -lm
% ./pos1 -r 35.679514962 139.561384732 109.0133 mtka3180.05n mtka3180.
05o >mtka318.off
Reading RINEX NAV... week 1349: 29 satellites
Reading RINEX OBS... 05/11/14 00:00:00 - 05/11/14 23:59:30

% cat mtka318.off
86400.000,-0.5341,2.0387,1.8662,-4.1116E-008,9,1.649,1.472,0.898,1.166
86430.000,-0.1039,2.3324,3.4996,-3.2880E-008,9,1.647,1.470,0.898,1.164
86460.000,-0.4727,2.0101,3.3954,-4.7442E-008,9,1.644,1.468,0.897,1.162
                              :
172770.000,-0.7823,2.8433,2.9043,-5.9583E-008,9,1.631,1.457,0.894,1.150
%
```

基準地点として正しい座標値を与えていれば,ENU 座標値は測位誤差そのものとなります.したがって,図 5-4 のように X 座標値と Y 座標値をプロットすると,測位誤差の水平面内の成分をそのまま表示できます.

最後に,NMEA フォーマットを指定する "-n" オプションを使ってみましょう.

リスト 5.2 のコンパイル・実行例(その 3)

```
% cc -o pos1 pos1.c -lm
% ./pos1 -n mtka3180.05n mtka3180.05o >mtka318.gga
Reading RINEX NAV... week 1349: 29 satellites
Reading RINEX OBS... 05/11/14 00:00:00 - 05/11/14 23:59:30

% cat mtka318.gga
$GPGGA,235947,3540.7720002,N,13933.6827299,E,1,9,0.898,72.880,M,38.000,
M,,*66
$GPGGA,000017,3540.7721590,N,13933.6830150,E,1,9,0.898,74.513,M,38.000,
M,,*60
```

164   第 5 章　RINEX ファイルの処理

測位誤差を水平面に投影した様子です（2005 年 11 月 14 日，IGS mtka）．真の座標値を原点とした ENU 座標値の X 成分と Y 成分を，そのままプロットしてあります．2dRMS = 6.58〔m〕．

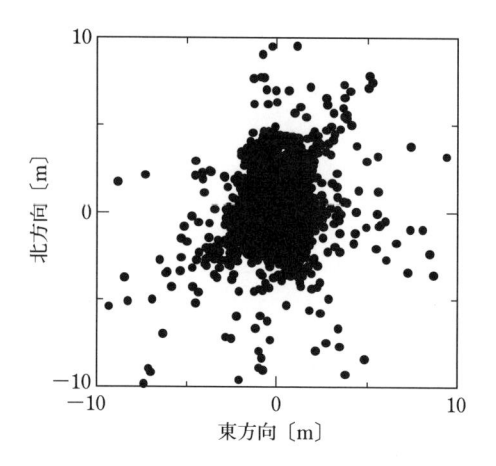

図 5-4　測位誤差の水平成分

```
$GPGGA,000047,3540.7719847,N,13933.6827706,E,1,9,0.897,74.409,M,38.000,
M,,*6F
                              ⋮
$GPGGA,235917,3540.7724352,N,13933.6825654,E,1,9,0.894,73.918,M,38.000,
M,,*6B
%
```

　測位結果は，GPGGA センテンスとして出力されます．NMEA フォーマットでは時刻は hhmmss 形式で表されますから（p.160 を参照），たとえば "235947" と書いてあれば 23:59:47 を意味します．上の例では，23:59:47 から 30 秒ごとに測位が実行されていることがわかります．

　経緯度については ddmm.mmm 形式で，100 の位から上が角度の度，100 の位よりも下（小数点以下も含む）が分を表します．上の例の出力ファイルの最初の行は，時刻 23:59:47，北緯 35 度 40.7720002 分，東経 139 度 33.6827299 分，標高 72.880 m となります．GPGGA センテンスの時刻は UTC（協定世界時）ですから，2005 年 11 月の時点では GPS 時刻と閏秒に相当する 13 秒の差があり，実行例

の出力でもこの分だけ時刻がずれています[3].

なお，xyz_to_blh() 関数により得られる高度は楕円体高，すなわち回転楕円体面からの距離です．標高とは平均海水面から測った高さですから，正しく標高を得るには平均海水面の楕円体高（これをジオイド高といいます）を差し引く必要があります．リスト 5.2 の 1170 行目で記号定数 GEOIDAL_HEIGHT の値を減じている部分がこのための処理に相当しますが，本来は経緯度に応じて適切なジオイド高を使う必要があります．

記号定数 GEOIDAL_HEIGHT に設定されている 38 m という値は，東京付近における平均的なジオイド高です．標高やジオイド高に関する詳細については，他の文献を参照してください（[6] など）．また，経緯度に応じた標高への変換を実際に行う場合は，ジオイド高データベース（EGM-96 など）が必要となります．

[3.] 閏秒は 2006 年 1 月から 14 秒となっています．

第6章

測位のバリエーション

　GPSの測定データには，衛星の仰角によって測距精度が異なるという性質があります．データの性質がわかれば，そのことを利用して測位精度を向上させることもできますから，そのための方法について考えてみることにしましょう．

　また，GPSで測定するのは衛星と受信機の間の距離ですから，実は単純に三次元位置を求める以外の使い方もあります．たとえば二次元や一次元の測位もできますし，時刻を測ることも可能です．GPSで三次元測位以外にどんな使い方ができるかを調べてみることにします．

6.1　衛星の選択

　90年代のGPS受信機は同時に受信できる衛星数が限られていましたので，利用する衛星の選択という課題がありました．たとえば最低限の4チャンネルしかない受信機では，仰角の高いほうから4衛星を選ぶか，あるいは利用可能な衛星のうちからDOPの良い4衛星の組合せを自動的に選択するものが普通でした．

　現在の受信機はそのような制約は少なく，ほとんどの受信機が8チャンネル以

上で，多いものでは 12 あるいは 16 チャンネルを備えているものも珍しくありません．上空にあるすべての衛星を利用する測位方式は all-in-view 測位と呼ばれますが，現在の受信機はほとんどすべてがこの方式ということになります．

それにしても，現在のところ上空に見える衛星は多くても 12 機程度ですから，16 チャンネルというのは多すぎるように感じるかもしれません．このような受信機では，余分のチャンネルを使って，次に地平線の下から現れる予定の衛星の信号を探したり，マルチパス対策を講じたりしているようです．いずれにしても，12 チャンネル以上の受信機であれば，上空のほぼすべての衛星が測定対象となります．

ところで，GPS 衛星が放送する測距信号は，地上に到達するまでに電離層遅延（4.4 節）や対流圏遅延（4.5 節）といった遅延を受けます．これら大気遅延の特徴は，衛星の仰角によって大きく遅延量が変化することです．これは仰角の低い衛星からやってくる測距信号は大気圏の通過距離が長くなるためで，天頂方向と比べて遅延量が大きくなる割合を傾斜係数といいます．仰角 5 度の衛星では，電離層遅延と対流圏遅延のそれぞれについて天頂方向の 3 倍あるいは 10 倍の遅延量となります（図 4-10（p.112），図 4-11（p.116））．

こうした遅延は測位誤差の原因になりますから，電離層遅延については航法メッセージに含まれている補正パラメータを，また対流圏遅延はモデルを利用して補正を行います．補正しきれない成分は測距誤差となりますが，この誤差も傾斜係数の分だけ拡大されますので，仰角の低い衛星ほど大きな大気遅延誤差を持つことになります．また，地上付近では周囲の建物などによる反射波によるマルチパス誤差の影響も受け，やはり測距精度が劣化します．

図 6-1 は，擬似距離の残差を仰角別にプロットした例です（灰色の点）．これだけではわかりにくいですから，仰角の 5 度ごとにこの残差を集計して，RMS 誤差を求めた結果を折れ線で表示しました．低仰角では大きな測距誤差がありますが，仰角 30 度程度以上ではほぼ一定していることがわかります．

測距誤差のモデルを用意しておくと便利なことがあります（実際に次節（p.174）で使います）．このためには図 6-1 の折れ線を簡単な関数で近似できればよいわけですが，たとえばサイン関数を用いた例を図中に細い曲線で表示しました．式は次のとおりで，天頂方向では $\sigma(90 度) = 0.8$〔m〕となります．

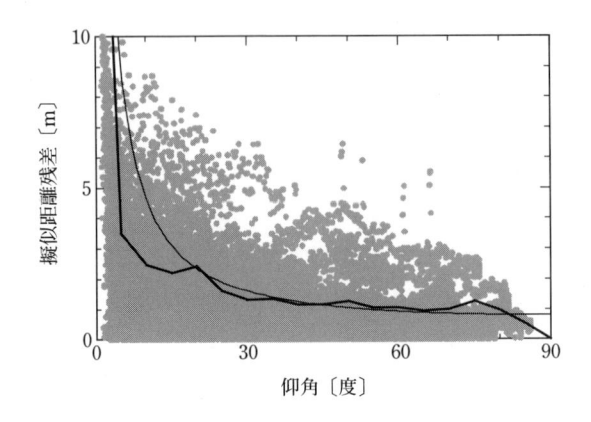

仰角別に擬似距離の残差をプロットすると，大きな残差は低仰角で生じていることがわかります．折れ線は RMS 誤差，曲線はサイン関数による近似です．

図 6-1　仰角と測距精度

$$\sigma(EL) = \frac{0.8}{\sin EL} \tag{6.1}$$

低仰角の衛星は測距精度が良くないということがわかりました．このことを利用して測位精度を改善するもっとも簡単な方法は，低仰角の衛星を使わないことです．仰角マスク（elevation mask angle）はこのために使われるパラメータで，仰角がこの値以下の衛星は測位に利用しないことにするものです．仰角マスクは，単に「マスク角」などともいいます．

仰角マスクを設定すると測距精度の良くない低仰角の衛星を避けることになりますから，測位精度は改善します．ところが，その代わりに衛星の数が減ってしまうことに注意が必要です．図 6-2 は，仰角マスクの値に対応して利用可能な衛星の数の平均値を計算した例です．仰角マスクを外した状態では平均で 9 機近くの衛星が利用可能でしたが，15 度のマスクでは 7 機以下，30 度のマスクでは 5 機以下となってしまうことがわかります．また，破線は測位に必要な 4 機以上の衛星が利用可能な割合を示していますが，仰角マスクを 24 度以上にするとこれが 100% ではなくなり，40 度のマスクでは 50% 以下となりました．

こうした事情から，仰角マスクの値としては 5～15 度程度が一般的です．航空機や船舶の航法など，精度よりも測位の連続性が重要視される分野では低めの 5 度，時間をかけてでも測位精度を重視する測量や科学観測といった応用では，15

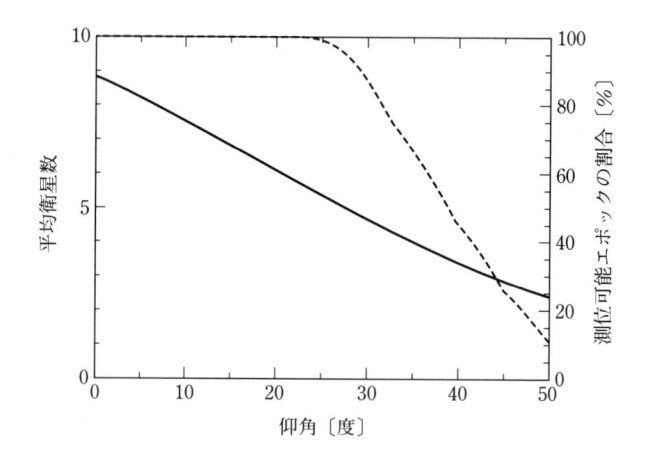

仰角マスク別に，利用可能な衛星数の平均値をプロットした例です（2005年11月14日，東京都調布市）．実線は平均衛星数，破線は4衛星以上が利用可能となったエポックの割合です．

図 6-2 仰角マスクと衛星数

度あるいはそれ以上の高めのマスクが設定されることが多いようです．なお，仰角マスクを高くすると高仰角の衛星ばかりになってしまいますから，せっかく測距精度の良い衛星を集めたとしても，VDOPが大きくなることで垂直方向の測位精度が劣化することにも注意してください．

次のリスト6.1は，図6-2の作成に使用したプログラム（masksats.c）です．このプログラムは，RINEX航法ファイルを読み込んで，指定された時間帯に利用できる衛星の数を求め，その平均値を出力します．図6-2では，次の実行例のとおり，mtka3180.05nを使用して2005年11月14日の1日分を10秒ごとに計算させました．

リスト 6.1：衛星数の集計── masksats.c

```
0001: /*-------------------------------------------------------------
0002:  * MASKSATS.c - Mask Angle versus the Number of Satellites.
0003:  *-------------------------------------------------------------*/
0004:
0005〜0070:（リスト 4.5（test3.c）の 5〜70 行目）
0071:
```

```
0072: /*-------------------------------------------------------------
0073:  * 実行時のパラメータ
0074:  *------------------------------------------------------------*/
0075: /* 仰角マスクの範囲 */
0076: #define MASK_START       0.0
0077: #define MASK_STOP        50.0
0078: #define MASK_STEP        1.0
0079:
0080～0734: （リスト 4.5 (test3.c) の 72～726 行目）
0735:
0736: /*-------------------------------------------------------------
0737:  * main() - メイン
0738:  *------------------------------------------------------------*/
0739: void main(int argc,char **argv)
0740: {
0741:     int    n,prn;
0742:     long   epochs,avail,sats;
0743:     double sec,mask,start,stop,step;
0744:     FILE   *fp;
0745:     wtime  wt;
0746:     posxyz satpos,usrpos;
0747:     posblh user;
0748:
0749:     /* RINEX 航法ファイルを読み込む */
0750:     if (argc<8) {
0751:         fprintf(stderr,"masksats <RINEX-NAV> <lat> <lon> <hgt> \
0752: <start> <stop> <step>\n");
0753:         exit(0);
0754:     } else if ((fp=fopen(argv[1],"rt"))==NULL) {
0755:         perror(argv[1]);
0756:         exit(2);
0757:     } else {
0758:         read_RINEX_NAV(fp);
0759:         fclose(fp);
0760:     }
0761:
0762:     /* ユーザ位置 */
0763:     user.lat=deg_to_rad(atof(argv[2]));
0764:     user.lon=deg_to_rad(atof(argv[3]));
```

```
0765:     user.hgt=atof(argv[4]);
0766:     usrpos  =blh_to_xyz(user);
0767:
0768:     /* 計算対象時刻 */
0769:     start   =atof(argv[5]);
0770:     stop    =atof(argv[6]);
0771:     step    =atof(argv[7]);
0772:
0773:     /* 仰角マスクを変えながら計算する */
0774:     for(mask=MASK_START;mask-MASK_STOP<0.001;mask+=MASK_STEP) {
0775:         epochs  =0;
0776:         sats    =0;
0777:         avail   =0;
0778:
0779:         /* 指定された時間範囲について計算 */
0780:         for(sec=start;sec-stop<0.001;sec+=step) {
0781:             wt.week =current_week;
0782:             wt.sec  =sec;
0783:
0784:             /* 利用可能な衛星数を数える */
0785:             n=0;
0786:             for(prn=1;prn<=MAX_PRN;prn++) {
0787:                 /* エフェメリスをセット */
0788:                 if (!set_ephemeris(prn,wt,-1)) continue;
0789:
0790:                 /* 衛星位置を計算 */
0791:                 satpos  =satellite_position(prn,wt,0.0);
0792:
0793:                 /* 仰角マスクによる選別 */
0794:                 if (elevation(satpos,usrpos)>deg_to_rad(mask)) n++;
0795:             }
0796:             epochs++;
0797:             if (n>=4) avail++;
0798:             sats+=n;
0799:         }
0800:
0801:         /* 衛星数を出力 */
0802:         printf("%.2f,%d,%.6f,%.6f\n",
0803:             mask,                   /* #1: 仰角マスク [deg] */
```

```
0804:                    epochs,              /* #2: エポック数 */
0805:                    (double)sats/epochs, /* #3: 平均衛星数 */
0806:                    (double)avail/epochs); /* #4: 測位可能エポックの割合 */
0807:            }
0808: 
0809:            exit(0);
0810: }
```

リスト 6.1 のコンパイル・実行例

```
% cc -o masksats masksats.c -lm
% ./masksats mtka3180.05n 35.679514962 139.561384732 109.0133
86400 172799 10 >masksats.out
Reading RINEX NAV... week 1349: 29 satellites

% cat masksats.out
0.00,8640,8.841319,1.000000
1.00,8640,8.741319,1.000000
2.00,8640,8.637384,1.000000
                   ⋮
50.00,8640,2.395602,0.107407
%
```

6.2　重み付きの計算

　仰角マスクを設定すると，測距精度に優れない低仰角の衛星を使わないようにすることができます．ところが，この方法では衛星の数が減ってしまいますので，測位そのものを実行できない可能性があります．測位精度よりも測位できるかどうかのほうが重要な用途もありますから，これでは困ったことになりかねません．

　このような場合は，仰角の低い衛星を単純に使わないようにするだけではなく，重みを下げて計算することが考えられます．衛星を利用するかしないかではなく，その中間の状態を「重み」として表現するわけです．測定値の精度があらかじめわかっている場合には，重み付きの最小二乗法を使うことでこのような都合のよい処理が実現できます．

　測位計算で解いている式（3.18）（p.84）の連立方程式を行列を使わずに書くと，

次のようになっています.

$$
\begin{cases}
g_{11}\Delta x + g_{12}\Delta y + g_{13}\Delta z + g_{14}\Delta s = \Delta r_1 \\
g_{21}\Delta x + g_{22}\Delta y + g_{23}\Delta z + g_{24}\Delta s = \Delta r_2 \\
\qquad\qquad\vdots \qquad\qquad\qquad\qquad \vdots \\
g_{N1}\Delta x + g_{N2}\Delta y + g_{N3}\Delta z + g_{N4}\Delta s = \Delta r_N
\end{cases}
\tag{6.2}
$$

最小二乗法では,この連立方程式の両辺の差(残差)の二乗和が最小となるように未知数が決められます.つまり,

$$e_i = g_{i1}\Delta x + g_{i2}\Delta y + g_{i3}\Delta z + g_{i4}\Delta s - \Delta r_i \tag{6.3}$$

と書いたとき,残差二乗和

$$E = e_1{}^2 + e_2{}^2 + \cdots + e_N{}^2 \tag{6.4}$$

が最小となるように未知数を決めるのです.それぞれの測定値は均等に取り扱われていることになります.

それぞれの測定値の精度はわかっているのですから,精度の悪い測定値については重視しないことを考えましょう.擬似距離 r_i の測定精度が,標準偏差 σ_i で表されるものとします.精度の悪い,つまり σ_i が大きな測定値はその分だけ残差も大きくなることでしょうから,残差の評価にあたり $1/\sigma_i$ 倍にすることとします.

$$E' = \left(\frac{e_1}{\sigma_1}\right)^2 + \left(\frac{e_2}{\sigma_2}\right)^2 + \cdots + \left(\frac{e_N}{\sigma_N}\right)^2 \tag{6.5}$$

標準偏差 σ_i を基準として残差を揃えたわけで,精度の悪い測定値は相対的に評価の重みが小さくなります.この式を最小とするには,もとの連立方程式の両辺に $1/\sigma_i$ を乗じればよいのです.

$$
\begin{cases}
\dfrac{1}{\sigma_1}g_{11}\Delta x + \dfrac{1}{\sigma_1}g_{12}\Delta y + \dfrac{1}{\sigma_1}g_{13}\Delta z + \dfrac{1}{\sigma_1}g_{14}\Delta s = \dfrac{1}{\sigma_1}\Delta r_1 \\
\dfrac{1}{\sigma_2}g_{21}\Delta x + \dfrac{1}{\sigma_2}g_{22}\Delta y + \dfrac{1}{\sigma_2}g_{23}\Delta z + \dfrac{1}{\sigma_2}g_{24}\Delta s = \dfrac{1}{\sigma_2}\Delta r_2 \\
\qquad\qquad\vdots \qquad\qquad\qquad\qquad \vdots \\
\dfrac{1}{\sigma_N}g_{N1}\Delta x + \dfrac{1}{\sigma_N}g_{N2}\Delta y + \dfrac{1}{\sigma_N}g_{N3}\Delta z + \dfrac{1}{\sigma_N}g_{N4}\Delta s = \dfrac{1}{\sigma_N}\Delta r_N
\end{cases}
\tag{6.6}
$$

このようにすると,σ_i が小さな衛星ほど重要視されて未知数が計算されることになります.

行列を使って計算するには，次のような重み行列 W を用意します．

$$W = \begin{bmatrix} w_1 & 0 & \cdots & 0 \\ 0 & w_2 & & 0 \\ \vdots & & \ddots & \vdots \\ 0 & 0 & \cdots & w_N \end{bmatrix} = \begin{bmatrix} 1/\sigma_1{}^2 & 0 & \cdots & 0 \\ 0 & 1/\sigma_2{}^2 & & 0 \\ \vdots & & \ddots & \vdots \\ 0 & 0 & \cdots & 1/\sigma_N{}^2 \end{bmatrix} \quad (6.7)$$

この重み行列を利用して方程式に重み付けをして，誤差の期待値がもっとも小さくなるように解を求めるには，

$$\Delta \vec{x} = (G^{\mathrm{T}} W G)^{-1} G^{\mathrm{T}} W \Delta \vec{r} \quad (6.8)$$

のように $\Delta \vec{x}$ を定めます．このとき式 (6.5) が最小となり，σ_i の小さな，測定精度の良い擬似距離が重視されて解が求められることになります．

重み付き最小二乗法を用いる場合，解に含まれる誤差の共分散を表す式 (4.32) (p.132) は

$$\mathrm{cov}(\Delta \vec{x}) = (G^{\mathrm{T}} W G)^{-1} \quad (6.9)$$

となります．したがって測位精度は式 (6.9) により知ることができるわけですが，衛星の配置を表す DOP についてはその定義が式 (4.35) となっていますので，測距精度や重みに関係なく決まります．

さて，実はリスト 2.17（p.44）の compute_solution() 関数には重みを付けて計算するための機能がすでに用意してありました．引数 wgt[] がそれで，右辺 dr[] の各要素に対応する重み係数を与えることができます．今までは重みを付けていませんでしたので，NULL を指定していました．

重みを付けて計算するように，リスト 5.2（p.153）を修正することにしましょう．まず，各衛星の仰角に応じて重み係数を配列 wgt[] に設定します．重みの付け方としては，式 (6.1) の測距精度モデルを使います．

```
0092: /* 重み付けのパラメータ */
0093: #define MIN_WEIGHT        0.001       /* 重みの最小値 */
0094: #define VAR_ZENITH        (0.8*0.8)   /* 擬似距離の分散 [m^2] */

1023:           /* 重みを設定する */
1024:           if (el[prn-1]>0.0) {
1025:               wgt[n]  =sin(el[prn-1])*sin(el[prn-1])/VAR_ZENITH;
```

```
1026:            } else wgt[n]=0.0;
1027:            if (wgt[n]<MIN_WEIGHT) wgt[n]=MIN_WEIGHT;
```

次に，連立方程式を解く部分を書き換えて，重みを付けて計算するようにします．

```
1046:    /* 方程式を解く */
1047:    compute_solution(G,dr,NULL,dx,cov,n,m);
1048:    compute_solution(G,dr,wgt,dx,cov2,n,m);
```

compute_solution() 関数の最初の呼出しは，DOP の計算で用いられる配列 cov[][] を得るために残しておきます（前述のように DOP の計算は重みと関係がないからです）．二度目の呼出しの際には重み係数を配列 wgt[] に与え，重み付きの計算による解を配列 dx[] に得ます．このとき，先の計算で求めた配列 cov[][] が破壊されないよう，別の配列 cov2[][] を渡しておきます（cov2[][] に返された内容は使いません）．

以上の修正により，重み付きで測位計算を実行するプログラム pos1wgt.c ができあがります．図 6-3 は，重み付きの計算結果の例です．図 5-4（p.164）と同じ観

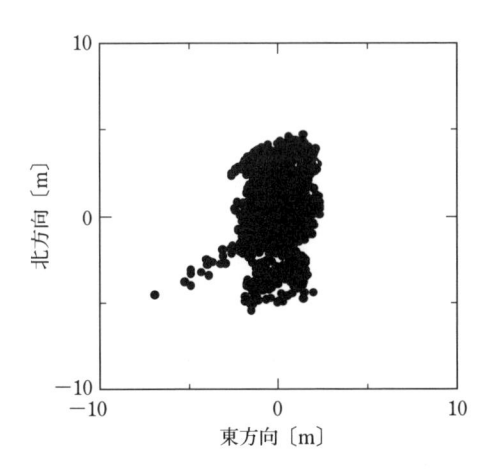

重み付きの計算結果です（2005 年 11 月 14 日，IGS mtka）．図 5-4 (p.164) と比べると測位精度が改善されている様子がわかります．2dRMS = 3.96 [m]．

図 6-3　測位誤差の水平成分（重み付き）

測データを処理したものですが，図5-4と比べると測位精度が改善されている様子がわかります．

6.3　高さ一定の場合（二次元測位）

　GPSでは通常，受信機の三次元位置を得るために4個の未知数を求めますから，これに対応して4機の衛星が必要となります．したがって4機の衛星が揃わない場合は位置を求められないわけですが，もし未知数を減らすことができれば3機あるいはそれ以下の衛星しかなくても位置を計算できます．

　たとえば，高さがわかっている場合を考えてみましょう．海上にある船舶は標高がほぼゼロでなければなりませんし，標高データベースがあれば地上を走る自動車でも位置に対応した標高を知ることができます．

　ENU座標系ならZ軸方向が高度に対応しますので，Z座標については未知数としなくてよいことになります．この場合，測位計算で解いている式 (3.18)（p.84）の連立方程式は次のようになります．

$$\begin{cases} g_{11}\Delta x + g_{12}\Delta y + \Delta s = \Delta r_1 \\ g_{21}\Delta x + g_{22}\Delta y + \Delta s = \Delta r_2 \\ \quad\vdots \qquad\qquad\qquad \vdots \\ g_{N1}\Delta x + g_{N2}\Delta y + \Delta s = \Delta r_N \end{cases} \quad (6.10)$$

係数 g_{ij} を計算するには受信機の三次元座標が必要となりますが，高さを固定する場合はこのうちZ座標についてはあらかじめ定められた値を使い，残るXおよびY座標は今までどおりの近似値を用いることになります．あとは最小二乗法でこの連立方程式を解くだけです．もちろん，前節で説明した重み付きの最小二乗法を使ってもかまいません．

　ところで，このように高度を固定すると，方程式の解は高度方向には変化できません．このため，初期値によっては解がうまく収束しないこととなります．初期値をうまく選べばよいわけですが，そもそも位置がわからないために測位計算をするのですから，これでは困ったことになってしまいます．

　こうした課題を解決するために，実際のプログラムでは，最初は高度を固定せずにある程度正しい解を得ておいて，それを初期値としたうえで高度を固定して

受信機クロックと測位誤差

受信機クロック誤差も未知数として推定されますから，推定誤差を伴っています．受信機クロック誤差の推定が正しくないと測位に使われる衛星・受信機間の距離情報が一律に増減することになりますが，水平方向については衛星が比較的均等に近く配置されていますから，最小二乗法の過程で互いに打ち消し合って必ずしも測位誤差として現れません．ところが垂直方向については衛星の配置が偏っていますから（地面の下には衛星がありません），こうした効果は期待できず，測位誤差となります．これは，GPSにより得られる垂直方向の測位精度が水平方向よりも劣る原因です．

衛星の配置が水平方向について対称な場合，式 (4.33)（p.133）の共分散行列は，次のような形をしています（座標系は ENU として，変数 z が垂直方向に対応するものとします）．

$$\mathrm{cov}(\Delta \vec{x}) = \begin{bmatrix} \sigma_x^2 & 0 & 0 & 0 \\ 0 & \sigma_y^2 & 0 & 0 \\ 0 & 0 & \sigma_z^2 & \sigma_{zs} \\ 0 & 0 & \sigma_{zs} & \sigma_s^2 \end{bmatrix}$$

共分散行列の対角成分は各変数の期待分散ですが，非対角成分は対応する変数同士の共分散を表します．x, y 成分については他の変数との共分散は小さいのですが（これは相関が小さいことを意味します），変数 z と s の共分散は一定の大きさを持ちます．つまり，垂直方向の測位誤差と受信機クロック誤差には相関があることがわかります．

7.1.4項（p.194）では，対流圏遅延の影響により上方向への測位誤差が現れることを説明しています．擬似距離が長めに測定されているのですから，本来は下方向への誤差となるところですが，受信機クロック誤差が未知数とされているために対流圏遅延の平均的な成分が受信機クロック誤差を介して測位誤差となって現れることになるのです．

GPSについては一般に「受信機クロック誤差は測位誤差とはならない」とされることがありますが，これはちょっといいすぎのようです．受信機クロック誤差の推定精度は，垂直方向の測位誤差と相関があるからです．実際に，受信機側にも原子時計のような正確なクロックがあれば測位精度は改善され，特に垂直方向の測位誤差を抑えることができます [19]．

再度計算を行い位置精度の向上を図ることとします．リスト 5.2（p.153）はちょうど粗い計算（detail=FALSE）に続けて詳細な計算（detail=TRUE）をするように構成されていますので，これをそのまま使うことにしましょう．

リスト 6.2（p.181）で紹介する pos2.c では，この高度を固定するオプション"-h"を付けてあります．大きく変わっているのは _compute_position() 関数で，未知数の数を表す変数 m が 4 未満の場合にも対応できるようになっています．この変数には 1119 行目で値がセットされますが，detail=FALSE なら 4，detail=TRUE の場合は変数 unknowns が参照されます．オプション-h が指定されているとき変数 unknowns は 3，つまり未知数は三つとされています．

未知数が三つの場合は，1139〜1141 行目で解の暫定値に対する操作が行われ，高度が強制的に fix_base.hgt とされます．この変数にはオプション-h で指定された高度が入っていますので，detail=TRUE のときは高度がその値に固定されるわけです．また，デザイン行列をつくる 1161〜1182 行目では，未知数の数に対応してデザイン行列 G は 3 列とされます．

あとは今までと同じように方程式を解きます．得られた解は高度方向の成分がありませんので，1235〜1236 行目では水平方向の成分だけを解の更新に使います．なお，デザイン行列 G の大きさが変わっていることから未知数が四つの場合と同じようには DOP を計算できませんので，1323〜1342 行目では未知数の数に応じて DOP を計算するようにしてあります．

図 6-4 は，高度を固定して測位計算を行った結果の例です．図 5-4（p.164），図 6-3 と同じ観測データを処理したものですが，プログラム pos2.c を使用し，オプション "-h 109.013" を指定して計算してあります．測位精度はそれほど変わりませんでしたが，南西方向に生じていた大きなバイアス誤差が抑制されました．

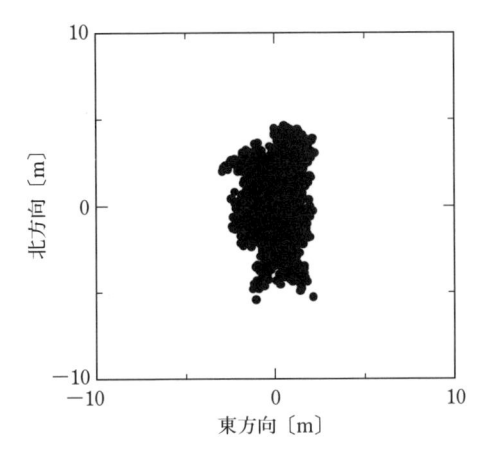

高度を固定して計算した結果です（2005 年 11 月 14 日，IGS mtka）．図 6-3 と比較してください．2dRMS = 3.87 [m]．

図 6-4　測位誤差の水平成分（高度を固定）

6.4　移動方向が一定の場合（一次元測位）

　高さがわかっている場合は，未知数が三つの二次元測位を実行することができました．さらに未知数を減らして，一次元の測位という問題を考えてみましょう．レール上を移動するなどで移動方向が決まっている状況を想定すると，受信機は必ずレール上にあるわけですから，レール上の相対位置だけを未知数として測位を実行できるはずです．

　移動方向が方位角 α と決められているものとしましょう．移動距離を Δl と書くと，X 軸（東）方向への寄与は $\Delta l \sin\alpha$，また Y 軸（北）方向への寄与は $\Delta l \cos\alpha$ ですから，式 (3.18) (p.84) の連立方程式は次のようになります．未知数は Δl，Δs の二つで，この方程式を解く際には初期値について前節と同様の注意が必要です．

$$\begin{cases} (g_{11}\sin\alpha + g_{12}\cos\alpha)\Delta l + \Delta s = \Delta r_1 \\ (g_{21}\sin\alpha + g_{22}\cos\alpha)\Delta l + \Delta s = \Delta r_2 \\ \quad\vdots \qquad\qquad\qquad\qquad \vdots \\ (g_{N1}\sin\alpha + g_{N2}\cos\alpha)\Delta l + \Delta s = \Delta r_N \end{cases} \quad (6.11)$$

pos2.c (p.181, リスト 6.2) では，一次元測位のためのオプション "-1" も用意してあります．処理の流れは前節とまったく同様ですが，未知数の個数を表す変数 unknowns は 2 ですから，1131〜1136 行目では解の暫定値をレール上に乗せる処理が，また 1231〜1232 行目では一次元測位の結果を用いて解を更新する処理が行われます．1132 行目で r として求めているのは基準点から見た暫定解方向とレール方向の内積で，この内積をレール方向の各軸に割り振れば暫定解をレール上に移すことができます．デザイン行列は 1171〜1172 行目でつくられますが，その係数は上の方程式に対応しています．

図 6-5 は，オプション "-1 35.679514962 139.561384732 109.013 30" を指定して一次元測位を行った結果です．計算に使った観測データは図 5-4 (p.164)，図 6-3，図 6-4 と同じです．移動方向として方位角 30 度を指定していますので，測位結果は時計の 1 時の方向のみに分布しています．

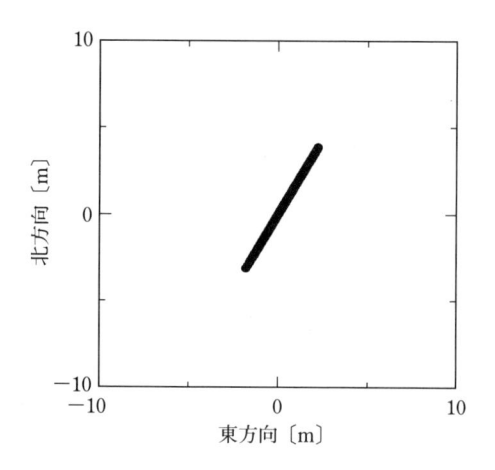

方位角 30 度を指定した一次元測位の結果です (2005 年 11 月 14 日，IGS mtka)．測位結果は時計の 1 時の方向のみに分布しています．

図 6-5 測位誤差の水平成分（一次元測位）

6.5 ここまでのまとめ：測位計算プログラム "POS2"

　この章では，仰角マスクや重み付きの計算法を用いて測位精度の改善を試み，また衛星が 4 機未満に減少した場合にも対応できる二次元あるいは一次元の測位についても述べてきました．ここまでのまとめとして，p.153 のリスト 5.2（pos1.c）の実用段階の測位計算プログラムにこれらの修正を施し，改良版のプログラム pos2.c を作成しましょう．

リスト 6.2：測位計算（最終版）── pos2.c

```
0001: /*-----------------------------------------------------------
0002:  * POS2.c - Standalone Positioning.
0003:  *-----------------------------------------------------------
0004:  * Copyright (C) 2006 T. Sakai, ENRI <sakai@enri.go.jp>
0005:  *----------------------------------------------------------*/
0006:
0007〜0094: （pos1wgt.c の 7〜94 行目）
0095:
0096: /* 未知数の数 */
0097: static int    unknowns       =4;
0098:
0099: /* 二次元以下の測位で使用 */
0100: static posblh   fix_base;                    /* 固定位置 */
0101: static double   lin_axis     =0.0;           /* 移動方向：方位角 [rad] */
0102:
0103: /* ディファレンシャル補正情報 */
0104: static FILE     *diff_fp     =NULL;
0105: static posblh   diff_base;
0106:
0107〜0851: （リスト 4.5（test3.c）の 72〜816 行目）
0852:
0853〜0969: （リスト 7.1：diff_IODE(), diff_correction() 関数）
0970:
0971〜1116: （リスト 4.5（test3.c）の 818〜963 行目）
1117:
1118:     /* 未知数の数 */
1119:     if (!detail) m=4; else m=unknowns;
1120:
```

```
1121:       /* 暫定のユーザ位置 */
1122:       usrpos.x=sol[0];
1123:       usrpos.y=sol[1];
1124:       usrpos.z=sol[2];
1125:       base    =blh_to_xyz(rel_base);
1126:       switch(m) {
1127:           case 1:
1128:               usrpos  =base;
1129:               break;
1130:           case 2:
1131:               denu    =xyz_to_enu(usrpos,base);
1132:               r       =denu.e*sin(lin_axis)+denu.n*cos(lin_axis);
1133:               denu.e  =r*sin(lin_axis);
1134:               denu.n  =r*cos(lin_axis);
1135:               denu.u  =0.0;
1136:               usrpos  =enu_to_xyz(denu,base);
1137:               break;
1138:           case 3:
1139:               blh     =xyz_to_blh(usrpos);
1140:               blh.hgt =rel_base.hgt;
1141:               usrpos  =blh_to_xyz(blh);
1142:               break;
1143:       }
1144:
1145～1159: (リスト 4.5 (test3.c) の 973～987 行目)
1160:
1161:           /* デザイン行列をつくる */
1162:           r       =DIST(satpos,usrpos);
1163:           pos.x   =-xyz_to_enu(satpos,usrpos).e/r;
1164:           pos.y   =-xyz_to_enu(satpos,usrpos).n/r;
1165:           pos.z   =-xyz_to_enu(satpos,usrpos).u/r;
1166:           G[n][m-1]   =1.0;
1167:           switch(m) {
1168:               case 1:
1169:                   break;
1170:               case 2:
1171:                   G[n][0] =pos.x*sin(lin_axis)
1172:                           +pos.y*cos(lin_axis);
1173:                   break;
```

```
1174:              case 3:
1175:                  G[n][0]  =pos.x;
1176:                  G[n][1]  =pos.y;
1177:                  break;
1178:              default:
1179:                  G[n][0]  =pos.x;
1180:                  G[n][1]  =pos.y;
1181:                  G[n][2]  =pos.z;
1182:              }
1183:
1184〜1201: (pos1wgt.c の 1020〜1037 行目)
1202:
1203:              /* ディファレンシャル補正 */
1204:              if (diff_fp!=NULL) {
1205:                  dr[n]   -=dpsr1[prn-1];
1206:                  dr[n]   +=diff_correction(prn,wt);
1207:                  dr[n]   -=tropo_correction(satpos,
1208:                              blh_to_xyz(diff_base));
1209:                  dr[n]   +=tropo_correction(satpos,usrpos);
1210:              }
1211〜1221: (pos1wgt.c の 1038〜1048 行目)
1222:
1223:      /* 初期値に加える */
1224:      denu.e  =0.0;
1225:      denu.n  =0.0;
1226:      denu.u  =0.0;
1227:      switch(m) {
1228:          case 1:
1229:              break;
1230:          case 2:
1231:              denu.e  =dx[0]*sin(lin_axis);
1232:              denu.n  =dx[0]*cos(lin_axis);
1233:              break;
1234:          case 3:
1235:              denu.e  =dx[0];
1236:              denu.n  =dx[1];
1237:              break;
1238:          default:
1239:              denu.e  =dx[0];
```

```
1240:            denu.n  =dx[1];
1241:            denu.u  =dx[2];
1242:        }
1243:     sol[0]  =enu_to_xyz(denu,usrpos).x;
1244:     sol[1]  =enu_to_xyz(denu,usrpos).y;
1245:     sol[2]  =enu_to_xyz(denu,usrpos).z;
1246:     sol[3]  +=dx[m-1];
1247:
1248～1274: (リスト 5.2 (pos1.c) の 1059～1085 行目)
1275:            if (!set_ephemeris(prn,wt,diff_IODE(prn,wt))) {
1276～1322: (リスト 5.2 (pos1.c) の 1087～1133 行目)
1323:     switch(unknowns) {
1324:        case 1:
1325:            gdop  sqrt(cov[0][0]);
1326:            break;
1327:        case 2:
1328:            gdop  =sqrt(cov[0][0]+cov[1][1]);
1329:            pdop  =sqrt(cov[0][0]);
1330:            hdop  =sqrt(cov[0][0]);
1331:            break;
1332:        case 3:
1333:            gdop  =sqrt(cov[0][0]+cov[1][1]+cov[2][2]);
1334:            pdop  =sqrt(cov[0][0]+cov[1][1]);
1335:            hdop  =sqrt(cov[0][0]+cov[1][1]);
1336:            break;
1337:        default:
1338:            gdop  =sqrt(cov[0][0]+cov[1][1]+cov[2][2]+cov[3][3]);
1339:            pdop  =sqrt(cov[0][0]+cov[1][1]+cov[2][2]);
1340:            hdop  =sqrt(cov[0][0]+cov[1][1]);
1341:            vdop  =sqrt(cov[2][2]);
1342:     }
1343:
1344:     /* ディファレンシャル補正値 */
1345:     if (output_diff) {
1346:        printf("%.3f,%.4f,%.4f,%.4f,%d",
1347:            wt.sec,                  /* #1: 受信時刻 [s] */
1348:            blh_to_xyz(fix_base).x,   /* #2: 基準局 X 座標 */
1349:            blh_to_xyz(fix_base).y,   /* #3: 基準局 Y 座標 */
1350:            blh_to_xyz(fix_base).z,   /* #4: 基準局 Z 座標 */
```

```
1351:               n);                        /* #5: 衛星数 */
1352:           for(prn=1;prn<=MAX_PRN;prn++) if (el[prn-1]>0.0) {
1353:               printf(",%d,%.5f,%.0f",
1354:                   prn,                    /* #3n+3: PRN */
1355:                   -dpsr[prn-1]+dpsr1[prn-1], /* #3n+4: 補正値 [m] */
1356:                   get_ephemeris(prn,EPHM_IODE)); /* #3n+5: IODE */
1357:           }
1358:           printf("\n");
1359:
1360:       /* NMEA フォーマット */
1361:       } else if (output_nmea) {
1362〜1387: (リスト 5.2 (pos1.c) の 1141〜1166 行目)
1388:               (diff_fp==NULL)?1:2,    /* #7: 1:単独/2:補正あり */
1389〜1652: (リスト 5.2 (pos1.c) の 1168〜1431 行目)
1653:           case 'l':
1654:               if (i+4<argc) {
1655:                   unknowns     =2;
1656:                   rel_base.lat=deg_to_rad(atof(argv[++i]));
1657:                   rel_base.lon=deg_to_rad(atof(argv[++i]));
1658:                   rel_base.hgt=atof(argv[++i]);
1659:                   lin_axis    =deg_to_rad(atof(argv[++i]));
1660:                   opts+=5;
1661:               } else opts=argc;
1662:               break;
1663:           case 'h':
1664:               if (i+1<argc) {
1665:                   unknowns     =3;
1666:                   rel_base.hgt=atof(argv[++i]);
1667:                   opts+=2;
1668:               } else opts=argc;
1669:               break;
1670:           case 'd':
1671:               if (i+3<argc) {
1672:                   output_diff =TRUE;
1673:               }
1674:               /* あとは -t と同じ */
1675:           case 't':
1676:               if (i+3<argc) {
1677:                   unknowns     =1;
```

```
1678:                    rel_base.lat=deg_to_rad(atof(argv[++i]));
1679:                    rel_base.lon=deg_to_rad(atof(argv[++i]));
1680:                    rel_base.hgt=atof(argv[++i]);
1681:                    opts+=4;
1682:                } else opts=argc;
1683:                break;
1684:            case 'i':
1685:                if (i+1<argc) {
1686:                    if ((diff_fp=fopen(argv[++i],"rt"))==NULL) {
1687:                        perror(argv[i]);
1688:                        exit(2);
1689:                    }
1690:                    opts+=2;
1691:                } else opts=argc;
1692:                break;
1693〜1699:  (リスト 5.2 (pos1.c) の 1432〜1438 行目)
1700:         printf("pos2 - standalone/differential positioning.\n");
1701:         printf("\n");
1702:         printf("usage: pos2 [options] <nav> <obs>\n");
1703〜1711:  (リスト 5.2 (pos1.c) の 1442〜1450 行目)
1712:         printf("   -l <lat> <lon> <hgt> <az>\n");
1713:         printf("                        Linear positioning\n");
1714:         printf("   -h <hgt>             Planar positioning\n");
1715:         printf("   -t <lat> <lon> <hgt> Timing offset\n");
1716:         printf("   -d <lat> <lon> <hgt> Differential output\n");
1717:         printf("   -i <file>            Differential input\n");
1718〜1737:  (リスト 5.2 (pos1.c) の 1451〜1470 行目)
1738:
1739:     /* 補正情報ファイルを閉じる */
1740:     if (diff_fp!=NULL) fclose(diff_fp);
1741:
1742:     exit(0);
1743: }
```

リスト 6.2 の pos2.c は，次のように実行します．pos1.c で指定できたオプションのほかに，さらにいくつかのオプションが追加されています．なお，これが本書で紹介する最後の測位計算プログラムになりますので，次章のディファレンシャル GPS のための機能もあらかじめ組み込んであります．

6.5 ここまでのまとめ：測位計算プログラム "POS2"

> 形式： pos2 <オプション> <航法ファイル> <観測ファイル>

-n	NMEA GPGGA センテンスを出力
-r <lat> <lon> <hgt>	測位誤差を出力
-m <mask>	仰角マスクを指定
-l <lat> <lon> <hgt> <az>	一次元測位
-h <hgt>	二次元測位
-t <lat> <lon> <hgt>	位置を固定
-d <lat> <lon> <hgt>	ディファレンシャル補正情報を出力
-i <file>	ディファレンシャル GPS

　pos2.c で大きく変更されているのは，_compute_position() 関数です．1121〜1143 行目では，二次元以下の測位の場合に条件に合うよう受信機位置を調整する処理が追加されています．デザイン行列を作成する 1161〜1182 行目も，未知数の数に応じて行列の大きさを変えるようにしてあります．方程式を解く compute_solution() 関数は変わりませんが，得られた解により受信機位置を更新する処理（1223〜1246 行目）は，やはり未知数の数により適切な対応ができるように条件分岐を追加してあります．

　なお，一次元測位から未知数をさらに減らすと，あらかじめ位置がわかっている基準点にて時刻だけを測定する場合が考えられます．三つの座標値がすべて既知ですから，残る未知数は時刻を表す一つだけになるわけです．リスト 6.2 はこのような場合にも対応して，オプション "-t" を用意してあります．

　また，付随的な修正としては，デザイン行列の大きさが変わる点に対応して DOP の計算を改め（1323〜1342 行目），追加されたオプションについては 1653〜1692 行目で処理しています．ディファレンシャル補正処理については，次章で説明することにします．

第7章

ディファレンシャル GPS

　GPS の測位誤差はさまざまな要因から生じていますが，大部分は受信機によらずに同じような誤差として現れます．つまり，いくつかの GPS 受信機があると，だいたい似たような測位誤差となる場合が多いのです．それほど遠くない範囲であれば，受信機同士が離れていても測位誤差に大きな違いはありません．
　このような性質の誤差成分は，位置のわかっている受信機があれば差し引いて補正することができます．このようにして測位精度を大幅に向上させる方式を，ディファレンシャル GPS と呼びます．

7.1　測位誤差の性質

　GPS 受信機が位置の計算をするうえで用いる測定値である擬似距離については，第 4 章でさまざまな補正を施したことからもわかるとおり，多くの要因による測定誤差が混入しています．まずは，代表的な誤差要因について，それぞれの特徴をまとめておくことにしましょう．

7.1.1　衛星クロック

　GPS衛星は搭載している原子時計の信号に基づいて正確なタイミングで測距信号を放送していますが，原子時計といえども長い期間のうちには少しずつ時刻がずれていきます．宇宙用セシウム標準の精度はおおよそ10^{-13}程度といわれますが，これでも1日（=86400秒）の間には10^{-8}秒のオーダの時刻誤差を生じることになります．これは距離に換算すると約3mですから，補正をしないでいると数日のうちに大きな誤差になってしまいます．このため，航法メッセージには$a_{f0} \sim a_{f2}$の三つのパラメータが用意されており，p.103の式(4.7)のような二次式で衛星クロックを補正することとなっています．

　こうした補正を行ったとしてもなお残る残差については，ユーザ測位誤差となって現れます．大きさとしては数メートル程度（十数ナノ秒に相当）で，次に述べる衛星位置の誤差と同じ程度です．衛星クロック誤差は当然のことながらGPS衛星のそれぞれに固有で，数十分程度の時定数をもって変動しますが，世界中のどこでも同じ量の測距誤差として現れます．

　なお，SA（選択利用性，p.4を参照）があったころは，その大部分の成分は衛星クロックを揺らす，つまり少しだけ進めたり遅らせたりすることでつくり出されていました．したがってSAによる誤差は世界中のどこでもほぼ同じですから，ディファレンシャルGPSの発展に伴いその存在意義が薄れていったのです．SAによる雑音は周期が100秒程度と短く，ランダム性の誤差となります．

7.1.2　衛星位置

　航法メッセージには，GPS衛星の位置を計算するためのエフェメリス情報が収められています．エフェメリス情報から計算された衛星位置は当然ながら航法用途には十分な精度を持っており，真値との差はおおむね数メートル以内です．図7-1は衛星軌道誤差の例で，航法メッセージの放送直後はどの方向にも1.5m以下の誤差となっていますが，2〜3時間が経過すると次第に誤差が拡大する様子がわかります．

　エフェメリス情報の誤差はユーザ測位誤差となって現れますが，その特徴は視線方向成分だけが問題となることです．つまり，ユーザ位置から見て横方向（直交方向）の誤差は測位誤差とはなりません（図7-2）．これは，受信機が測定する

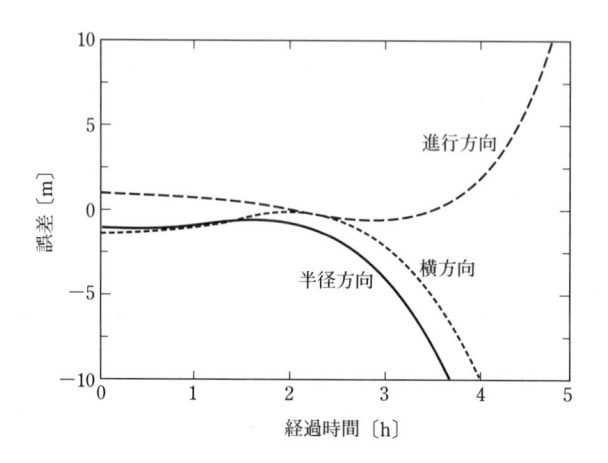

GPS衛星の軌道は正確に予測されて航法メッセージとして放送されていますが，真の軌道に対して数メートルから 10 m 程度の誤差が含まれています．この図は，2001 年 10 月のある衛星の位置を航法メッセージから計算して IGS 精密軌道歴と比較した結果です（横軸は航法メッセージが放送されてからの経過時間）．

図 7-1　衛星軌道誤差の実例

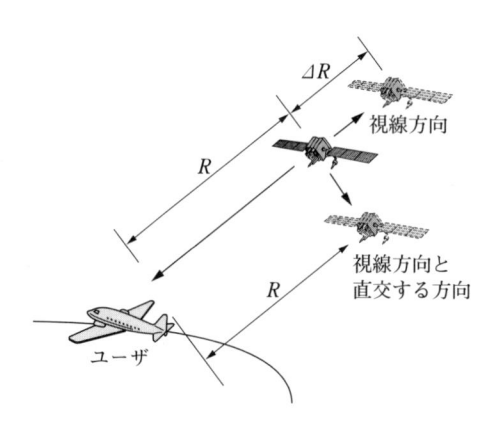

衛星軌道誤差は視線方向の誤差が問題で，これと直交する方向の誤差は測距誤差とはなりません．

図 7-2　衛星軌道誤差による影響

のは衛星との間の距離だけで，横方向に衛星がずれていても変化はないためです．

視線方向成分が問題となりますから，エフェメリス誤差の大きさはユーザ受信機のある場所によって変わってきます．GPS 衛星の高度は約 2 万 km ありますから，近い場所同士ではこの差は大きくありませんが，たとえば東京と北海道くらいの距離になると違いが現れてきます．ディファレンシャル補正をしたときに基準局との間の距離が長くなるにつれて補正精度が劣化する原因の一つはエフェメリス誤差にあり，精密軌道暦の利用などにより影響を抑えることができます．

7.1.3　電離層遅延

これまでにも何度か触れてきたとおり，高度 100 km 以上の上空にある電離層には GPS の測距信号の伝搬を遅らせる働きがあり，数十メートル程度に達する測距誤差となります．航法メッセージによる電離層遅延補正の手順は 4.4 節のとおりで，これは Klobuchar 方式とも呼ばれますが，たった 8 個のパラメータで全世界の電離層遅延を補正するため，その効果は電離層による影響を半減させる程度といわれます．

図 7-3 は航法メッセージの電離層遅延補正係数から求めた補正量と実際の遅延

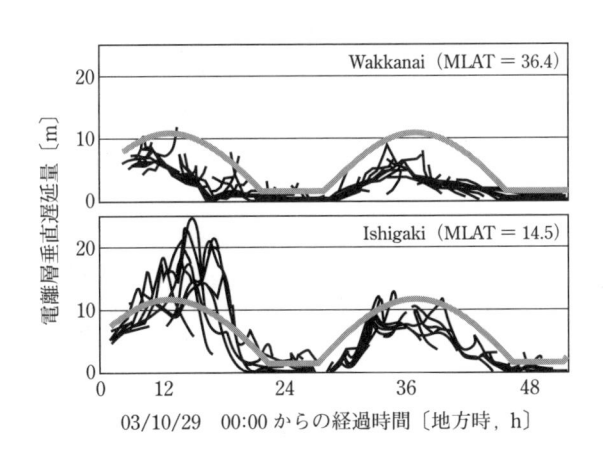

電離層垂直遅延量の時間変化の例です（2003 年 10 月 29 ～ 30 日）．稚内（上段）に比べて，石垣島（下段）では大きな遅延量が観測されています．太線は航法メッセージの電離層遅延補正係数による補正値です．

図 7-3　電離層遅延量の時間変化

量を比較した例で，たしかに半減程度の効果がありそうです．日本付近では一般に南方ほど電離層活動が活発なため，稚内（上段）に比べて石垣島（下段）では大きな遅延量が観測されています．

電離層とはそもそも太陽風などの影響により上空の大気がプラズマ状態となっている自然現象で，地球磁場や太陽活動の影響を受けてその状態は刻々と変化しています．太陽活動の程度は太陽表面の黒点数と相関があることが知られていて，大局的には11年周期で活動期と静穏期を繰り返しています．最近は2001年頃をピークとする活動期を過ぎたところで，2006～2007年頃を中心とする静穏期にあります．また，太陽表面でしばしば発生する爆発（フレア）は地球磁場を大きく乱して地磁気嵐を引き起こすこともありますが，そのような場合には電離層の状態が不安定となり，擾乱を招くことになります．

図7-4は，日本付近の広い範囲にわたる電離層垂直遅延量の分布例です．当時は大規模な地磁気嵐が発生しており，北海道では数メートル程度の遅延となる一方，南西諸島では20m以上の大きな遅延が観測されています．

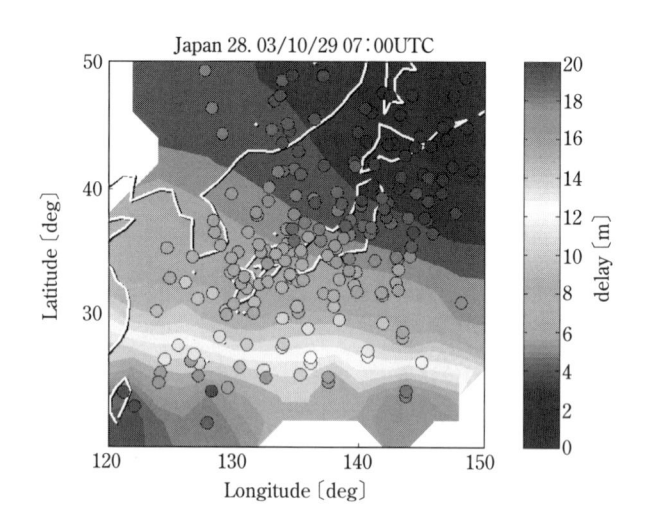

電離層垂直遅延量の日本付近における分布を計算した例です（2003年10月29日07:00 UTC）．当時は大規模な地磁気嵐が発生しており，北海道では数メートル程度の遅延となる一方，南西諸島では20m以上の大きな遅延が観測されています．

図7-4　電離層遅延量の分布例

なお，次項で述べる対流圏遅延と同様，電離層遅延による影響は上方向への垂直測位誤差となる性質があります．直感的には下方向への誤差となりそうですが，逆になりますので注意してください．

7.1.4 対流圏遅延

地上付近の大気による対流圏遅延は，4.5 節のとおり海面付近では 2.5 m 弱（天頂方向）の大きさとなります．この遅延量は気象条件に左右され，たとえば気圧が高いと空気の密度が濃くなり遅れが大きくなります．また大気の厚さはそれほどありませんから，高度が上がるにつれてこの遅延量は減少します．さらに，対流圏遅延については傾斜係数が大きく，仰角 5 度では天頂方向の 10 倍程度の遅延量となります（p.116, 図 4-11）．

対流圏遅延は気象条件によって増減しますが，それほど大きな変化はしませんから，簡単な補正さえすれば航法ユーザにとっては神経質になるほどの誤差にはなりません．

注意が必要なのは受信機の高度で，図 4-12（p.117）にも示したとおり，富士山頂では海面における遅延量の 6 割程度となります．このため，p.115 の式 (4.19) や式 (4.22) といった対流圏遅延を補正するモデル式では，高度がパラメータとされています．高度を与えて対流圏遅延を補正するには受信機位置がわかっていなければなりませんから，リスト 4.5（p.122）では受信機位置が収束していく過程の途中から対流圏遅延補正を行うようにしたのでした．ディファレンシャル補正をする場合は，基準局とユーザ局との間の高度差が問題となります．

ところで，対流圏遅延によりどのような測位誤差が生じるかを考えてみましょう．対流圏遅延により測距信号が遅れて到着しますから，擬似距離は本来よりも長く測定されることになります．受信機の周囲の気象条件が水平方向について一定，つまり衛星の方位角によらず仰角のみで対流圏遅延量が決まるものと仮定し，衛星の配置が水平方向について均等とみなせば，測位誤差は垂直方向のみに現れることになります．ある衛星について生じる対流圏遅延は，受信機から見て反対側にある衛星に同じだけの遅延が生じることから，（水平方向については）互いに打ち消し合うわけです．

したがって，対流圏遅延による影響は主に垂直方向に現れますが，擬似距離が

長くなっているのですから，測位結果は高度が低めになるというのが直感的なイメージです．ところが，実際には逆に高度が高め，すなわち上方向への垂直測位誤差となる性質があります．

擬似距離と受信機位置の関係を表す連立方程式が p.82 の式 (3.13) だったことを思い出してください．式中の変数 s は受信機クロック誤差で，すべての衛星に共通に加わっている未知数です．これは受信機クロック誤差の性質を反映しているわけですが，逆にいえば，全衛星に共通する誤差は受信機クロック誤差として解かれることになります．したがって，対流圏遅延は衛星の仰角によって異なる遅延量として擬似距離に加わっていますが，測位計算の過程でそれらの平均値が解 s に余分に加えられてしまうことになります．この結果，擬似距離から受信機クロック誤差 s を差し引いた距離 (式 (3.13) の根号部分に相当) は，天頂方向の衛星については本来の距離より短く，低仰角の衛星では逆に依然として長めになりますので，位置解は天頂方向にずれることとなるわけです．

実際に確かめてみましょう．図 7-5 は，6.2 節で紹介したプログラム pos1wgt.c の tropo_correction() 関数の冒頭に "return 0.0;" を入れることで，対流圏遅延補正をさせずに測位計算をした結果です．補正がない場合は，対流圏遅延の影響により 10 m 近くも測位結果が上方に移動していることがわかります．また，受信機クロック誤差の推定値もほぼ同じだけ進んでおり，対流圏遅延の平均的な成分が加わっている様子がわかります．

7.1.5 マルチパス

GPS の使用しているマイクロ波は反射しやすく，鏡や金属板ではもちろんのこと，建物の壁や地面でも容易に反射します．一方，GPS 受信機が使うアンテナはあらゆる方向から到来する電波を受信するようになっていますから，図 7-6 のように反射波も直接波と同じように受信されてしまいます．こうして受信される反射波は，衛星から直接届く直接波とは異なる経路をたどって到達することから，**マルチパス** (multipath) 波と呼ばれます．

音声通信ではマルチパス波により通信経路が増えることがむしろ有利となる場合もありますが，GPS ではそうはいきません．マルチパス波は直接波とは異なる経路をたどっているため，到着までに余計な時間がかかります．これが直接波と

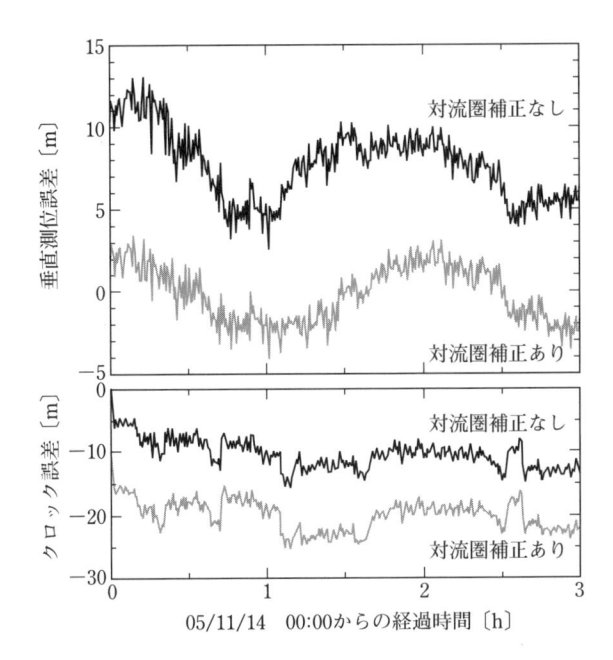

対流圏遅延が測位誤差として現れる様子です．（黒）対流圏補正なし，（灰）対流圏補正あり．対流圏遅延の影響により，測位結果が上方向に移る点に注意してください．

図 7-5　対流圏遅延による測位誤差

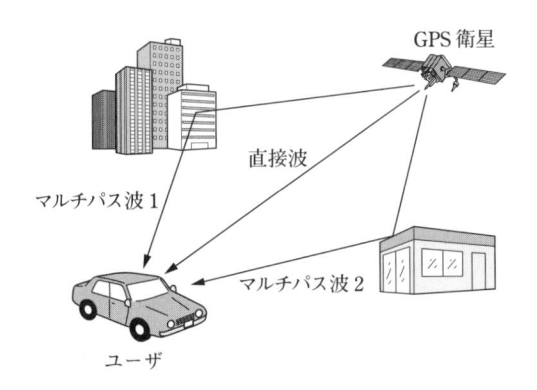

GPS の使用しているマイクロ波は反射しやすい性質があります．このため，GPS 受信機には衛星から直接到来する直接波のほかにも周囲の建物などによる反射波が受信されます．

図 7-6　マルチパス

同時に受信されると，直接波の波形を崩して受信機の動作に影響を及ぼし，数メートルから十数メートル程度の測距誤差となって現れます．

建物や樹木などの障害物は地表付近にありますし，地表そのものによる反射も起きますので，マルチパス波は地表近くで多く発生します．このため，マルチパスを抑えるためには，(a) 仰角の低い衛星を使用しない，(b) 低仰角から到来する電波をカットする，といった対策が有効です．仰角の低い衛星からの信号は地表近くを通過してくるためマルチパス波を多く含んでおり，これを使用しなければマルチパスを避けることができます．このためには，6.1節で説明した仰角マスクを設定することになります．

一方，仰角の高い衛星からの信号であっても，障害物に反射されて到来することがあります．こうした反射波はやはり地表近くから到来しますので，対策としては，(b) のように仰角の低い部分については電波そのものを受信しないことです．いったん受信機に入ってしまいますと，どちらの方向から到来した電波かわかりませんので，直接波と区別することが難しくなります．GPSアンテナは基本的にはどちらの方向から到来する電波も受信するようにつくられていますので，低仰角からの電波をカットするためにはチョークリング（choke ring）と呼ばれる部品を追加して対処します．

マルチパス環境は受信機あるいは衛星の移動により変化しますので，マルチパス誤差の時定数はそれほど長くなく，数分程度になります．これより長い時間をかけてスムージング処理をすることで，マルチパス誤差を抑えることができます．また，搬送波はマルチパスの影響をあまり受けませんので，搬送波位相との比較によりスムージングを施すキャリアスムージング（carrier smoothing）技術も有効なマルチパス対策となります．

マルチパス波が測距誤差となるのは直接波の波形を崩すことに原因がありますから，マルチパス誤差は受信機側の信号処理技術により抑えることができます．崩れた波形から元の直接波をうまく推定できればよいわけで，この方式の良し悪しによって受信機の測距性能に差が出ることになります．受信機メーカの技術開発によりマルチパス対策が進められていますし，将来的にはチップ速度の速い測距信号の採用によりマルチパス誤差は低減される見通しです（GPS近代化計画，1.2節（p.10）を参照）．

GPS アンテナの指向性

　GPS 衛星は静止衛星ではありませんから常に移動していますし，GPS 受信機が位置を求めるためには複数の GPS 衛星からの信号が必要です．こうした事情から GPS アンテナには指向性がなく，どちらの方向から来た電波も受信するようにつくられています．

　ただし，指向性がないとはいっても完全に均一な特性にできるわけではありません．実際には仰角によって信号強度に違いがありますし，方位角によっても多少の差があります．測量用のアンテナでも仰角により数 cm 程度の距離誤差があるとの報告例があります．

　ところで，GPS 衛星は軌道傾斜角 55 度の軌道を周回していますので，北の空には衛星があまり現れないのは図 1-5 (p.7) のとおりです．このため，GPS アンテナについては特性のあまり良くない方向を北の方向に向けるのが一般的です．もともと無指向性のアンテナですから特性の違いといってもわずかですが，どちらに向けるのもたいした手間ではないでしょう．

　また，アンテナにおける誤差はあらかじめ測定しない限り補正できませんが，ディファレンシャル GPS 方式の場合は，基準局と移動局のアンテナが向きも含めて同一であれば誤差成分が相殺されます．このため，アンテナの向きを一定の方角に揃えることは好ましいわけです．

　測量用のアンテナでは下の図のように北方向を示すマークが付けられていますので，設置の際にはこれを北の方角に向けるようにしてください．マークがない場合は，ケーブル接続用のコネクタを北に向ければよいことが多いようです．

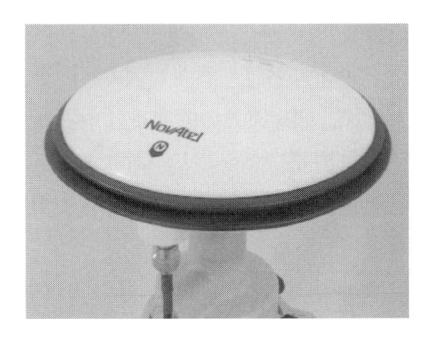

　GPS アンテナには向きがあり，北側を示すマークか，あるいはケーブル接続コネクタを北側に向けます．写真は NovAtel 社製 Model 600 アンテナで，"NovAtel" の社名の手前に北側を示す "N" マークがあり，またその真下にコネクタが取り付けられています．

図　GPS アンテナの向き

7.1.6 受信機熱雑音

最後に測距誤差を発生するのは，受信機自体です．どんな測定装置にも測定誤差は付き物ですが，もちろん GPS 受信機も例外ではありません．受信機内部クロックの安定性や，高周波信号をディジタル化する部分でのクロックジッタなど，さまざまな要因により測定誤差が発生します．

受信機内部での測定誤差は温度による影響を受けることから，受信機の熱雑音 (thermal noise) と呼ばれることがあり，高度な処理回路を採用している受信機でも数十 cm 程度を生じるといわれます．また，受信アンテナと受信機本体を接続するアンテナケーブルについても，あまり長いと雑音が増えてしまいます．品質の良いものを使用して，なるべく太く，また長さは最小限とすることが，雑音の抑制につながります．

なお，受信機により測定される擬似距離は当然のことながらアンテナケーブルの長さだけ長くなります．これは擬似距離の測定誤差になりますが，すべての衛星について同じだけ長くなることから受信機クロックと一緒に扱われ，特に位置誤差を増やすことにはなりません．また，GPS 受信機が測定するのは，アンテナの位置ということになります．

7.2 ディファレンシャル補正

前節で説明した擬似距離測定における誤差要因の特徴をまとめると，おおまかには表 7-1 のようになります．測定誤差の大きさはいずれも数メートル程度ですが，電離層遅延はやや大きな誤差になることがあります．電離層および対流圏遅延には傾斜係数があり，低仰角ほど大きな遅延となります．また，マルチパス誤差も低仰角ほど大きくなる傾向があります．

表中の「時間的相関」はおおよそどの程度の時間にわたり誤差が一定とみなせるかを示しており，たとえば衛星クロック誤差や衛星位置誤差は 15 分程度の時間をかけてゆっくりと変化します．マルチパス誤差については，衛星あるいは受信機の移動に伴い周囲の電波環境が変化しますので，数分程度の周期で変動します．

右端の「空間的相関」は，誤差を一定とみなせる空間的な範囲を表します．た

表 7-1 各誤差要因の定量的特徴

誤差要因	大きさ	傾斜係数	時間的相関	空間的相関
衛星クロック	数 m	—	15 分	∞
衛星位置	数 m	—	15 分	1000 km
電離層遅延	0〜20 m	1〜3	15 分	100 km
対流圏遅延	2.4 m (海面)	1〜10	30 分	100 km
マルチパス	数 m〜十数 m	低仰角で大	数分	なし
受信機熱雑音	数十 cm	—	なし	なし

とえば，衛星位置誤差の影響は視線方向成分が問題となることから，1000 km 程度の範囲では一定と考えて差し支えありません．大気遅延は電離層活動や気象条件にもよりますが 100 km 以上の範囲で相関がありますし，衛星クロックについてはどこでも等しい量の誤差となります．一方，マルチパス誤差は受信機周辺の電波環境により生じますから，距離に対する相関関係はありません．受信機熱雑音も，個々の受信機内部で生じるものですから，複数の受信機同士での相関はありません．なお，表 7-1 の値はあくまで目安で，コード擬似距離による受信機での典型的な例です．搬送波位相を測定する測量用受信機では事情が異なりますし，時期や観測条件によっても誤差の現れ方は大きく変化することに留意してください．

さて，空間的相関があるということはある距離よりも近い範囲内では誤差を一定とみなせるということで，距離的に近くにある受信機同士では似たような誤差を生じます．これが**ディファレンシャル補正**（differential correction）の原理で，固定された基準局受信機における測定誤差を利用して，移動局受信機の測定誤差を補正することで測位精度を向上させようとするものです．ディファレンシャル補正による測位方式を**ディファレンシャル GPS**（DGPS：Differential GPS）といい[1]，ディファレンシャル補正情報を生成する受信機設備を**基準局**（reference station, base station），位置を求めたいユーザ受信機をユーザ局（user station）あるいは**移動局**（rover station）などと呼びます．

ディファレンシャル GPS による測位をリアルタイムに実行するためには，基準

---

[1] 「差動 GPS」と呼ばれることもあります．

局で生成したディファレンシャル補正情報を移動局に伝送する手段が必要です．一般に移動局はその名のとおり移動していますから，このためには無線によるデータリンクを利用することになりますが，50〜300 bps 程度の伝送容量があれば十分です．データさえ送ることができればメディアは問いませんから，無線 LAN や携帯電話が手軽な通信回線といえるでしょう．ディファレンシャル GPS をサポートするために，多くの GPS 受信機は（ハンディ受信機であっても）RS-232C 準拠のシリアルポートを持っており，RTCM フォーマット [25] によるディファレンシャル補正情報を入力できるようになっています．

　ディファレンシャル GPS の処理は，オフラインで実行してもかまいません．この場合は移動局および基準局の両受信機による測定データを RINEX などのフォーマットで保存しておき，事後に基準局における測定データからディファレンシャル補正情報を生成し，移動局のデータに適用することになります．移動局の位置情報をリアルタイムに取得する必要が特にない場合は，オフライン処理とすることで無線データリンクを構築する手間が省けます．

7.3　補正情報の生成

　さて，ディファレンシャル補正情報をつくる方法を考えてみることにしましょう．もっとも簡単な補正方法は，基準局での単独測位結果を真の座標と比較してその差を利用するものです．基準局と移動局で同じ測位誤差となるのであれば，この方法で測位誤差の補正ができるでしょう．

　しかしこの方法では，基準局と移動局が利用する衛星の組合せが同一でなければなりません．測位誤差は衛星の組合せによって変わってくるからです．基準局からは見えない衛星の信号を移動局では受信できるかもしれませんし，もちろんその逆もあります．したがって，移動局が使用する衛星を基準局側で指定することはできませんから，一般にはこのように位置を直接補正する方法は用いません．

　GPS 受信機が測定しているのは衛星までの距離であって，測定値は擬似距離です．したがって，測定誤差の補正は擬似距離に対して行うことにして，基準局受信機で信号を受信できた GPS 衛星について補正値を生成します．このようにすれば，基準局だけに見える衛星の補正情報は移動局では使わないだけですし，移

動局のみから見えていて補正情報のない衛星については測位に使わなければよいのです．基準局と移動局の両者から見えている衛星についてだけ，ディファレンシャル補正情報を適用して擬似距離の補正を行い，測位方程式をつくって位置を求めるわけです．こうした方式ならば，海上保安庁の DGPS ビーコンのようにディファレンシャル補正情報を広く一般向けに放送することも可能となります．

基準局受信機が測定する衛星 j に関する擬似距離は，p.95 の式 (4.6) より

$$PRM_{j,R} = R_{j,R} - B_j + S_R + I_j + T_j + \xi_{j,R} \tag{7.1}$$

となります．PRM は擬似距離の測定値（pseudorange measurement）を意味し，簡単のため時刻を表す変数は省略してあります．また，添え字の "j" は衛星 j に関する値，同様に "R" は基準局における値であることを示しています．第 1 項の $R_{j,R}$ は衛星・受信機間の幾何学的距離，B_j は衛星クロック誤差，S_R は受信機クロック誤差，I_j は電離層遅延，T_j は対流圏遅延，最後の $\xi_{j,R}$ はマルチパスおよび受信機熱雑音を表します．電離層および対流圏遅延は基準局と移動局で等しいものと仮定していますから，これらの添え字には "R" はありません．

7.3.1 基本的な補正の考え方

ディファレンシャル補正情報を得るには，基本的には基準局で測定された擬似距離から衛星・受信機間の幾何距離を差し引くだけでよいのです．ただし，補正値としては移動局側における擬似距離に加算されることになりますので，符号を逆にしておきます．

$$PRC_j = -(PRM_{j,R} - R_{j,R}) = B_j - S_R - I_j - T_j - \xi_{j,R} \tag{7.2}$$

PRC_j がディファレンシャル補正値（pseudorange correction）です．

一方，移動局受信機が測定する擬似距離は式 (7.1) と同じですから，添え字 "U" を付けて次のように書けます．

$$PRM_{j,U} = R_{j,U} - B_j + S_U + I_j + T_j + \xi_{j,U} \tag{7.3}$$

ディファレンシャル補正を実行するには，この擬似距離に基準局でつくられたディファレンシャル補正値 PRC_j を加えます．

$$PR_{j,U} = PRM_{j,U} + PRC_j$$
$$= R_{j,U} + S_U - S_R + \xi_{j,U} - \xi_{j,R} \tag{7.4}$$
$$= R_{j,U} + S'_U + \xi'_{j,U} \tag{7.5}$$

衛星クロック，電離層，対流圏といった要因による測距誤差が差し引かれて，幾何距離と受信機クロック誤差，マルチパスなどだけが残りました．移動局受信機は，こうして得られた補正済み擬似距離 $PR_{j,U}$ を用いて前章までと同様の測位計算を実行することになります．ただし，電離層補正や対流圏補正はもはや必要ありません．

表 7-1 で空間的相関があるとされた誤差要因は，ディファレンシャル補正によりこうして打ち消すことができるのです．ただし，マルチパス誤差や受信機熱雑音については基準局と移動局の間で相関がありませんから，ディファレンシャル補正をしても除去できず，そのまま残っていることになります．

7.3.2 基準局受信機クロックのオフセット

補正後の擬似距離を表す式 (7.5) では受信機クロック誤差としては基準局受信機の値 S_R が増えていますが，測位計算の過程では S_U の代わりに $S'_U = S_U - S_R$ を一つの受信機クロック誤差とみなして解くだけですから，特に未知数が増えるわけではありません．つまり，ディファレンシャル補正値に含まれる基準局受信機のクロック誤差は移動局側の測位計算に影響を及ぼしません．したがって，基準局側ではクロック誤差を推定する必要はありませんし，むしろどのような値を基準局受信機のクロック誤差として扱ってもかまいません．

このことを利用すると，ディファレンシャル補正値の範囲を狭くして伝送に必要なビット数を減らすことができます．たとえば，式 (7.2) により N 機の衛星について補正値 PRC_j $(j = 1, \cdots, N)$ が得られたならば，それらの平均値を差し引くことによって平均値をゼロとすることができます．

$$PRC_j = -(PRM_{j,R} - R_{j,R}) + \frac{1}{N}\sum_{i=1}^{N}(PRM_{i,R} - R_{i,R}) \tag{7.6}$$

あるいは，補正対象の N 機の衛星のうち，いずれか 1 機については補正値をゼロとすることもできます．

$$PRC_j = -(PRM_{j,R} - R_{j,R}) + (PRM_{N,R} - R_{N,R}) \tag{7.7}$$

このようにすると N 番目の衛星については常に $PRC_N = 0$ ですから，$(N-1)$ 機分の補正値だけを伝送すればよいことになります．

7.3.3　実用的な補正値

式 (7.2) の補正値のうち，大きな絶対値を持つのは B_j と S_R です．I_j 以下は大きくても数十メートルですが，B_j と S_R については場合によっては数千 km の大きさになることさえあります．このうち S_R については任意のオフセットをしてもよいことから式 (7.6) のような操作で小さく抑えることができます．ところが，衛星クロック誤差 B_j についてはそのような操作ができず，補正値の絶対値が大きくなってしまいます．補正値が大きいと，ディファレンシャル補正情報として伝送する際に多くのビット数を消費することになります．

このため，ディファレンシャル補正値の計算にあたっては，衛星クロック誤差についても取り除いておくことにします．また，式 (7.2) では簡単に「衛星・受信機間の幾何距離を差し引く」と説明しましたが，現実には衛星位置は航法メッセージから計算するしかありません．つまり，真の幾何距離はわからないわけです．

航法メッセージから計算した衛星クロック誤差を $\hat{B}_j$，衛星・受信機間距離を $\hat{R}_{j,R}$ と表すことにしましょう．基準局受信機で測定した擬似距離 $PRM_{j,R}$ から，航法メッセージによる幾何距離 $\hat{R}_{j,R}$ を差し引き，また同様に得た衛星クロック誤差 $\hat{B}_j$ を加えることで，実用的なディファレンシャル補正値が求められます．受信機クロック誤差 S_R についても，推定値を差し引いておくことにしましょう．

$$\begin{aligned} PRC_j &= -(PRM_{j,R} - \hat{R}_{j,R} + \hat{B}_j - S_R) \\ &= (\hat{R}_{j,R} - R_{j,R}) - (\hat{B}_j - B_j) - I_j - T_j - \xi_{j,R} \\ &= \Delta\hat{R}_j - \Delta\hat{B}_j - I_j - T_j - \xi_{j,R} \end{aligned} \tag{7.8}$$

航法メッセージから計算される衛星クロック誤差 $\hat{B}_j$ は，真の誤差 B_j に対して $\Delta\hat{B}_j = \hat{B}_j - B_j$ だけの誤りがあります．また，同様に航法メッセージから計算される衛星・基準局間距離 $\hat{R}_{j,R}$ は，真の距離 $R_{j,R}$ より $\Delta\hat{R}_j = \hat{R}_{j,R} - R_{j,R}$ だけ長くなっています．これらはいずれも数メートル程度ですから，式 (7.8) のディファレンシャル補正値は全体として数メートルから数十メートル以内となります．

式(7.3)の移動局受信機の擬似距離を，航法メッセージの誤差 $\Delta \hat{B}_j$, $\Delta \hat{R}_j$ がわかるように書いてみましょう．

$$PRM_{j,U} = R_{j,U} - B_j + S_U + I_j + T_j + \xi_{j,U}$$
$$= (\hat{R}_{j,U} - \Delta \hat{R}_j) - (\hat{B}_j - \Delta \hat{B}_j) + S_U + I_j + T_j + \xi_{j,U} \quad (7.9)$$

航法メッセージにより求められる衛星位置を用いて測位計算をすると擬似距離の修正量は $\hat{R}_{j,U}$ に基づいて計算されますから（p.153，リスト5.2の1021行目），誤差 $\Delta \hat{R}_j$ の分が測位誤差として現れることになります．

式(7.8)のディファレンシャル補正値 PRC_j を加えると，補正済み擬似距離 $PR_{j,U}$ が

$$PR_{j,U} = PRM_{j,U} + PRC_j$$
$$= \hat{R}_{j,U} - \hat{B}_j + S_U + \xi'_{j,U} \quad (7.10)$$

のように得られます．$\hat{R}_{j,U}$ は航法メッセージから計算された衛星位置と受信機の間の距離，また $\hat{B}_j$ も同様に航法メッセージによる衛星クロック補正値を意味します．つまり，この補正済み擬似距離 $PR_{j,U}$ は航法メッセージから求められる衛星位置に基づいていますから，航法メッセージに含まれる誤差は測位結果には現れてこないことになるのです（図7-7）．

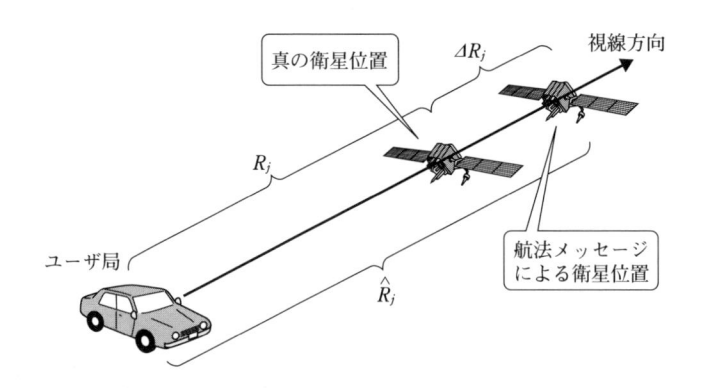

航法メッセージにより計算される衛星位置は誤差 $\Delta \hat{R}_j$ を含んでいますから，ユーザ局が測定した擬似距離 $RRM_{j,U}$ をそのまま使うとこの分が測位誤差として現れます．擬似距離に $\Delta \hat{R}_j$ を加えて補正すると，航法メッセージの誤差成分を避けることができます．

図7-7　航法メッセージ誤差の補正

7.3.4 補正計算プログラム

さて，それではディファレンシャル補正値を実際につくるプログラムを考えることにしましょう．

ディファレンシャル補正値の生成方法は式(7.8)のとおりで，「基準局受信機で測定した擬似距離 $PRM_{j,R}$ から，航法メッセージによる幾何距離 $\hat{R}_{j,R}$ を差し引き，また同様に得た衛星クロック誤差 $\hat{B}_j$ を加え，さらに受信機クロック誤差 S_R の推定値を差し引く」ことで得られます（大気遅延補正は必要ありません）[2]．ここで，リスト 4.5 (p.122) で擬似距離の修正量を求めている部分をよく見ると，まさにそのような処理をしていることがわかります．

```
0990:           r          =DIST(satpos,usrpos);
0997:           dr[n]      =psr1[prn-1]+satclk*C-(r+sol[3]);
1008:           dpsr[prn-1] =dr[n++];
```

psr1[prn-1] は受信機が測定した擬似距離，satclk*C は衛星クロック補正値，r は航法メッセージによる幾何距離，そして sol[3] は受信機クロック誤差 S_R の推定値です．擬似距離の修正量 dr[] は残差として dpsr[] に返されますので，あとは usrpos に基準局位置を与えるだけでディファレンシャル補正値を得ることができます．

リスト 6.2 (p.181) のプログラムでは，先に説明したとおり基準局位置を固定して受信機クロックのみを解くオプション "-t" を用意していました．このときの未知数は一つで，最小二乗法により受信機クロック誤差だけを解くことになります．つまり，受信機位置は fix_base に固定されていますから，これが基準局位置となっていれば，ディファレンシャル補正値が残差 dpsr[] として（符号は逆ですが）得られることになります．

実は，リスト 6.2 のプログラムにはすでに補正情報を出力する機能を付けてありました．"-d" オプションがそれで，このオプションが指定されると

---

[2]. ディファレンシャル補正情報の伝送に標準的に用いられている RTCM フォーマット [25] でも，ディファレンシャル補正値 PRC は「受信機クロック誤差および衛星クロック補正値（T_{GD}, Δt_r も含む）について補正した擬似距離と，幾何距離の差」である旨が述べられています．

output_diff=TRUE としてディファレンシャル補正情報を出力するようになります．基準局位置を fix_base にセットして未知数を一つにする以外に動作が変更されるのは，次の 2 点のみです．

(1) 大気遅延補正をしない（1199 〜 1201, 1355 行目）——— ディファレンシャル補正値の生成の際には，電離層遅延および対流圏遅延の補正は不要です．ただし，残差 dpsr[] は 1299 〜 1313 行目でチェックに使われることから，_compute_position() 関数内部では今までと同様に大気遅延補正をしておき，1355 行目で補正値を出力する際に大気遅延補正分を元に戻すようにしてあります．

(2) ディファレンシャル補正値を出力する（1344 〜 1358 行目）——— 各衛星のディファレンシャル補正値と基準局位置を出力します．

ディファレンシャル補正情報は，表 7-2 のフォーマットで出力されます．基準局位置は ECEF 座標値です．ディファレンシャル補正値は各衛星について生成されますから，PRN 番号，補正値，IODE のセットが衛星数だけ繰り返されます．補正値とともに IODE を出力するのは，有効なディファレンシャル補正処理のためには基準局とユーザ局が同一の航法メッセージを使用していることが必要だからで，ユーザ局側では補正情報で指定された IODE を持つエフェメリスを使用す

表 7-2　ディファレンシャル補正情報の出力フォーマット

カラム	内　容	単位
1	時刻（週初めからの経過秒）	s
2	基準局位置（ECEF X 座標）	m
3	基準局位置（ECEF Y 座標）	m
4	基準局位置（ECEF Z 座標）	m
5	衛星数	
(以下，衛星数だけ繰返し)		
$3n+3$	PRN 番号	
$3n+4$	補正値（PRC）	m
$3n+5$	IODE	

ることになります.

　リアルタイムにディファレンシャル補正処理を実行する場合は，特に基準局側のエフェメリスの更新に注意が必要です．エフェメリス情報の更新の際に，ユーザ局が新しいエフェメリス情報を（ビット誤りなどにより）受信していないうちに基準局側だけが更新してしまうと，ユーザ局では新しいエフェメリス情報を受信するまでディファレンシャル補正ができなくなってしまうのです．こうした状況を避けるため，基準局側ではエフェメリス情報の更新を1分〜数分程度遅らせるのが普通です[3].

　RINEX 観測ファイル mtka3180.05o を使用して，ディファレンシャル補正情報を作成してみましょう．pos2.c を次のように実行します.

ディファレンシャル補正情報の作成

```
% cc -o pos2 pos2.c -lm
% ./pos2 -d 35.679514962 139.561384732 109.0133 mtka3180.05n mtka3180.05o >mtka318.dif
Reading RINEX NAV... week 1349: 29 satellites
Reading RINEX OBS... 05/11/14 00:00:00 - 05/11/14 23:59:30

% cat mtka318.dif
86400.000,-3947762.7496,3364399.8789,3699428.5111,9,1,-4.88000,121,5,
-12.15155,149,6,-5.76000,100,14,-4.19157,151,16,-12.54156,8,20,-28.51
559,122,22,-20.34011,29,25,-5.00161,42,30,-5.14800,126
86430.000,-3947762.7496,3364399.8789,3699428.5111,9,1,-5.01350,121,5,
-13.17038,149,6,-5.63959,100,14,-4.41778,151,16,-15.16562,8,20,-29.15
                              ︙
172770.000,-3947762.7496,3364399.8789,3699428.5111,9,1,-1.83875,226,5,
-12.10864,179,6,-5.13990,124,14,-5.39494,176,16,-12.43354,33,20,-26.41
332,146,22,-23.33676,60,25,-5.52594,69,30,-7.02585,150
%
```

　4カラム目までは時刻および基準局位置，5カラム目に衛星数（この例では9）があり，その分だけ PRN 番号，補正値，IODE のセットが繰り返されていることがわかります.

---

[3] この時間として，RTCM フォーマットでは90秒が例示されています [25].

さて，生成されたディファレンシャル補正値はたとえば図 7-8 のようになっています．これは上の手順で作成した補正情報のうち PRN 01 衛星の補正値を最初の 4 時間分だけプロットしたものです．黒点は補正値で，細線は衛星の仰角を表します．仰角の低下に伴い，大気遅延の補正量が次第に大きくなる様子がわかります．

また，02:30 頃に補正値が不連続に変化している部分があります．この時刻付近の補正値を見てみましょう．

ディファレンシャル補正値の不連続な変化

```
% cat mtka318.dif
86400.000,-3947762.7496,3364399.8789,3699428.5111,9,1,-4.88000,121,...
                              ⋮
95310.000,-3947762.7496,3364399.8789,3699428.5111,8,1,-13.26942,122,...
95340.000,-3947762.7496,3364399.8789,3699428.5111,9,1,-13.49427,122,...
95370.000,-3947762.7496,3364399.8789,3699428.5111,9,1,-13.75308,122,...
95400.000,-3947762.7496,3364399.8789,3699428.5111,9,1,-10.24312,147,...
95430.000,-3947762.7496,3364399.8789,3699428.5111,9,1,-9.81630,147,...
```

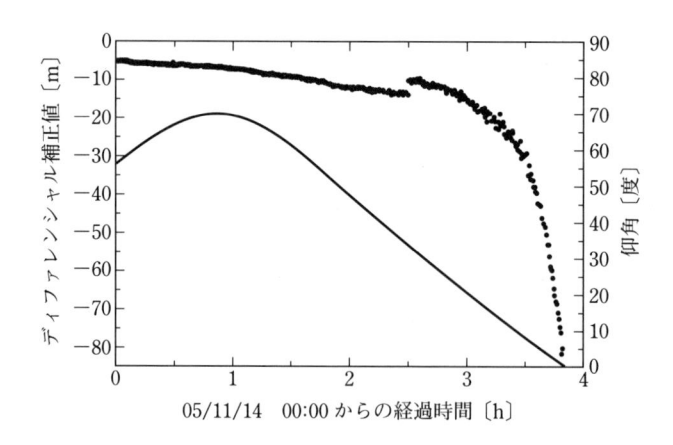

PRN 01 衛星のディファレンシャル補正値の計算結果です．黒点は補正値，細線は仰角を表します．仰角の低下に伴い，大気遅延の補正量が大きくなる様子がわかります（2005 年 11 月 14 日，IGS サイト mtka）．

図 7-8　ディファレンシャル補正値の時間変化

```
95460.000,-3947762.7496,3364399.8789,3699428.5111,9,1,-9.79856,147,...
                                  ⋮
172770.000,-3947762.7496,3364399.8789,3699428.5111,9,1,-1.83875,226,...
%
```

時刻 95370（02:29:30）と 95400（02:30:00）の間にディファレンシャル補正値が -13.8 m から -10.2 m に変化していますが，実はこれと同時にエフェメリスの発行番号を表す IODE が 122 から 147 に変更されていることがわかります．この前後では補正値はそれほど大きく変化していませんが，IODE の変更により 3 m もジャンプしていることになります．

IODE の変更は基準局側で衛星位置の計算に使用しているエフェメリスが更新されたことを意味しますが，このとき見かけの衛星位置（式 (7.8) の $\Delta \hat{R}_j$, $\Delta \hat{B}_j$ に相当する成分です）が変わることから，ディファレンシャル補正値も変化するのです．エフェメリスが更新されても真の衛星位置が変わるわけではありませんから，測定される擬似距離には変化はありません．ところが測位計算に用いる衛星

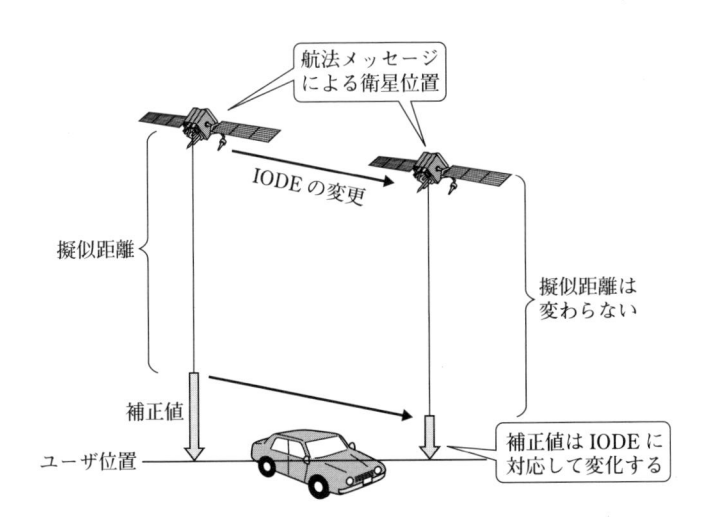

エフェメリス（IODE）が更新されると見かけの衛星位置が変わりますから，これに対応してディファレンシャル補正値も変化します．真の衛星位置は変わらないため，測定される擬似距離には変化はありません．

図 7-9 ディファレンシャル補正値と IODE の対応

位置が変わるので，図7-9のように，つじつまを合わせるためにディファレンシャル補正値がジャンプするのです．新旧のどちらのエフェメリスを使ったとしても，計算の結果得られるユーザ位置は同じでなければならないわけです．こうした影響があることから，ディファレンシャル補正情報は常にIODEと対応付けられていなければなりません．

7.4 ディファレンシャルGPSの測位計算

さて，リスト6.2（p.181）のpos2.cによりディファレンシャル補正情報を出力することができましたので，次にこれを利用してディファレンシャルGPSの測位計算をするプログラムを作成しましょう．といっても単独測位の場合とそれほど大きな違いはありませんので，やはりpos2.cにあらかじめその機能が組み込んであります．

ディファレンシャル補正情報の収められたファイルを読み取る部分はリスト6.2にはありませんので，853〜969行目をリスト7.1で補ってください．ディファレンシャルGPSの処理にあたっては，diff_IODE()関数とdiff_correction()関数を使用します．

リスト7.1: ディファレンシャル補正情報の読込み

```
0001: /*------------------------------------------------------------
0002:  * ディファレンシャル補正情報
0003:  *------------------------------------------------------------*/
0004: /* ディファレンシャル補正情報の有効期限 [s] */
0005: #define DIFFERENTIAL_EXPIRE         120.0
0006:
0007: /* 補正情報を保存 */
0008: static struct {
0009:     double  sec;
0010:     double  corr[MAX_PRN];
0011:     int     iode[MAX_PRN];
0012: } diffinfo[2];
0013: static int      diff_week   =0;
0014: static double   diff_sec0   =0.0;
0015:
```

```
0016: /* 補正情報を1行読み込む */
0017: static int read_diff_line(int k)
0018: {
0019:     int     i,n=-1,prn;
0020:     posxyz  pos;
0021:
0022:     /* 初期化 */
0023:     for(prn=1;prn<=MAX_PRN;prn++) {
0024:         diffinfo[k].corr[prn-1] =0.0;
0025:         diffinfo[k].iode[prn-1] =9999;
0026:     }
0027:     diffinfo[k].sec=1E+9;
0028:
0029:     /* ファイルから読み込む */
0030:     if (fgets(linebuf,LINEBUF_LEN,diff_fp)!=NULL) {
0031:         diffinfo[k].sec =atof(get_field(0));/* 時刻 */
0032:         diffinfo[k].sec +=diff_sec0;
0033:         pos.x   =atof(get_field(0));        /* 基準局 X 座標 [m] */
0034:         pos.y   =atof(get_field(0));        /* 基準局 Y 座標 [m] */
0035:         pos.z   =atof(get_field(0));        /* 基準局 Z 座標 [m] */
0036:         n       =atoi(get_field(0));        /* 衛星数 */
0037:         for(i=0;i<n;i++) {
0038:             prn =atoi(get_field(0));        /* PRN */
0039:             if (prn<1 || prn>MAX_PRN) break;
0040:             diffinfo[k].corr[prn-1] =atof(get_field(0));/* 補正 */
0041:             diffinfo[k].iode[prn-1] =atoi(get_field(0));/* IODE */
0042:         }
0043:         diff_base=xyz_to_blh(pos);
0044:     }
0045:
0046:     return n;
0047: }
0048:
0049: /*-----------------------------------------------------------
0050:  * diff_IODE() - ディファレンシャル補正値に対応する IODE
0051:  *-----------------------------------------------------------
0052:  * int diff_IODE(prn,wt); IODE/-1:指定なし
0053:  *    int prn;    衛星を指定
0054:  *    wtime wt;   時刻を指定
```

```
0055:    *-----------------------------------------------------------
0056:    *   ディファレンシャル補正値を適用する場合は，この関数が返す
0057:    * IODE でエフェメリスを選択すること．時刻は後戻りしないこと．
0058:    *-----------------------------------------------------------*/
0059:   static int diff_IODE(int prn,wtime wt)
0060:   {
0061:       double  sec;
0062:   
0063:       /* ファイルが指定されていなければ戻る */
0064:       if (diff_fp==NULL) return -1;
0065:   
0066:       /* 最初の行を読み込む */
0067:       if (diff_week<1) {
0068:           diff_week   =wt.week;
0069:           diff_sec0   =0.0;
0070:           read_diff_line(0);
0071:           read_diff_line(1);
0072:       }
0073:   
0074:       /* 週番号も考慮した時刻 */
0075:       sec=wt.sec+(double)(wt.week-diff_week)*SECONDS_WEEK;
0076:   
0077:       /* 次の行の時刻になったら更新する */
0078:       while(sec>diffinfo[1].sec-0.01) {
0079:           /* ディファレンシャル補正情報を更新 */
0080:           diffinfo[0]=diffinfo[1];
0081:           read_diff_line(1);
0082:   
0083:           /* 週境界をまたいだ場合の処理 */
0084:           if (diffinfo[0].sec>SECONDS_WEEK/2.0
0085:                   && diffinfo[1].sec<SECONDS_WEEK/2.0) {
0086:               diffinfo[1].sec +=SECONDS_WEEK;
0087:               diff_sec0       +=SECONDS_WEEK;
0088:           }
0089:       }
0090:   
0091:       /* ディファレンシャル補正情報を取り出す */
0092:       if (sec>diffinfo[0].sec-0.01) {
0093:           if (sec-diffinfo[0].sec<DIFFERENTIAL_EXPIRE) {
```

```
0094:                return diffinfo[0].iode[prn-1];
0095:         }
0096:     }
0097:
0098:     return 9999;      /* ありえない IODE */
0099: }
0100:
0101: /*----------------------------------------------------------------
0102:  * diff_correction() - ディファレンシャル補正値
0103:  *----------------------------------------------------------------
0104:  *   double diff_correction(prn,wt); 補正値 [m]
0105:  *     int prn;   衛星を指定
0106:  *     wtime wt;  時刻を指定
0107:  *----------------------------------------------------------------
0108:  *   指定された時刻の補正値を返す．diff_IODE() の後に呼び出す．
0109:  *----------------------------------------------------------------*/
0110: static double diff_correction(int prn,wtime wt)
0111: {
0112:     /* ファイルが指定されていなければ戻る */
0113:     if (diff_fp==NULL) return 0.0;
0114:
0115:     /* ディファレンシャル補正情報を取り出す */
0116:     return diffinfo[0].corr[prn-1];
0117: }
```

diff_IODE() 関数は，指定された時刻 wt に使用すべきエフェメリス情報の IODE を返します．ディファレンシャル補正情報は diff_fp で指定されたファイルから読み込みますが，ファイルが指定されていない場合（diff_fp==NULL となっています），つまり単独測位の場合は IODE は任意ですから −1 を返します．

一方の diff_correction() 関数は，読み取ったディファレンシャル補正値を返すものです．時刻を引数としてありますが，実際にはこれとは関係なく，先に呼び出された diff_IODE() 関数が返した IODE に対応する補正値が得られます．したがって，diff_correction() 関数を使う際は必ずその前に diff_IODE() 関数を呼び出してください．

ディファレンシャルモードで測位計算をさせるには，オプション "-i" を指定します．このとき，ディファレンシャル補正情報が収められているファイルも指定

してください．指定されたファイルは1686行目でオープンされ，ファイルポインタがdiff_fpにセットされます．プログラム中では，diff_fp==NULLなら単独測位，そうでなければディファレンシャルモードと判断しています．

単独測位モードに対して，ディファレンシャルモードで動作が変更されるのは次の3点です．

(1) ディファレンシャル補正値を適用する（1203～1210行目）—— ユーザ局受信機が測定した擬似距離にディファレンシャル補正値を加え，補正を行います．1201行目で行っている大気遅延補正を差し引く（1205行目）とともにディファレンシャル補正値を加え（1206行目），さらに対流圏遅延量の補正を行います．

(2) 指定されたIODEのエフェメリス情報を選択する（1275行目）—— ディファレンシャルモードでは衛星位置の計算に使用するエフェメリス情報を基準局と一致させる必要がありますので，ディファレンシャル補正情報で指定されたIODEのエフェメリス情報をセットします．

(3) NMEAのステータス情報をディファレンシャルモードにする（1388行目）—— NMEA GPGGAフォーマットには，ステータス情報が含まれています．これを，ディファレンシャルモードを意味する"2"にします．

実際にディファレンシャル補正情報を読み取る処理は，先述のとおりdiff_IODE()関数とdiff_correction()関数が行います．

ディファレンシャル補正値を適用する場合は，基本的には大気遅延補正は必要ありません．基準局位置における大気遅延量を補正するようにディファレンシャル補正値がつくられているからです．ただし，対流圏遅延については4.5節のとおり高度による違いがありますから，基準局とユーザ局との間の高度差を考慮する必要があります（図7-10）．基準局の位置はわかっていますから，ディファレンシャル補正値から基準局の高度h_Rに対応した遅延量$D_{tropo}(h_R)$を除き（補正値に対しては加えることになります），代わりにユーザ局における遅延量$D_{tropo}(h_U)$を補正することにします．つまり，ディファレンシャル補正値あるいは補正済み擬似距離に対して，

$$D_{tropo}(h_R) - D_{tropo}(h_U) \tag{7.11}$$

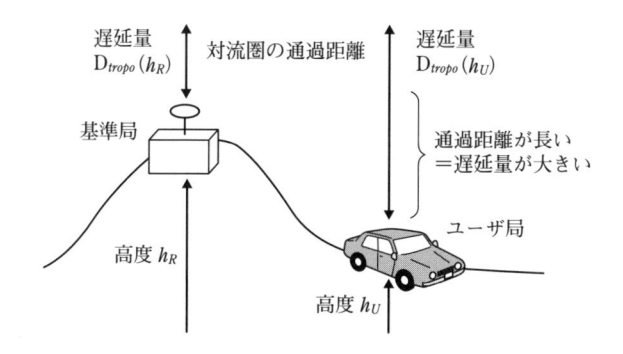

ディファレンシャル補正処理をする場合，対流圏遅延については基準局とユーザ局の高度差を考慮する必要があります．

図 7-10　高度差と対流圏遅延量

を加えればよいのです．なお，電離層遅延については高度による差はありませんので，このような処理は必要ありません．

さて，p.207 で作成したディファレンシャル補正情報を適用して，測位計算を実行してみましょう．

ディファレンシャル GPS による測位計算（IGS mtka）

```
% ./pos2 -i mtka318.dif -r 35.679514962 139.561384732 109.0133 mtka3180.
05n mtka3180.05o >mtka318d.off
Reading RINEX NAV... week 1349: 29 satellites
Reading RINEX OBS... 05/11/14 00:00:00 - 05/11/14 23:59:30

% cat mtka318d.off
86400.000,-0.0000,0.0000,-0.0000,-4.6747E-008,9,1.649,1.472,0.898,1.166
86430.000,-0.0000,-0.0000,0.0000,-4.2906E-008,9,1.647,1.470,0.898,1.164
86460.000,0.0000,0.0000,-0.0000,-5.7043E-008,9,1.644,1.468,0.897,1.162
                               ︙
172770.000,-0.0000,0.0000,0.0000,-6.8062E-008,9,1.631,1.457,0.894,1.150
%
```

測位誤差がすべてゼロとなってしまいました．それもそのはず，IGS サイト mtka の観測データから作成したディファレンシャル補正情報を用いて同一の観測デー

タの測位計算をしたのですから，誤差が完全に除去されて基準局位置と同じ位置が測位結果となったのです．

これではおもしろくありませんので，IGS サイト tskb（茨城県つくば市の国土地理院にあります）の観測データ tskb3180.05o に対して補正処理を行ってみましょう．

ディファレンシャル GPS による測位計算（IGS tskb）

```
% ./pos2 -i mtka318.dif -r 36.1056794194 140.0874962972 67.2542 tskb3180.
05n tskb3180.05o >tskb318d.off
Reading RINEX NAV... week 1349: 29 satellites
Reading RINEX OBS... 05/11/14 00:00:00 - 05/11/14 23:59:30

% cat tskb318d.off
86400.000,0.5034,0.7118,0.9312,-2.5377E-006,8,1.999,1.765,1.041,1.426
86430.000,0.1670,-0.0502,-0.1685,-2.5410E-006,8,1.995,1.761,1.041,1.421
86460.000,-0.3631,-0.2198,0.1735,-2.5402E-006,8,1.990,1.758,1.042,1.416
                                   ⋮
172770.000,0.1693,0.6442,0.9161,-2.5393E-006,8,1.967,1.740,1.044,1.392
%
```

測位誤差はゼロではなくなりました．水平成分をプロットしてみると図 7-11 のようになっており，単独測位に比べて測位精度が大きく改善されている様子がわかります．

いくつかの地点でディファレンシャル補正処理を行った結果は，図 7-12 のようになりました．これは国内にある IGS サイト（p.229, 付録 A の表 A-1）の観測データを処理したもので，基準局はいずれも IGS mtka です．

黒丸は幾何距離 $\sqrt{e_{xi}^2 + e_{yi}^2 + e_{zi}^2}$ の RMS 値で，おおむね 2 m 以下となっていますが，九州地方や小笠原諸島では若干大きめのようです．ただ，RMS 値はばらつき成分も含む評価であるため，受信機の設置環境や受信機そのものの特性の影響を受けます．このため，1 日にわたる測位結果の平均位置を評価してみることにしましょう．同じ図の白丸は平均位置の原点（真の位置）からの幾何距離 $\sqrt{\bar{e}_{xi}^2 + \bar{e}_{yi}^2 + \bar{e}_{zi}^2}$ で，基準局付近では良好な測位精度が得られますが，基準局から離れるにつれて精度が劣化する様子がよくわかります．

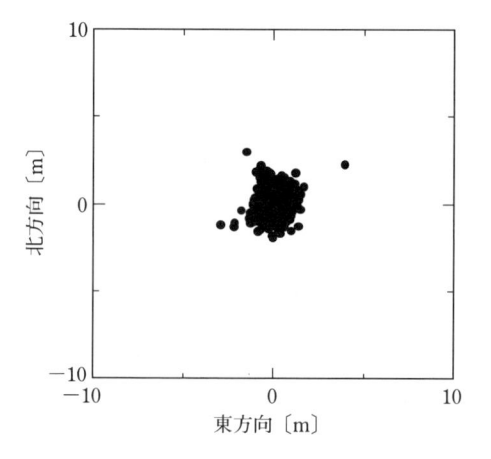

ディファレンシャル GPS による測位結果の例です（2005 年 11 月 14 日，IGS tskb，基準局 = IGS mtka）．単独測位に比べて測位精度が大きく改善されています．2dRMS = 1.27 [m]．

図 7-11　測位誤差の水平成分（ディファレンシャル GPS）

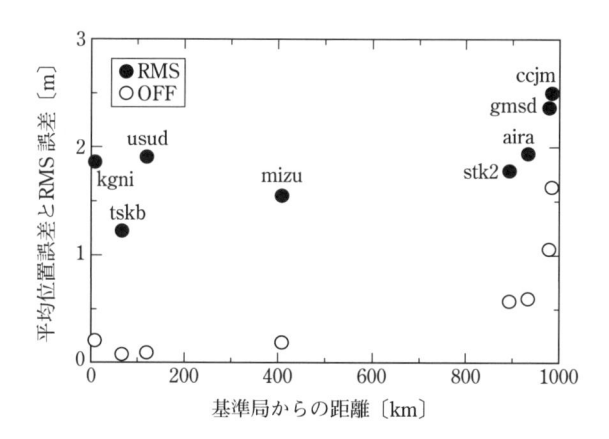

さまざまな地点においてディファレンシャル GPS を実行した結果です（2005 年 11 月 14 日，基準局 = IGS mtka）．（黒）幾何距離の RMS 値，（白）平均位置の原点からのずれ．基準局から離れるにつれて測位精度が劣化する様子がわかります．

図 7-12　ディファレンシャル GPS の測位精度

なお，GEONETでは全地点が観測データファイルと航法ファイルの両方を提供していますが，IGSネットワークの場合は航法ファイルを提供していないサイトがあります．このような地点のデータを処理する際は，航法ファイルについてはどこか異なる地点で受信されたものを使用してかまいません．航法メッセージは世界中のどこで受信しても同じで，航法ファイルに書かれている情報自体はどれも変わらないからです．ただし，場所によって衛星の見え方が異なりますから，メッセージの受信時刻に差があったり，ある衛星についてはメッセージがまったく得られていないといった可能性があります．こうしたことを避けるためには，なるべく近い地点で受信・作成された航法ファイルを使用するのがよいでしょう．

航法メッセージの内容は全世界で共通ですから，共通に使える航法ファイルがあると便利です．IGSではそうしたファイルも作成されていて，たとえばNASA（米航空宇宙局）のデータセンタではサイト名brdcとして世界共通の航法ファイルが提供されています．これは，各地で受信された航法メッセージを集約することで，すべての衛星の情報を収めてあるファイルです．このファイルを使えば，どこの地点の観測データでも同じ航法ファイルで処理できるわけです．国土地理院のGEONETでも，CD-ROMで配布されている過去の観測データについては，全地点の航法ファイルの代わりにこうした集約版の航法ファイルが付属しています．

ここで，試みに式(7.7)の関係を確かめてみましょう．p.181のリスト6.2（pos2.c）の1352〜1358行目を次のように書き換えると，PRN番号がもっとも小さな衛星についてはディファレンシャル補正値をゼロとして出力することになります．

```
1352:           max_prn=0;
1353:           for(prn=1;prn<=MAX_PRN;prn++) if (psr1[prn-1]>0.0) {
1354:               if (max_prn<1) {
1355:                   d=dpsr[prn-1]-dpsr1[prn-1];
1356:                   max_prn=prn;
1357:               }
1358:               printf(",%d,%.5f,%.0f",
1359:                   prn,                        /* #3n+3: PRN */
1360:                   d-dpsr[prn-1]+dpsr1[prn-1], /* #3n+4: 補正値 [m] */
1361:                   get_ephemeris(prn,EPHM_IODE));  /* #3n+5: IODE */
1362:           }
1363:           printf("\n");
```

この修正をしたうえで，IGS サイト mtka のディファレンシャル補正値を作成してみます．

```
%cat mtka318_shift.dif
86400.000,-3947762.7496,3364399.8789,3699428.5111,9,1,0.00000,121,5,
-7.27155,149,6,-0.88000,100,14,0.68843,151,16,-7.66155,8,20,-23.6355
9,122,22,-15.46011,29,25,-0.12160,42,30,-0.26800,126
86430.000,-3947762.7496,3364399.8789,3699428.5111,9,1,0.00000,121,5,
-8.15689,149,6,-0.62609,100,14,0.59572,151,16,-10.15212,8,20,-24.138
43,122,22,-15.78812,29,25,0.31560,42,30,0.52834,126
                              ⋮
172770.000,-3947762.7496,3364399.8789,3699428.5111,9,1,0.00000,226,5,
-10.26989,179,6,-3.30115,124,14,-3.55619,176,16,-10.59480,33,20,-24.5
7457,146,22,-21.49801,60,25,-3.68719,69,30,-5.18710,150
%
```

各衛星の補正値の変化を確かめてみてください．この補正情報を用いて測位計算をすると，計算結果は通常のディファレンシャル補正値の場合とまったく同じとなります．式 (7.7) だけでなく，もちろん式 (7.6) でも同じ結果となります．

ディファレンシャル GPS による測位計算（式 (7.7) の確認）

```
% ./pos2 -i mtka318_d00.dif -r 35.679514962 139.561384732 109.0133 mtka
3180.05n mtka3180.05o >mtka318d_shift.off
Reading RINEX NAV... week 1349: 29 satellites
Reading RINEX OBS... 05/11/14 00:00:00 - 05/11/14 23:59:30
% cat mtka318d_shift.off
86400.000,-0.0000,0.0000,-0.0000,-4.6747E-008,9,1.649,1.472,0.898,1.166
86430.000,-0.0000,-0.0000,0.0000,-4.2906E-008,9,1.647,1.470,0.898,1.164
86460.000,0.0000,0.0000,-0.0000,-5.7043E-008,9,1.644,1.468,0.897,1.162
                              ⋮
172770.000,-0.0000,0.0000,0.0000,-6.8062E-008,9,1.631,1.457,0.894,1.150
%
```

7.5 統計処理プログラム

最後に掲載するプログラムは，座標値の統計処理を行って平均位置や標準偏差を出力するものです．4.7.3 項でも説明しましたが，GPS による測位精度を表示する際には RMS や標準偏差といった統計値を用いますので，そうした際にこのプログラムは便利に使えます．

リスト 7.2 の stat.c は，pos1.c や pos2.c が出力する位置情報ファイル（CSV 形式）を読み取って座標値の統計処理を行います．計算されるのは平均値，標準偏差，RMS 値，最大値，最小値，平均位置の 6 種類の統計値で，これらが 6 行に分けて出力されます．計算対象はデータファイルに書いてある X，Y，Z 座標値に加えて，水平距離（$\sqrt{X^2+Y^2}$），垂直距離（$|Z|$），幾何距離（$\sqrt{X^2+Y^2+Z^2}$）を合わせた計 6 種類で，コンマで分けて数値を並べる CSV 形式のそれぞれ 2〜7 カラム目となります（表 7-3）．最初の行には，処理したデータ数が書き込まれます．

このうち平均値から最小値については，X 座標値，Y 座標値，Z 座標値，水平距離，垂直距離，幾何距離の統計値ですが，最後の平均位置（"OFF"）というのは，X 座標，Y 座標，Z 座標の平均値と，原点からその位置までの水平距離，垂直距離，幾何距離です．これは，「距離の統計値」と「平均位置までの距離」が異なることから計算してあるもので，たとえば幾何距離の RMS 値は

$$\sqrt{\frac{1}{N}\sum_{i}^{N}\left(e_{xi}^2+e_{yi}^2+e_{zi}^2\right)} \tag{7.12}$$

表 7-3　stat.c の出力フォーマット（CSV 形式）

カラム	内容
1	統計値の種類（NUM/AVG/STD/RMS/MAX/MIN/OFF）
2	X 座標値の統計値（"NUM" のときはデータ数）
3	Y 座標値の統計値
4	Z 座標値の統計値
5	水平距離（$=\sqrt{X^2+Y^2}$）の統計値
6	垂直距離（$=|Z|$）の統計値
7	幾何距離（$=\sqrt{X^2+Y^2+Z^2}$）の統計値

で計算されますが，平均位置と原点の距離は

$$\sqrt{\left(\frac{1}{N}\sum^N e_{xi}\right)^2 + \left(\frac{1}{N}\sum^N e_{yi}\right)^2 + \left(\frac{1}{N}\sum^N e_{zi}\right)^2} \tag{7.13}$$

になるといった違いがあるからです．

stat.c は，たとえば次のように実行します．この例では，単独測位の計算結果が ENU 座標で書かれているファイル "mtka318.off" を処理しています．各行の最初のカラムには統計値の種類を表す文字列があり，2 カラム目以降に統計値が出力されます．

統計処理プログラム（stat.c）の実行例（その 1）

```
% cc -o stat stat.c -lm
% ./stat <mtka3180.off >mtka318.sta

% cat mtka318.sta
NUM,2880
AVG,-0.1160,0.3317,-3.0242,2.1581,3.9532,4.7394
STD,1.6884,2.8027,6.0527,2.4843,5.4912,5.8437
RMS,1.6924,2.8223,6.7662,3.2908,6.7662,7.5240
MAX,13.5110,42.2388,12.7651,43.7907,114.0913,122.2066
MIN,-13.4254,-21.5570,-114.0913,0.0517,0.0010,0.2273
OFF,-0.1160,0.3317,-3.0242,0.3514,3.0242,3.0446
%
```

ECEF 座標による出力ファイルを処理すると，受信機の平均位置が ECEF 座標値として得られます．この場合は，たとえば次のように実行することになります．

統計処理プログラム（stat.c）の実行例（その 2）

```
% cc -o stat stat.c -lm
% ./stat <mtka3180.pos >mtka318_pos.sta

% cat mtka318_pos.sta
NUM,2880
AVG,-3947760.6574,3364398.2483,3699427.0167,5186905.6075,3699427.0167,
6371008.5570
STD,4.3051,3.7580,3.8320,5.4595,3.8320,6.0543
```

```
RMS,3947760.6574,3364398.2483,3699427.0167,5186905.6075,3699427.0167,
6371008.5570
MAX,-3947665.9691,3364406.9936,3699435.9752,5186921.5206,3699435.9752,
6371024.3631
MIN,-3947780.4370,3364332.5812,3699387.5911,5186790.9463,3699387.5911,
6370897.3574
OFF,-3947760.6574,3364398.2483,3699427.0167,5186905.6075,3699427.0167,
6371008.5570
%
```

なお，リスト7.2のstat.cでは，計算上の小さな工夫をしてあります．標準偏差については，定義式(4.26)（p.131）をそのまま使うと一度平均値を求めてからでないと計算できませんから，データファイルを二度読み込む必要が生じてしまいます．これを避けるため，次のように式を変形します．

$$\sigma = \sqrt{\frac{1}{n}\sum_{i=1}^{n}(e_i - \bar{e})^2} = \sqrt{\frac{1}{n}\sum_{i=1}^{n}e_i^2 - \bar{e}^2} \quad (7.14)$$

こちらの式を使うことで，データファイルを一度読み込むだけで標準偏差を計算できます．また，ECEF座標値のような大きな数値も取り扱えるように，2行目以降については最初のデータに対する差分とすることで，二乗和が大きくなりすぎないようにしています．

リスト7.2：統計処理プログラム —— stat.c

```
0001: /*-----------------------------------------------------------
0002:  * STAT.c - Position Statistics.
0003:  *----------------------------------------------------------*/
0004:
0005〜0284: （リスト3.8（test2.c）の5〜284行目）
0285:
0286: /*-----------------------------------------------------------
0287:  * main() - メイン
0288:  *----------------------------------------------------------*/
0289: void main(int argc,char **argv)
0290: {
0291:     int     i;
0292:     long    n;
```

7.5 統計処理プログラム 223

```
0293:     double  d,data[6],data0[6],stat1[6],stat2[6],max[6],min[6];
0294:
0295:     /* コマンドライン引数をチェック */
0296:     if (argc!=1) {
0297:         printf("stat - position statistics.\n");
0298:         printf("\n");
0299:         printf("usage: stat <in >out\n");
0300:         printf("\n");
0301:         exit(0);
0302:     }
0303:
0304:     /* 初期化 */
0305:     for(i=0;i<6;i++) {
0306:         stat1[i]=0.0;
0307:         stat2[i]=0.0;
0308:     }
0309:
0310:     /* データファイルを読み込む */
0311:     while(read_line(stdin)) {
0312:         /* コメント行は読み飛ばす */
0313:         if (linebuf[0]=='#' || linebuf[0]=='%') continue;
0314:
0315:         d       =atof(get_field(0));           /* 時刻 */
0316:         data[0] =atof(get_field(0));           /* X 座標 [m] */
0317:         data[1] =atof(get_field(0));           /* Y 座標 [m] */
0318:         data[2] =atof(get_field(0));           /* Z 座標 [m] */
0319:         /* 水平距離 */
0320:         data[3] =sqrt(SQ(data[0])+SQ(data[1]));
0321:         /* 垂直距離 */
0322:         data[4] =fabs(data[2]);
0323:         /* 幾何距離 */
0324:         data[5] =sqrt(SQ(data[3])+SQ(data[2]));
0325:         /* 異常値ならスキップ */
0326:         if (d==0.0 && data[5]==0.0) continue;
0327:
0328:         /* 和の計算 */
0329:         for(i=0;i<6;i++) {
0330:             if (n<1) {
0331:                 data0[i]=data[i];
```

```
0332:              data[i] =0.0;
0333:          } else {
0334:              data[i] -=data0[i];
0335:          }
0336:          stat1[i]+=data[i];
0337:          stat2[i]+=SQ(data[i]);
0338:          if (n<1 || data[i]>max[i]) max[i]=data[i];
0339:          if (n<1 || data[i]<min[i]) min[i]=data[i];
0340:      }
0341:      n++;
0342:  }
0343:
0344:  /* データ数 */
0345:  printf("NUM,%d\n",n);
0346:  if (n<1) exit(0);
0347:
0348:  /* データ数で割る */
0349:  for(i=0;i<6;i++) {
0350:      stat1[i]/=n;
0351:      stat2[i]/=n;
0352:  }
0353:
0354:  /* 平均値 */
0355:  printf("AVG");
0356:  for(i=0;i<6;i++) {
0357:      printf(",%.4f",stat1[i]+data0[i]);
0358:  }
0359:  printf("\n");
0360:
0361:  /* 標準偏差 */
0362:  printf("STD");
0363:  for(i=0;i<6;i++) {
0364:      printf(",%.4f",sqrt(stat2[i]-SQ(stat1[i])));
0365:  }
0366:  printf("\n");
0367:
0368:  /* RMS */
0369:  printf("RMS");
0370:  for(i=0;i<6;i++) {
```

```
0371:          printf(",%.4f",
0372:              sqrt(SQ(data0[i])+2.0*data0[i]*stat1[i]+stat2[i]));
0373:      }
0374:      printf("\n");
0375:
0376:      /* 最大値 */
0377:      printf("MAX");
0378:      for(i=0;i<6;i++) {
0379:          printf(",%.4f",max[i]+data0[i]);
0380:      }
0381:      printf("\n");
0382:
0383:      /* 最小値 */
0384:      printf("MIN");
0385:      for(i=0;i<6;i++) {
0386:          printf(",%.4f",min[i]+data0[i]);
0387:      }
0388:      printf("\n");
0389:
0390:      /* 平均位置 */
0391:      printf("OFF");
0392:      for(i=0;i<3;i++) {
0393:          printf(",%.4f",stat1[i]+data0[i]);
0394:      }
0395:      d=SQ(stat1[0]+data0[0])+SQ(stat1[1]+data0[1]);
0396:      printf(",%.4f",sqrt(d));
0397:      printf(",%.4f",fabs(stat1[2]+data0[2]));
0398:      printf(",%.4f",sqrt(d+SQ(stat1[2]+data0[2])));
0399:      printf("\n");
0400:
0401:      exit(0);
0402: }
```

付録 A

観測データの入手

　現在は世界中の観測ネットワークがGPSを常時観測しており，観測データが一般に公開されているネットワークもあります．ここでは，代表的なネットワークを二つ取り上げ，データの取得方法を説明します．このうちIGSサイトmtkaの観測データは，本書で実行例に使っているものです．

A.1　国土地理院GEONET

　国土地理院が運営しているGPS電子基準点ネットワークGEONET (GPS Earth Observation NETwork：GPS連続観測システム) は，日本国内約1200か所に設置されている電子基準点による観測データを公開しています．GEONETは日本全国を20〜30 kmの間隔でカバーしており，世界でも有数の高密度な観測ネットワークです．各基準点には2周波型の測量用GPS受信機が設置されており，観測データは茨城県つくば市にある国土地理院に集められて保存・処理されます．

　典型的な電子基準点は図A-1のような外観をしており，周囲の障害物による影響を抑えるために高い位置にアンテナが設置されています．内部にはGPS受信機

出典：国土地理院ウェブページ

国土地理院 GEONET ネットワークの典型的な電子基準点の外観です．周囲の障害物による影響を抑えるため，高い位置にアンテナが設置されています．

図 A-1　電子基準点の外観

のほか通信機器や無停電電源装置が備えられており，観測データを自動的に国土地理院に伝送できる仕組みになっています．

電子基準点の観測データは，国土地理院のウェブページから取得できます．インターネットエクスプローラなどのウェブブラウザのアドレスバーに

http://terras.gsi.go.jp/ja/index.html

と入力して国土地理院サーバにアクセスすると，電子基準点の解説が見られます．ウェブページでは電子基準点の検索機能を使って目的の基準点を選択した後，日付を指定して観測データを取得するようになっています．国土地理院のサーバから観測データを取得できるのはアクセスしている当該年度だけで，それ以前の観測データは社団法人日本測量協会から購入できます（http://www.jsurvey.jp/rinex.htm）．

データファイルのファイル名は，最初の 4 桁は基準点番号（の下 4 桁），次の 3 桁は日付で，日付に続くもう 1 桁にはゼロが付けられています（5.1 節を参照）．拡張子部分はファイルの種類を表していて，"05n.gz" は RINEX 航法ファイル，"05o.gz" は観測データファイルです（"05" は観測が行われた西暦年の下 2 桁）．

いずれも GZIP 形式で圧縮されていますから，適当な解凍ソフトウェアを使って解凍してください．たとえば，"00010010.05o.gz" は，電子基準点 940001（稚内）における 2005 年 1 月 1 日の RINEX 観測データファイルです．

GEONET から提供される RINEX 観測データファイルには，2 周波の擬似距離と搬送波位相が記録されています（C1，P2，L1，L2）．観測時刻は 30 秒間隔で，仰角 5 度以上の衛星が対象となります．受信機は Trimble 社のものが多いですが，一部に Topcon 社のものも含まれています．なお，GEONET のデータを利用して得た成果物を発表する場合は，GEONET を利用している旨を明示することとされています．

A.2　IGS

IGS（International GNSS Service）は全世界に約 300 の観測点を持っており，精密軌道暦の作成やその他の目的のために GPS の連続観測を行っています．といっても IGS 自身が観測しているというわけではなく，観測局として受信機を設置している各機関が観測データを IGS に提供しているのです．表 A-1 は国内にある IGS サイトの一覧です（2006 年 8 月現在，一部除く）．

IGS に提供された観測データはデータサーバに保存されており，各地のデータ

表 A-1　国内の IGS サイト

ID	地名	緯度〔度〕	経度〔度〕	高度〔m〕	受信機
stk2	新十津川	43.528643958	141.844818353	118.5729	Trimble 5700
mizu	水沢	39.135169789	141.132826283	117.0211	Septentrio PolaRx2
usud	臼田	36.133110033	138.362043653	1508.5897	Ashtech Z-12
tskb	つくば	36.105679419	140.087496297	67.2542	AOA Benchmark
kgni	小金井	35.710341767	139.488120689	123.6567	Ashtech Z-12
mtka	調布	35.679514962	139.561384732	109.0133	Ashtech Z-18
aira	姶良	31.824061056	130.599593178	314.6940	Trimble 5700
gmsd	中種子	30.556446575	131.015561900	142.2880	NovAtel OEM3
ccjm	父島	27.095582575	142.184579217	208.8631	Trimble 5700

センタから入手することができます．たとえば NASA（米航空宇宙局）の ftp サーバを使う場合，ウェブブラウザのアドレスバーに次のように入力します．

> ftp://cddisa.gsfc.nasa.gov/gps/data/daily/

"2004" や "2005" といった年号のフォルダが表示されます．それらの下には日付のフォルダ（"001" や "318" など）があり，さらにその下に "05o" や "05n" といったデータファイルの種別を表すフォルダがあります．各フォルダの下には，当該日の全サイトのデータファイルがまとめて収められています（GEONET とは異なり過去のデータも取得できます）．

ファイル名の付けられ方は今までと同じです．最初の 4 文字のサイト名は，地名や機関名の略称となっています．続く 3 桁の数字が日付で，8 文字目の観測番号はゼロとされています．いずれも UNIX compress 形式（拡張子 "Z"）で圧縮されていますから，適当なソフトウェアで解凍してください．

IGS で使用されている受信機は基本的に 2 周波型ですが，具体的な機種はサイトごとにかなり異なっています．エポック間隔は 30 秒が普通ですが，一部には 5 秒間隔のデータを提供しているサイトもあります．仰角マスクや記録されている測定値もサイトごとに異なり，擬似距離と搬送波位相だけのこともあれば，ドップラ周波数や信号強度まで記録している場合もあります．

A.3　IGS サイト mtka

IGS のネットワークには電子航法研究所が運営している観測局 mtka が含まれています．この観測局が得た観測データはもちろん IGS から入手できますが，同じものを電子航法研究所ウェブサーバからもダウンロードできます．

ウェブブラウザのアドレスバーに次のように入力すると，ダウンロードできるファイルの一覧が表示されます．

> http://www.enri.go.jp/~naoki/igex/data/

図 A-2 のような画面が表示されますので，必要なファイルをクリックすればダウンロードできます．"http://www.enri.go.jp/~naoki/iglos-mtka.htm" には，データファイルの簡単な解説があります．

IGS サイト mtka では，Ashtech 社の Z-18 受信機を使用しています．エポック間隔は 30 秒で，擬似距離および搬送波位相に加えてドップラ周波数も記録されています．また Z-18 受信機は GPS 衛星だけでなくロシアの GLONASS 衛星も受信できますので，両方の観測データが収められている点がこのサイトの特徴です（図 5-1（p.144）のサンプルは，オリジナルの観測データファイルから GLONASS 衛星の観測データを取り除いたものです）．

電子航法研究所は東京都調布市に所在しており，サイト mtka のアンテナ位置は北緯 35.679514962 度，東経 139.561384732 度，高度 109.0133 m（楕円体高），ECEF 座標系では $X = -3947762.7496$, $Y = 3364399.8789$, $Z = 3699428.5111$ です．サイト名は，2001 年に住所表示が変更される以前は電子航法研究所が三鷹市とされていたことに由来します．

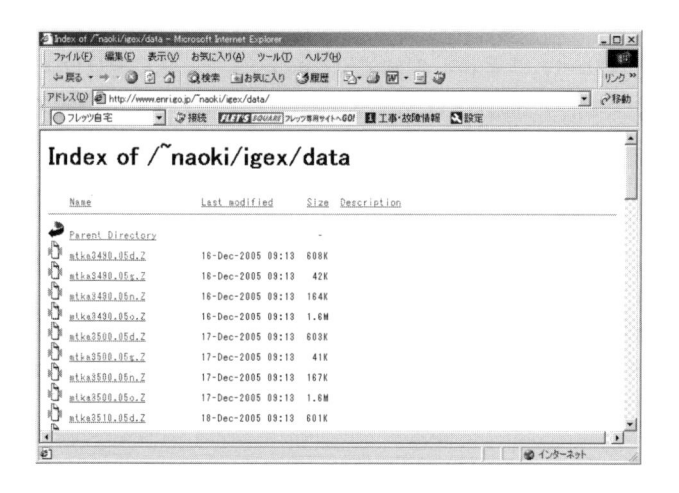

IGS サイト mtka による観測データは，電子航法研究所のウェブサーバからダウンロードできます．

図 A-2　IGS サイト mtka による観測データのダウンロード

付録 B

週番号表

　GPSが使用している週番号に対応する日付を一覧表にしました．各週は日曜日の00:00:00に始まり，土曜日の24:00:00に終わります．表中の日付は週の始まりの日曜日で，年初からの通算日も併記しました．RINEXファイルの検索などに利用してください．

年	月	日	通算日	週番号
1980	1	6	6	0
	1	13	13	1
	1	20	20	2
1999	8	15	227	1023
	8	22	234	1024
	8	29	241	1025
2005	11	13	317	1349
	11	20	324	1350
	11	27	331	1351
	12	4	338	1352
	12	11	345	1353
	12	18	352	1354

年	月	日	通算日	週番号
2005	12	25	359	1355
2006	1	1	1	1356
	1	8	8	1357
	1	15	15	1358
	1	22	22	1359
	1	29	29	1360
	2	5	36	1361
	2	12	43	1362
	2	19	50	1363
	2	26	57	1364
	3	5	64	1365
	3	12	71	1366

年	月	日	通算日	週番号
2006	3	19	78	1367
	3	26	85	1368
	4	2	92	1369
	4	9	99	1370
	4	16	106	1371
	4	23	113	1372
	4	30	120	1373
	5	7	127	1374
	5	14	134	1375
	5	21	141	1376
	5	28	148	1377
	6	4	155	1378
	6	11	162	1379
	6	18	169	1380
	6	25	176	1381
	7	2	183	1382
	7	9	190	1383
	7	16	197	1384
	7	23	204	1385
	7	30	211	1386
	8	6	218	1387
	8	13	225	1388
	8	20	232	1389
	8	27	239	1390
	9	3	246	1391
	9	10	253	1392
	9	17	260	1393
	9	24	267	1394
	10	1	274	1395
	10	8	281	1396
	10	15	288	1397
	10	22	295	1398
	10	29	302	1399
	11	5	309	1400
	11	12	316	1401
	11	19	323	1402
	11	26	330	1403

年	月	日	通算日	週番号
2006	12	3	337	1404
	12	10	344	1405
	12	17	351	1406
	12	24	358	1407
	12	31	365	1408
2007	1	7	7	1409
	1	14	14	1410
	1	21	21	1411
	1	28	28	1412
	2	4	35	1413
	2	11	42	1414
	2	18	49	1415
	2	25	56	1416
	3	4	63	1417
	3	11	70	1418
	3	18	77	1419
	3	25	84	1420
	4	1	91	1421
	4	8	98	1422
	4	15	105	1423
	4	22	112	1424
	4	29	119	1425
	5	6	126	1426
	5	13	133	1427
	5	20	140	1428
	5	27	147	1429
	6	3	154	1430
	6	10	161	1431
	6	17	168	1432
	6	24	175	1433
	7	1	182	1434
	7	8	189	1435
	7	15	196	1436
	7	22	203	1437
	7	29	210	1438
	8	5	217	1439
	8	12	224	1440

年	月	日	通算日	週番号	年	月	日	通算日	週番号
2007	8	19	231	1441	2008	5	4	125	1478
	8	26	238	1442		5	11	132	1479
	9	2	245	1443		5	18	139	1480
	9	9	252	1444		5	25	146	1481
	9	16	259	1445		6	1	153	1482
	9	23	266	1446		6	8	160	1483
	9	30	273	1447		6	15	167	1484
	10	7	280	1448		6	22	174	1485
	10	14	287	1449		6	29	181	1486
	10	21	294	1450		7	6	188	1487
	10	28	301	1451		7	13	195	1488
	11	4	308	1452		7	20	202	1489
	11	11	315	1453		7	27	209	1490
	11	18	322	1454		8	3	216	1491
	11	25	329	1455		8	10	223	1492
	12	2	336	1456		8	17	230	1493
	12	9	343	1457		8	24	237	1494
	12	16	350	1458		8	31	244	1495
	12	23	357	1459		9	7	251	1496
	12	30	364	1460		9	14	258	1497
2008	1	6	6	1461		9	21	265	1498
	1	13	13	1462		9	28	272	1499
	1	20	20	1463		10	5	279	1500
	1	27	27	1464		10	12	286	1501
	2	3	34	1465		10	19	293	1502
	2	10	41	1466		10	26	300	1503
	2	17	48	1467		11	2	307	1504
	2	24	55	1468		11	9	314	1505
	3	2	62	1469		11	16	321	1506
	3	9	69	1470		11	23	328	1507
	3	16	76	1471		11	30	335	1508
	3	23	83	1472		12	7	342	1509
	3	30	90	1473		12	14	349	1510
	4	6	97	1474		12	21	356	1511
	4	13	104	1475		12	28	363	1512
	4	20	111	1476	2009	1	4	4	1513
	4	27	118	1477		1	11	11	1514

年	月	日	通算日	週番号	年	月	日	通算日	週番号
2009	1	18	18	1515	2009	10	4	277	1552
	1	25	25	1516		10	11	284	1553
	2	1	32	1517		10	18	291	1554
	2	8	39	1518		10	25	298	1555
	2	15	46	1519		11	1	305	1556
	2	22	53	1520		11	8	312	1557
	3	1	60	1521		11	15	319	1558
	3	8	67	1522		11	22	326	1559
	3	15	74	1523		11	29	333	1560
	3	22	81	1524		12	6	340	1561
	3	29	88	1525		12	13	347	1562
	4	5	95	1526		12	20	354	1563
	4	12	102	1527		12	27	361	1564
	4	19	109	1528	2010	1	3	3	1565
	4	26	116	1529		1	10	10	1566
	5	3	123	1530		1	17	17	1567
	5	10	130	1531		1	24	24	1568
	5	17	137	1532		1	31	31	1569
	5	24	144	1533		2	7	38	1570
	5	31	151	1534		2	14	45	1571
	6	7	158	1535		2	21	52	1572
	6	14	165	1536		2	28	59	1573
	6	21	172	1537		3	7	66	1574
	6	28	179	1538		3	14	73	1575
	7	5	186	1539		3	21	80	1576
	7	12	193	1540		3	28	87	1577
	7	19	200	1541		4	4	94	1578
	7	26	207	1542		4	11	101	1579
	8	2	214	1543		4	18	108	1580
	8	9	221	1544		4	25	115	1581
	8	16	228	1545		5	2	122	1582
	8	23	235	1546		5	9	129	1583
	8	30	242	1547		5	16	136	1584
	9	6	249	1548		5	23	143	1585
	9	13	256	1549		5	30	150	1586
	9	20	263	1550		6	6	157	1587
	9	27	270	1551		6	13	164	1588

年	月	日	通算日	週番号	年	月	日	通算日	週番号
2010	6	20	171	1589	2011	2	6	37	1622
	6	27	178	1590		2	13	44	1623
	7	4	185	1591		2	20	51	1624
	7	11	192	1592		2	27	58	1625
	7	18	199	1593		3	6	65	1626
	7	25	206	1594		3	13	72	1627
	8	1	213	1595		3	20	79	1628
	8	8	220	1596		3	27	86	1629
	8	15	227	1597		4	3	93	1630
	8	22	234	1598		4	10	100	1631
	8	29	241	1599		4	17	107	1632
	9	5	248	1600		4	24	114	1633
	9	12	255	1601		5	1	121	1634
	9	19	262	1602		5	8	128	1635
	9	26	269	1603		5	15	135	1636
	10	3	276	1604		5	22	142	1637
	10	10	283	1605		5	29	149	1638
	10	17	290	1606		6	5	156	1639
	10	24	297	1607		6	12	163	1640
	10	31	304	1608		6	19	170	1641
	11	7	311	1609		6	26	177	1642
	11	14	318	1610		7	3	184	1643
	11	21	325	1611		7	10	191	1644
	11	28	332	1612		7	17	198	1645
	12	5	339	1613		7	24	205	1646
	12	12	346	1614		7	31	212	1647
	12	19	353	1615		8	7	219	1648
	12	26	360	1616		8	14	226	1649
2011	1	2	2	1617		8	21	233	1650
	1	9	9	1618		8	28	240	1651
	1	16	16	1619		9	4	247	1652
	1	23	23	1620		9	11	254	1653
	1	30	30	1621		9	18	261	1654

付録 C

GPS 衛星一覧

　プロトタイプであるブロック I シリーズ以来，2006 年までの 28 年間で 53 機の GPS 衛星が打ち上げられました（うち 2 機は打上げに失敗）．今までに打ち上げられた GPS 衛星の一覧は，次の表のとおりです（2006 年 10 月 31 日現在）．SVN は各衛星に固有のシリアル番号，PRN は放送している測距信号の PN コード番号です．PRN は 1～32 しか使えませんから，退役した衛星の PRN は再利用されています（括弧書きの PRN は退役時まで放送していたコードです）．

ブロック	SVN	PRN	軌道	打上げ日	運用期間	運用年数
I	01	(04)		78/02/22	78/03/29–80/01/25	1.83
I	02	(07)		78/05/13	78/07/14–80/08/30	2.13
I	03	(06)		78/10/06	78/11/09–92/04/19	13.44
I	04	(08)		78/12/10	79/01/08–86/10/27	7.80
I	05	(05)		80/02/09	80/02/27–83/11/28	3.75
I	06	(09)		80/04/26	80/05/16–90/12/10	10.57
I	07			81/12/18	打上げ失敗	0
I	08	(11)		83/07/14	83/08/10–93/05/04	9.73
I	09	(13)	(C-1)	84/06/13	84/07/19–94/02/25	9.60

付録 C GPS 衛星一覧

ブロック	SVN	PRN	軌道	打上げ日	運用期間	運用年数
I	10	(12)	(A-1)	84/09/08	84/10/03–95/11/18	11.12
I	11	(03)	(C-4)	85/10/09	85/10/30–94/02/27	8.33
II	13	(02)	(B-3)	89/06/10	89/07/12–04/02/22	14.61
II	14	(14)	(E-1)	89/02/14	89/04/14–00/03/26	10.95
II	15	15	D-5	90/10/01	90/10/20–運用中	(16.03)
II	16	(16)	(E-5)	89/08/18	89/10/14–00/10/13	11.00
II	17	(17)	(D-3)	89/12/11	90/01/11–05/02/23	15.12
II	18	(18)	(F-3)	90/01/24	90/02/14–00/08/18	10.51
II	19	(19)	(A-4)	89/10/21	89/11/23–01/03/16	11.31
II	20	(20)	(B-5)	90/03/26	90/04/19–96/03/21	5.92
II	21	(21)	(E-2)	90/08/02	90/08/22–02/09/25	12.09
IIA	22	(22)	(B-1)	93/02/03	93/04/04–02/12/03	9.66
IIA	23	(23)	(E-4)	90/11/26	90/12/10–04/02/05	13.16
IIA	24	24	D-6	91/07/04	91/08/30–運用中	(15.17)
IIA	25	25	A-2	92/02/23	92/03/24–運用中	(14.60)
IIA	26	26	F-2	92/07/07	92/07/23–運用中	(14.27)
IIA	27	27	A-4	92/09/09	92/09/30–運用中	(14.08)
IIA	28	(28)	(C-5)	92/04/10	92/04/25–96/11/04	4.53
IIA	29	29	F-5	92/12/18	93/01/05–運用中	(13.82)
IIA	30	30	B-2	96/09/12	96/10/01–運用中	(10.08)
IIA	31	(31)	(C-3)	93/03/30	93/04/13–05/04/14	12.00
IIA	32	01	F-6	92/11/22	92/12/11–運用中	(13.89)
IIA	33	03	C-2	96/03/28	96/04/09–運用中	(10.56)
IIA	34	04	D-4	93/10/26	93/11/22–運用中	(12.94)
IIA	35	05	B-4	93/08/30	93/09/28–運用中	(13.09)
IIA	36	06	C-1	94/03/10	94/03/28–運用中	(12.59)
IIA	37	07	C-5	93/05/13	93/06/12–運用中	(13.39)
IIA	38	08	A-3	97/11/06	97/12/18–運用中	(8.87)
IIA	39	09	A-1	93/06/26	93/07/21–運用中	(13.28)
IIA	40	10	E-3	96/07/16	96/08/15–運用中	(10.21)
IIR	41	14	F-1	00/11/10	00/12/10–運用中	(5.89)
IIR	42	12		97/01/17	打上げ失敗	0
IIR	43	13	F-3	97/07/23	98/01/31–運用中	(8.75)

ブロック	SVN	PRN	軌道	打上げ日	運用期間	運用年数
IIR	44	28	B-3	00/07/16	00/08/17–運用中	(6.20)
IIR	45	21	D-3	03/03/31	03/04/12–運用中	(3.55)
IIR	46	11	D-2	99/10/07	00/01/03–運用中	(6.83)
IIR	47	22	E-2	03/12/21	04/01/12–運用中	(2.80)
IIR	51	20	E-1	00/05/11	00/06/01–運用中	(6.41)
IIR	54	18	E-4	01/01/30	01/02/15–運用中	(5.71)
IIR	56	16	B-1	03/01/29	03/02/18–運用中	(3.70)
IIR	59	19	C-3	04/03/20	04/04/05–運用中	(2.57)
IIR	60	23	F-4	04/06/04	04/07/09–運用中	(2.31)
IIR	61	02	D-1	04/11/06	04/11/22–運用中	(1.94)
IIR-M	53	17	C-4	05/09/26	05/12/16–運用中	(0.87)
IIR-M	52	31	A-7	06/09/25	06/10/12–運用中	(0.05)
IIR-M	58	12	B-5	06/11/17		

付録 D

テキストファイルの処理

　RINEX のファイルはすべてテキスト形式ですから，テキストエディタで内容を読むことができます．テキストエディタとは，Windows の "メモ帳" や "秀丸"，UNIX では "vi"，"emacs" といったソフトウェアで，テキスト形式のファイル（テキストファイル：text file）を作成・修正するためのものです．

　テキストファイルは ASCII ファイルとも呼ばれ，文字コード 0x20〜0x7F のテキスト文字（ASCII 文字）と改行コードだけで構成されているファイルのことです．日本語のファイルの場合，文字コード 0x80〜0xFF も含まれます．テキストファイルでないファイルはバイナリファイル（binary file）といい，テキスト文字以外の文字コードが含まれています．

　テキストファイルは行単位で構成されていて，それぞれの行の終わりには改行コードと呼ばれる制御コードが付けられます．これはオペレーティングシステムによって若干の違いがあり，UNIX（Linux）では LF（文字コード 0x0a）だけ，Windows の場合は CR+LF（文字コード 0x0d と 0x0a の 2 文字）になります．たとえば "GPS（改行）" という文字列は，Windows PC のファイル中では

```
47 50 53 0D 0A
```

とコード化されていますが，同じ文字列がUNIX（Linux）マシンでは次のようになっています．

```
47 50 53 0A
```

47, 50, 53はそれぞれG, P, Sの文字コード，0D, 0Aは改行コードです．

　ところで，ファイルから1行を読み込むfgets()関数は，LFコードが現れるまでを1行として取り扱います．したがって，UNIXマシンでCR+LFが行末コードのファイルを読み込むと，余分なCRコードが残ることになります．一方，Windows系のC言語では，(fopen()関数の第二引数に「"rt"」や「"wt"」のように"t"を付けてファイルを開くと）ファイル中のCR+LFはLFのみに変換されて取り扱われます（逆に，LFを書き込むとCR+LFに変換されます）から，LFコードしか残りません．CRコードがないUNIX形式のファイルでもLFコードだけを行末として取り扱いますから，どちらでも同じ結果になります．

　結局，fgets()関数で読み込んだ1行は最後がLFのみで終わることが多いですが，CR+LFになる場合もあります（UNIXマシンでWindows用ファイルを読み込んだとき）．いずれにしてもそれ以前の文字列は全部読み込まれているわけで，最後の行末コードがLFかCR+LFかの違いだけですから，RINEXファイルを読み込む際には特に意識する必要はありません．

　ftpコマンドでファイルを取得する場合は，バイナリ転送モードにしない限りテキスト転送モードとなり，改行コードが自動的に変換されます．同一のRINEXファイルがオペレーティングシステムによって違うサイズとして表示されることがあるのは，こうした事情のためです．なお，Windows系のC言語では，EOFコード（0x1a）があるとファイル終端（end of file）として取り扱われ，それ以降の内容を読み込まない場合があります．

付録 E

逆行列の計算

　逆行列を求める方法はいくつかありますが，リスト 2.16 (p.42) はもっとも簡単なものの一つです．ブラックボックスを嫌う読者のために，関数 inverse_matrix() が逆行列を得る仕組みを説明しておくことにしましょう．

　$n \times n$ 行列 A の逆行列とは，

$$XA = I \tag{E.1}$$

を満たす行列 X のことです．I は大きさ $n \times n$ の単位行列で，逆行列 X の大きさも $n \times n$ になります．

　ところで，行列 A に対して行基本変形と呼ばれる操作を繰返し施すと，単位行列に変換することができます．行基本変形とは，

(1) ある行の要素をすべて c 倍する
(2) ある行の c 倍を，他の行に加える
(3) 任意の二つの行を入れ替える

といった操作のことです．たとえば，次の行列を変形して単位行列にすることを考えてみましょう．

$$\begin{bmatrix} 1 & 2 \\ 3 & 4 \end{bmatrix}$$

まず，第 1 行を -3 倍して第 2 行に加えます．

$$\begin{bmatrix} 1 & 2 \\ 0 & -2 \end{bmatrix}$$

第 2 行をそのまま第 1 行に加えます．

$$\begin{bmatrix} 1 & 0 \\ 0 & -2 \end{bmatrix}$$

あとは，第 2 行に $-1/2$ をかければ単位行列になります．

行基本変形は，行列を使って書くこともできます．次の行列 P と Q は，それぞれ行基本変形の (1) と (2) に相当する操作を表します．

$$P_i(c) = \begin{bmatrix} \ddots & & & & \\ & 1 & & & \\ & & c & & \\ & & & 1 & \\ & & & & \ddots \end{bmatrix} \leftarrow \text{第 } i \text{ 行}$$

$$Q_{ij}(c) = \begin{bmatrix} \ddots & & & & \\ & 1 & & c & \\ & & \ddots & & \\ & & & 1 & \\ & & & & \ddots \end{bmatrix} \leftarrow \text{第 } i \text{ 行}$$

$\uparrow$ 第 j 列

行列 P は単位行列に似ていますが，要素 p_{ii} だけ c になっています．行列 P を左からかけると，元の行列の第 i 行が c 倍されます．行列 Q もやはり単位行列がもとになっていますが，要素 q_{ij} が 0 の代わりに c となっています．この行列 Q を左からかけると，元の行列の第 j 行の c 倍が第 i 行に加えられたような行列ができあがります．単位行列の第 i 行と第 j 行を入れ替えることで，行基本変形の (3) を表現することもできます．

先の 2×2 行列の場合の例をこれらの行列を使って表すと，次のようになります．

$$P_2(-1/2)\, Q_{12}(1)\, Q_{21}(-3) \begin{bmatrix} 1 & 2 \\ 3 & 4 \end{bmatrix} = \begin{bmatrix} 1 & 0 \\ 0 & 1 \end{bmatrix}$$

右辺には単位行列があり，左辺は行基本変形を表す三つの行列と元の行列の積となっています．ここで，式 (E.1) を思い出してください．式 (E.1) と対応させて見比べると，行基本変形を表す三つの行列の積が実は元の行列の逆行列になっていることがわかります．つまり，この場合は

$$X = P_2(-1/2)\, Q_{12}(1)\, Q_{21}(-3) = \begin{bmatrix} -2 & 1 \\ 3/2 & -1/2 \end{bmatrix}$$

が逆行列です．

このことを利用すると，次の手順で逆行列を求めることができます．まず，元の行列と単位行列を並べた大きさ $n \times 2n$ の行列をつくります．

$$\left[\begin{array}{c|c} A & \begin{matrix} 1 & & \\ & \ddots & \\ & & 1 \end{matrix} \end{array} \right] \tag{E.2}$$

この行列に対して，行列 A の部分が単位行列になるように，行基本変形を繰り返します．行単位の変形は行列 A の部分だけでなく単位行列にも同じように適用されますので，変形内容を表す行列の積が右半分に現れます．したがって，できあがった行列は

$$\left[\begin{array}{c|c} \begin{matrix} 1 & & \\ & \ddots & \\ & & 1 \end{matrix} & X \end{array} \right] \tag{E.3}$$

の形をしていますので，右半分を取り出せば行列 A の逆行列が得られます．このように行基本変形の繰返しにより単位行列に変換する操作は，ガウスの消去法と呼ばれます．

付録 F

ENU 座標系による計算

2.3.2 項では，測位計算を ECEF 座標系と ENU 座標系のどちらで行っても結果は同じになることを説明しました．ここでは，数式で考えてみることにしましょう．

測位計算に使う方程式は，次のとおりです．

$$G\Delta \vec{x} = \Delta \vec{r} \tag{F.1}$$

大きさ $N \times 4$ の行列 G はデザイン行列と呼ばれ，衛星とユーザ受信機の相対的な位置関係で決まります．未知数 $\Delta \vec{x}$ は四次元ベクトル，測定値 $\Delta \vec{r}$ は N 次元ベクトルで，近似解のまわりで線形化してあるのでした．

ECEF 座標系で表された位置ベクトルを ENU 座標系に回転させるには，p.32 の式 (2.3) を使います．座標系の回転に使う行列 R_3 に 4 行目を追加して，次の行列を考えます．

$$R_4(B, L) = \begin{bmatrix} -\sin L & \cos L & 0 & 0 \\ -\cos L \sin B & -\sin L \sin B & \cos B & 0 \\ \cos L \cos B & \sin L \cos B & \sin B & 0 \\ 0 & 0 & 0 & 1 \end{bmatrix} \tag{F.2}$$

逆向きの回転を行う R_3^{-1} についても同様に，4 行目を追加します．

$$R_4^{-1}(B, L) = \begin{bmatrix} -\sin L & -\cos L \sin B & \cos L \cos B & 0 \\ \cos L & -\sin L \sin B & \sin L \cos B & 0 \\ 0 & \cos B & \sin B & 0 \\ 0 & 0 & 0 & 1 \end{bmatrix} \quad \text{(F.3)}$$

これらは逆行列の関係にあり，$R_4^{-1} \cdot R_4 = I_4$ です．また，$R_4^{-1} = R_4^{\mathrm{T}}$ の関係となっている点に注意してください．

さて，式 (F.1) をよく見てみましょう．G と $\Delta \vec{x}$ の間に単位行列があってもかまいませんから，

$$\begin{aligned} G \Delta \vec{x} &= G \cdot \left(R_4^{-1} \cdot R_4 \right) \cdot \Delta \vec{x} \\ &= \left[\left(G \cdot R_4^{-1} \right)^{\mathrm{T}} \right]^{\mathrm{T}} \cdot (R_4 \cdot \Delta \vec{x}) \\ &= \left[\left(R_4^{-1} \right)^{\mathrm{T}} \cdot G^{\mathrm{T}} \right]^{\mathrm{T}} \cdot (R_4 \cdot \Delta \vec{x}) \\ &= \left(R_4 \cdot G^{\mathrm{T}} \right)^{\mathrm{T}} \cdot (R_4 \cdot \Delta \vec{x}) \end{aligned}$$

のように変形できます．最後の式の第 1 項はデザイン行列 G の各行を ENU 座標系に合わせて回転させたもの，また第 2 項も解ベクトル $\Delta \vec{x}$ を同様に回転させたものとなっています．

これより，測位方程式を ENU 座標系で解いても得られる解は変わらないことがわかります．線形代数の用語でいえば，同じ方程式を正規直交基底を変えて解いているというわけです．

参考文献

本書全般の参考文献

[1] Misra, P. and Enge, P. : *GLOBAL POSITIONING SYSTEM, signal, measurements, and, performance*, Gange-Jamuna Press, 2001.
（日本語版）日本航海学会 GPS 研究会（訳）：『精説 GPS 基本概念・測位原理・信号と受信機』, 正陽文庫, 2004.

[2] Hofmann-Wellenhof, B., Lichtenegger, H., and Collins, J. : *GPS: Theory and Practice*, 5th, Revised Edition, Springer-Verlag, 2001.
（日本語版）西修二郎（訳）：『GPS 理論と応用』, シュプリンガー・フェアラーク東京, 2005.

[3] 坂井丈泰：『GPS 技術入門』, 東京電機大学出版局, 2003.

[4] ユニゾン：『図解雑学 GPS のしくみ』, ナツメ社, 2003.

[5] Parkinson, B. W., *et al.* : *Global Positioning System: Theory and Applications*, Progress in Astronautics and Aeronautics, vol.163–164, AIAA, 1996.

[6] 土屋淳, 辻宏道：『新・GPS 測量の基礎』, 日本測量協会, 2002.

[1] は, GPS に関する技術的な詳細が航法の視点から幅広く取り扱われている, 数少ない邦文の教科書です. 第 1 章から第 3 章は GPS の概要や座標系・時系の定義, 第 4 章から第 6 章は測距信号の構造や使い方, 第 7 章から第 9 章は GPS 受信機の構造や信号処理の手法が説明されています. 従来は文章でしか説明されていなかった内容にグラフが付けられていて, なるほどと納得できます. 後半の, GPS 受信機の内部処理の説明を読むには, 信号処理に関する知識が必要です. 学部後半から大学院生レベルでしょう.

[2] も充実した GPS の教科書です．どちらかといえば測量の立場で書かれており，測定値の数学的な取扱いやデータ処理の方法に重点が置かれています．やはり内容的には学部後半から大学院生レベルでしょう．

[3] については Amazon.co.jp の書評を以下に引用します —— GPS については，単にユーザセグメントとしての利用方法を語るノウハウ書は今までも多かったのですが，スペースセグメント等を含む，GPS の工学的な側面の導入教育に使えるものは，日本語としては存在しなかったように思います．本書は，使うべきところには（天下りにせよ）数式を掲げ，数式から GPS の諸性質を導出している点と，200 頁程度の紙数で要領良く技術的なポイントを網羅している点で，非常に好感が持てます．「GPS って何だろう？」と興味を持つ，あらゆる分野のエンジニアにおすすめです．

[4] は「図解雑学」シリーズの一冊で，トピックごとに見開き 2 ページで構成されています．GPS について，技術的なイメージをつかむことができるでしょう．

[5] は AIAA の "Progress in Astronautics and Aeronautics" シリーズの一冊（実際は 2 部構成）で，"Blue Book" とも呼ばれます．単一の著者による書籍ではなくボリュームも相当なものですので教科書とするには難がありますが，技術的詳細が幅広くかつ深く，数式も交えて解説されています．文献も多く紹介されていますので，さまざまなアルゴリズムの原典を知りたいときにも重宝します．

[6] は測量の立場で書かれた GPS の教科書です．搬送波位相の取扱いや測地系，ジオイド面といった話題については，この本を参照してください．

GPS の動向

[7] Allan Ballenger : "GPS Program Update", 46th Civil GPS Service Interface Committee (CGSIC), Fort Worth, TX, Sept. 2006.

[8] 「第 1 章 GNSS UPDATE」，『GPS/GNSS シンポジウム』，日本航海学会，pp.23–40, Nov. 2005.

[7] は，米国沿岸警備隊航行センタが主催する CGSIC（GPS 民生利用連絡会議）で毎回発表される，GPS に関する最新の計画です．プレゼンテーション資料もウェブページ（http://www.navcen.uscg.gov/cgsic）から入手できます．

[8] は，毎年 11 月に開催される GPS/GNSS シンポジウムで報告される，GPS を
はじめロシアの GLONASS や欧州の Galileo などの最新動向です．海外から招か
れた講演者による招待講演のほか，国内における最新技術も多く発表されます．

GPS 信号の仕様・特性

[9] *Navstar GPS Space Segment / Navigation User Interfaces*, Interface Control Document, ICD-GPS-200, rev. C, April 2000.

[10] *Navstar GPS Space Segment / Navigation User Interfaces*, Interface Specification, IS-GPS-200, rev. D, March 2006.

[11] *Navstar GPS Space Segment / User Segment L5 Interfaces*, Interface Specification, IS-GPS-705, Sept. 2005.

[12] *Navstar GPS Space Segment / User Segment L1C Interfaces*, Interface Specification, Draft IS-GPS-800, April 2006.

[13] *Global Positioning System Standard Positioning Service Signal Specification*, 2nd Edition, June 1995.

[14] *Global Positioning System Standard Positioning Service Performance Standard*, Department of Defense, Oct. 2001.

[15] 山内雪路：『スペクトラム拡散通信』，東京電機大学出版局，1994．

[16] 梶本慈樹：「スペクトラム拡散通信の基礎と実際」，『トランジスタ技術』，vol.38, no.7, pp.206–213, July 2001．

[17] 坂井丈泰：「GPS における選択利用性（SA）の解除」，『NAVIGATION』（日本航海学会誌），no.145, pp.42–48, Sept. 2000．

[18] Ashby, N. and Spilker Jr., J. J. : "Chapter 18: Introduction to Relativistic Effects on the Global Positioning System", *Global Positioning System: Theory and Applications*, vol.I, pp.623–697, AIAA, 1996.

[19] P. Misra, M. Pratt, B. Burke, and R. Ferranti : "Adaptive Modeling of Receiver Clock for Meter-Level DGPS Vertical Positioning", Proc. ION GPS-95, Palm Springs, pp.1127–1135, Sept. 1995.

[20] 小塩立吉：「GPS アンテナ技術」，『GPS シンポジウム』，日本航海学会，pp.203–214, Nov. 2000．

[9]〜[12] は GPS 衛星とユーザ受信機の間のインターフェースを定めた文書で，GPS 衛星により放送されている信号の詳細な内容が説明されています．航法メッセージの内容に加えて衛星位置の計算手順や光速などの物理定数値も定められており，すべての GPS 受信機はこれらの文書に従って GPS 信号を利用することになります．L1 民間用信号の詳細を規定する文書は従来より "ICD" と呼ばれていましたが，2004 年に改訂されて "IS-GPS-200D" となり，L2C 信号に関する内容が追加されています．また，"IS-GPS-705" には L5 信号，"IS-GPS-800" には L1C 信号がそれぞれ規定されています．いずれも，米国沿岸警備隊航法センタのウェブページ (http://www.navcen.uscg.gov/) から入手可能です．

[13]〜[14] は GPS 信号の仕様や性能を規定する文書で，いずれも民間用の標準測位サービス (SPS) に関する規定です．従来の "Signal Specification" は信号仕様書ですから性能に関する規定は付録扱いでしたが，2001 年に発行された "Performance Standard" では第 3 章 "GPS SPS Performance Standard" に記載されています．なお，"Performance Standard" で規定されている性能には，SA（選択利用性）の解除も反映されています．いずれも，米国沿岸警備隊航法センタのウェブページ (http://www.navcen.uscg.gov/) から入手可能です．

[15] はスペクトル拡散通信方式の教科書です．本書の 1.3 節ではかなり簡略化して解説しましたので，不足分はこの本で補ってください．[16] では，スペクトル拡散通信の技術的なポイントが説明されています．データ通信の基礎知識がある方なら，教科書よりもこういった文献のほうが手っ取り早いかもしれません．

2000 年 5 月に実施された SA（選択利用性）の解除により，GPS の測位性能は大幅に向上しました．[17] では，その前後の経緯や，解除された際の測位誤差の変動が紹介されています．

[18] は GPS における相対性理論の取扱いを解説した文献です．内容はかなり難解ですが，地上付近の GPS ユーザの場合の結論が表にまとめられています．[19] では，受信機クロックと垂直測位誤差の相関を利用して，垂直測位誤差を低減できることが述べられています．GPS の測位精度向上にはアンテナが重要ですが，[20] ではアンテナに求められる基礎的な要件やマルチパスの影響が解説されています．

人工衛星の軌道運動

[21] 冨田信之：『宇宙システム入門』，東京大学出版会，1993.

[22] 茂原正道：『宇宙システム概論』，培風館，1995.

[23] 高野忠，佐藤亨，柏本昌美，村田正秋：『宇宙における電波計測と電波航法』，コロナ社，2000.

[21]〜[23] は，いずれも人工衛星をはじめとする宇宙機システムに関する教科書です．[21] は打上げロケットや人工衛星の軌道運動，[22] は人工衛星の構造や設計に重点が置かれています．また，[23] では人工衛星の位置や速度を測定する方法や施設，無線信号の種類や利用法が述べられ，衛星測位システムとして GPS が解説されています．

標準フォーマット

[24] Gurtner, W. : *RINEX: The Receiver Independent Exchange Format Version 2.10*, Jan. 2002.

[25] *RTCM Recommended Standard for Differential GNSS*, Version 2.3, RTCM SC-104, Paper 136-2001/SC104-STD, Aug. 2001.

[26] 衛星測位システム協議会：『GPS 導入ガイド』，日刊工業新聞社，1993.

[27] 高精度衛星測位システムに関する調査研究会：『高精度 GPS の展望』，日刊工業新聞社，1995.

[28] 北條晴正：「1.3：GPS に関する規格及び標準」，『GPS シンポジウム』，日本航海学会，pp.19–30, Nov. 2000.

[29] Parkinson, B. and Enge, P. : "Chapter 1: Differential GPS", *Global Positioning System: Theory and Applications*, vol.II, pp.3–50, AIAA, 1996.

[24] は RINEX フォーマットを規定する文書で，IGS ウェブページ（ftp://igscb.jpl.nasa.gov/igscb/data/format/rinex210.txt）から入手可能です．

[25] は米国 RTCM（Radio Technical Commission for Maritime services）による技術標準で，ディファレンシャル補正データの標準フォーマットを規定するものです．ディファレンシャル GPS といえばこのフォーマットを指すことがほとんど

で，多くの GPS 受信機が対応しています．本文書はオンラインでは配布されていませんが，RTCM ウェブページ（http://www.rtcm.org/）経由で購入できます．

[26]～[28] は，RTCM フォーマットをはじめ，GPS 関係の標準フォーマットに関する解説です．リアルタイム応用向けの標準規格が多く取り扱われています．なお，ディファレンシャル補正そのものについては [29] に詳しく述べられています．

大気遅延

[30] Hofmann-Wellenhof, B., et al.（原著），西修二郎（訳）：「6.3 大気の影響」，『GPS 理論と応用』，シュプリンガー・フェアラーク東京，pp.112–136, 2005.

[31] Klobuchar, J. : "Chapter 12: Ionospheric Effects on GPS", *Global Positioning System: Theory and Applications*, vol.I, pp.485–515, AIAA, 1996.

[32] 星野尾一明：「SBAS における電離層補正」，『GPS/GNSS シンポジウム』，日本航海学会，pp.29–34, Nov. 2004.

[33] 三輪進，加来信之：『アンテナおよび電波伝搬』，東京電機大学出版局，1999.

[34] Spilker, J. J. Jr. : "Chapter 13: Tropospheric Effects on GPS", *Global Positioning System: Theory and Applications*, vol.I, pp.517–546, AIAA, 1996.

[35] 「GPS 気象学」，『気象研究ノート』，No.192, 日本気象学会，Sept. 1998.

大気遅延について要領よくまとめられている文献は多くないようです．[30] は，比較的多くの紙面を割いて数式も交えて説明しています．[31] は理論から結論までもっとも詳細な解説ですが，詳しすぎるきらいがあります．[32] では，電離層遅延補正の方法について，航法メッセージとは異なる方式が説明されています．

対流圏遅延については，電波伝搬の教科書 [33] で説明されています．また，[34] には対流圏遅延についても電離層遅延と同様に詳細な解説があります．[35] は，GPS の対流圏遅延から逆に気象観測を行おうとする GPS 気象学の資料です．

電子航法

[36] 飯島幸人，今津隼馬：『電波航法』，成山堂書店，1994.

[37] 藤井弥平：『電子航法のはなし —— 航空と航海を支える情報技術』，交通ブッ

クス 301,成山堂書店,1995.

[38] Parkinson, B. W., Stansell, T., Beard, R., and Gromov, K. : "A History of Satellite Navigation", 50th anniversary issue, *Navigation: Journal of The Institute of Navigation*, vol.42, no.1, pp.109–164, Spring 1995.

[39] Parkinson, B. W. : "Chapter 1: Introduction and Heritage of NAVSTAR, the Global Positioning System", *Global Positioning System: Theory and Applications*, vol.I, pp.3–28, AIAA, 1996.

[40] Easton, R. L. : "The Navigation Technology Program", *Global Positioning System*, vol.I, pp.15–20, The Institute of Navigation, 1980.

[41] 飯島幸人:『航海技術の歴史物語』,成山堂書店,2002.

[36]〜[40] はいずれも電子航法の歴史に関する書籍です.[41] では,紀元前から現在に至るまでの航法の技術が読み物として紹介されています.

その他の文献

[42] 情報通信工学研究室:「GPS/DGPS の図書と文献」,『シンポジウム GPS/DGPS 利用技術の展望』,日本航海学会,pp.143–146, Nov. 1996.

[43] 木村小一:「GPS を勉強するには —— GPS の図書と文献」,『GPS シンポジウム』,日本航海学会,pp.295–299, Nov. 2002.

[44] 八木修:「GPS/GNSS 関連国内図書紹介」,日本航海学会 GPS/GNSS 研究会ウェブページ (http://www.denshi.tosho-u.ac.jp/JIN-GPS/books-yagi.html).

[45] Press, W., Flannery, B., Teukolsky, S., and Vetterling, W.(原著),丹慶勝市,奥村晴彦,佐藤俊郎,小林誠(訳):『ニューメリカル・レシピ・イン・シー —— C 言語による数値計算のレシピ』,技術評論社,1993.

[42]〜[44] は,GPS に関連する書籍や文献の案内です.
[45] は C 言語による数値計算のための教科書です.理工学分野で必要となるさまざまな数値計算技術が網羅されていて,ソースプログラムも掲載されています.

学会・会議など

- **日本航海学会**── Japan Institute of Navigation（JIN）．春季（5月）と秋季（10月）に講演会および研究会を開催しています．GPS に関連する発表は，GPS/GNSS 研究会と航空宇宙研究会に多くあります．GPS/GNSS 研究会は定期的にニュースレターを発行，また毎年 11 月には「GPS/GNSS シンポジウム」を開催しています．
    - http://homepage2.nifty.com/navigation/ （学会ウェブページ）
    - http://www.denshi.e.kaiyodai.ac.jp/JIN-GPS/ （研究会ウェブページ）

- **電子情報通信学会**──宇宙・航行エレクトロニクス（SANE）研究会では，GPS 関連の研究発表が（件数はそれほど多くありませんが）あります．研究会はほぼ毎月開催され，プログラムは学会ウェブページから入手できます．
    - http://www.ieice.org/cs/sane/jpn/ （研究会ウェブページ）

- **CGSIC** ── Civil GPS Service Interface Committee（GPS 民生利用連絡会議）．米国沿岸警備隊航行センタの主催で，GPS を運用する米軍が民生ユーザに対して情報提供をし，また逆に民生ユーザ側の GPS に対する要望を伝える公式の機会です．会議では毎回 GPS に関連する最新の計画が発表されますので，GPS の動向を知るためには欠かせません．プレゼンテーション資料もウェブページから入手できます．
    - http://www.navcen.uscg.gov/cgsic/

- **ION GNSS** ── ION（Institute Of Navigation：米国航法学会）の衛星部会が毎年 9 月に開催している国際会議で，2002 年までは "ION GPS"，2003 年は "ION GPS/GNSS"，それ以降は "ION GNSS" と称しています．GPS に関する世界最大のイベントといわれ，口頭発表セッションのほか，最新製品の展示も充実しています．会議録 CD-ROM は随時販売されています（学会に直接申し込む）．CGSIC が同時期に同じ会場で開催されるのが恒例です．
    - http://www.ion.org/ （学会ウェブページ）

- **ION NTM** ── ION National Technical Meeting．ION が毎年 1 月に開催している会議で，ION GNSS と比べると規模は小さいものの，発表内容は比

較的充実しています．このほかにも，年次大会（Annual Meeting）が 6 月に開催されます．いずれも，会議録 CD-ROM は随時販売されています．

— http://www.ion.org/（学会ウェブページ）

- **International Symposium on GPS/GNSS** —— アジア地域で毎年開催されているシンポジウムです．開催地は各国の持ち回りで，最近では 2005 年は香港，2006 年は韓国で開催されました．2003 年には日本が担当し，日本航海学会の GPS/GNSS シンポジウムと併催されました．
- **全国測量技術大会** —— 毎年 6 月頃に開催される測量分野の大規模な展示会で，研究発表も併催されます．GPS 関連製品も多く展示されますので，情報収集によい機会です．

索引

■ 英数字

2dRMS　132

azimuth()（リスト 2.14）　35

BPSK（2値位相変調）　11

C/A コード　8
CDMA（符号分割多重）　13
compute_solution()（リスト 2.17）　44

date_to_wtime()（リスト 2.6）　24
DOP（精度劣化指数）　132
dRMS　132

ECEF 直交座標系　26
elevation()（リスト 2.14）　35
enu_to_xyz()（リスト 2.13）　34
ENU 座標系　31

GDOP　133
GEONET（GPS 連続観測システム）　227
get_ephemeris()（リスト 3.4）　75
GPS
　——衛星　5
　——近代化計画　10, 196
　——時刻　20

HDOP　133

ICD（インターフェース管理文書）　10
inverse_matrix()（リスト 2.16）　42
IODC　55, 64
IODE　58, 64, 74, 206
iono_correction()（リスト 4.3）　113
IS（インターフェース仕様）　10, 37, 78, 103, 110

ITRF（国際地球基準座標系）　27

L1 周波数　8
L2C コード　9
L2 周波数　8
L5 周波数　10
LLI フラグ　147

NMEA フォーマット　159

PDOP　133
PN コード　12
posblh　29
　——（リスト 2.8）　29
posenu（リスト 2.11）　31
posxyz（リスト 2.7）　27
PPS（精密測位サービス）　9
PRN 番号　15
P コード　9

read_RINEX_NAV()（リスト 3.1）　66
read_RINEX_OBS()（リスト 5.1）　148
RINEX　139
RMS 値　130

SA（選択利用性）　4, 189
satellite_clock()
　——（リスト 3.6）　77
　——（リスト 4.1）　106
satellite_position()
　——（リスト 3.7）　80
　——（リスト 4.2）　107
semi-circle（半円）　38, 58
set_ephemeris()（リスト 3.2）　73
SVN 番号　15

TDOP　134
TOW カウント　51
tropo_correction()（リスト 4.4）　117

URA   54
UTC（協定世界時）   20, 164

VDOP   134

WGS-84   27, 29, 38
`wtime`（リスト 2.1）   21
`wtime_to_date()`（リスト 2.3）   22

`xyz_to_blh()`
　　——（リスト 2.9）   29
　　——（リスト 2.10）   30
`xyz_to_enu()`（リスト 2.12）   32

Z カウント   52

■ あ ────────────

アルマナック   58

インターフェース
　　——管理文書（ICD）   10
　　——仕様（IS）   10, 37, 78, 103, 110

閏秒   20, 72, 164

衛星航法   2
エフェメリス   55
エポック   54, 57, 59, 65, 94, 141

■ か ────────────

拡散符号   11
過決定   41
観測
　　——行列   41
　　——データファイル   141
　　——方程式   85

幾何行列   84
擬似
　　——距離   16, 82, 92, 132
　　——雑音符号   11
軌道
　　——傾斜角   56
　　——の 6 要素   55
キャリアスムージング   196
仰角マスク   8, 168
協定世界時（UTC）   20, 164

クロック補正係数   53, 77, 102
群遅延パラメータ   54

計画行列   41
傾斜係数   111, 116, 167
原子時計   20, 108, 189

航法   1
　　——ファイル   61, 140
　　——メッセージ   11, 50
コサインモデル   110

■ さ ────────────

最小二乗法   41
サブフレーム   51

磁気緯度   111
自己相関関数   12
視線方向   84, 189
昇交点   56

スペクトル拡散   14

精度劣化指数（DOP）   132
性能標準   4, 9, 17
精密測位サービス（PPS）   9
世界測地系   28
選択利用性（SA）   4, 189

測位   1
　　——誤差   17, 129
　　——方程式   85
測地座標   28
測距信号   3, 10

■ た ────────────

大気遅延   115, 120
第三民間周波数   10
第二民間周波数   9
対流圏（伝搬）遅延   95, 115, 140, 193

チョークリング   196
地理座標   28

ディファレンシャル
　　—— GPS   199
　　——補正   198

電子
　——基準点　227
　——航法　2
電離層
　——遅延補正係数　59, 62, 110
　——（伝搬）遅延　60, 95, 110, 191

■ な

熱雑音　198

■ は

半円　38, 58, 112

ピアースポイント　110
標準
　——測位サービス（SPS）　8
　——偏差　131

フィット間隔（FIT）　64
フレーム　50
分散　131

変調　11

方向余弦　84
放送軌道暦　55

■ ま

マッピング関数　116
マルチパス　95, 161, 167, 194

無線航法　2

■ ら

離心率　57

＜著者紹介＞

坂井 丈泰
(さかい たけやす)

学 歴　早稲田大学大学院理工学研究科修士課程修了（1996年）
　　　　博士（工学）（2000年）

現 在　独立行政法人電子航法研究所主任研究員
　　　　東京海洋大学客員助教授
　　　　日本航海学会 GPS/GNSS 研究会運営委員

GPS のための実用プログラミング

2007年 1月30日　第1版1刷発行	著　者　坂井丈泰
2008年12月20日　第1版2刷発行	
	学校法人　東京電機大学
	発行所　東京電機大学出版局
	代表者　加藤康太郎
	〒101-8457
	東京都千代田区神田錦町2-2
	振替口座 00160-5- 71715
	電話 (03) 5280-3433（営業）
	(03) 5280-3422（編集）

制作　(株) グラベルロード　　　Ⓒ Sakai Takeyasu　2007
印刷　新灯印刷 (株)
製本　渡辺製本 (株)
装丁　高橋壮一　　　　　　　　Printed in Japan

　　＊ 無断で転載することを禁じます．
　　＊ 落丁・乱丁本はお取替えいたします．

ISBN978-4-501-32550-3　C3055

東京電機大学出版局　出版物ご案内

GPS技術入門

坂井丈泰 著　A5判 224頁

GPSを技術的側面から解説した入門書．GPSの基礎知識から丁寧に解説し，建設・測量，農林水産業，自動車の盗難対策，タクシー配車，レジャー等，今後期待される応用例も豊富に紹介．

リモートセンシングのための合成開口レーダの基礎

大内和夫 著　A5判 354頁

合成開口レーダ（SAR）システムにより得られたデータを解析し，高度な情報を抽出するためのSAR画像生成プロセスの基礎を解説．

ユビキタス時代のアンテナ設計
広帯域，マルチバンド，至近距離通信のための最新技術

根日屋英之・小川真紀 著　A5判 232頁

ユビキタス通信環境を実現するために必要となる，広帯域通信，マルチバンド，至近距離通信に対応したアンテナの設計手法について解説．

ワイヤレスブロードバンド技術
IEEE802と4G携帯の展開，OFDMとMIMOの技術

根日屋英之・小川真紀 著　A5判 192頁

移動通信を主体としたユビキタスネットワーク社会の実現に向けて注目を集めるワイヤレスブロードバンドについて，技術的側面を中心に解説．

ユビキタス無線デバイス
ICカード・RFタグ・UWB・ZigBee・可視光通信・技術動向

根日屋英之・小川真紀 著　A5判 248頁

ユビキタス社会を実現するために必要な至近距離通信用の各種無線デバイスについて，その特徴や用途から応用システムまでを解説．

ユビキタス無線工学と微細RFID
無線ICタグの技術

根日屋英之・小川真紀 著　A5判 210頁

広く産業分野での応用を期待されている無線ICタグシステム．これを構成する微細RFIDについて，その理論や設計手法を解説した一冊．

スペクトラム拡散技術のすべて
CDMAからIMT-2000, Bluetoothまで

松尾憲一 著　A5判 336頁

数学的な議論を最低限におさえ，無線通信事業に関わる技術者を対象として，できる限り現場感覚で最新通信技術を解説．

スペクトラム拡散通信　第2版
高性能ディジタル通信方式に向けて

山内雪路 著　A5判 180頁

次世代無線通信システムの基幹技術となるスペクトラム拡散通信方式について，CDMA応用技術を含め，その特徴や原理を解説．

ディジタル移動通信方式　第2版
基礎技術からIMT-2000まで

山内雪路 著　A5判 160頁

工科系の大学生や移動体通信関連産業に従事する初級技術者を対象として，ディジタル方式による現代の移動体通信システムや，そのためのディジタル変復調技術を解説．

MATLAB/SimulinkによるCDMA

サイバネットシステム(株)・真田幸俊 共著
A5判 186頁 CD-ROM付

次世代移動通信方式として注目されるCDMAの複雑なシステムを，アルゴリズム開発言語MATLABとブロック線図シミュレータSimulinkを用いて解説．

＊定価，図書目録のお問い合わせ・ご要望は出版局までお願いいたします．
URL　http://www.tdupress.jp/

DK-001